中国国家自然科学基金面上项目，基于决策网络和风险约束优化的城市增长边界调控模式研究（项目批准号：51278526）

行为规划理论

城市规划的新逻辑

Behavioral Planning Theory

A New Logic of Urban Planning

赖世刚　韩昊英　著

Shih-Kung Lai　Haoying Han

中国建筑工业出版社

图书在版编目（CIP）数据

行为规划理论 城市规划的新逻辑 / 赖世刚，韩昊英著. —北京：中国建筑工业出版社，2014.8

ISBN 978-7-112-16972-6

Ⅰ.①行… Ⅱ.①赖… ②韩… Ⅲ.①城市规划—研究 Ⅳ.①TU984

中国版本图书馆CIP数据核字（2014）第124919号

责任编辑：施佳明 陆新之
书籍设计：京点制版
责任校对：刘 钰 党 蕾

行为规划理论
城市规划的新逻辑
赖世刚 韩昊英 著

*

中国建筑工业出版社出版、发行（北京西郊百万庄）
各地新华书店、建筑书店经销
北京京点图文设计有限公司制版
廊坊市海涛印刷有限公司印刷

*

开本：787×960毫米 1/16 印张：15¼ 字数：289千字
2014年8月第一版 2015年5月第二次印刷
定价：48.00元
ISBN 978-7-112-16972-6
（25744）

序

城市规划的研究大致可以分为两个密切相关的主题：城市与规划。前者探讨城市实际上如何运作以及应该如何运作，而后者则探讨规划实际上如何制定以及应该如何制定。对于这两个主题，学术界都已经有了较为丰富的探讨。本书的重点是第二个主题，而我们的研究方式却不同于传统模式。主要的差异在于，我们将规划视为一个复杂的认知过程，其中包含了许多对城市发展现象的判断和解读。我们认同美国伊利诺规划学派 (The Illinois School of Planning) 的观点，认为规划是一组暂时且相关的决策，是意图的展现，也是信号的传递，并可作为策略行动互动的工具。简单地说，规划也是一种日常的行为，但是它比起决策更为复杂。因为决策仅考虑单一决定，而规划同时考虑多个决定。基于以上原因，我们称具有此种规划认知的理论为行为规划理论。

顾名思义，行为规划理论将规划视为普遍的现象，主要探讨规划的行为。传统的规划理论多着重于探讨市场的失灵以及提出解决的办法，例如通过集体行动提供集体财产，以及通过法规的订定以解决外部性问题。殊不知，市场的运作尚有动态失灵，即市场的动态过程因交易成本而凸显重要性，因此有规划的必要。规划者在规划制定过程中的认知判断，便显得格外重要。最近二十年来，学者根据行为经济学的研究发现，人类的认知判断有许多难以避免的偏误，已非古典经济理论所能解释。基于这样的认识，我们也认为，在规划过程中，规划者也会犯下一些不自觉的行为偏差。例如，规划者的视野过于狭隘，将决策单独考虑，而忽略决策之间的相关性。我们相信，从事规划行为的研究，能帮助我们更深入地了解规划制定的行为、其可能产生的偏误，以及如何矫正这些偏误，进而制定出更有效的规划。

本书集结了笔者们在过去二十多年来持续对行为规划理论进行研究的部分成果，内容散见于台湾及大陆的学术期刊之中。为了让读者方便阅读，特将这些论文整理成册。本书所收集的文章并没有构成一贯的思路，但总是围绕着规划与决策这两个主题进行阐述。笔者们深切认为，规划与决策是行为规划理论的核心概念，且二者密不可分。规划是决策的组合，而决策是规划的内涵。行为规划理论可以说是对这两个概念的整合论述。笔者们也期待未来能针对行为规划理论做一个更为系统的整理，以飨读者。笔者们非常感谢许仁成、辜永奇、方溪泉、汪礼国、游凯为、郭修谦、张慧英、刘筱蕾、邱敬斌、周铭宏以及曾喜鹏在本书编写过程中的协助，然而笔者们对此书稿当负全责。本书为浙江大学公共管理学院实验教学中心（浙江省级实验教学示范中心）空间规划探究性实验建设项目的重要成果。本书的内容难免有所疏漏，尚祈学界先进给予指正。

赖世刚　韩昊英

2014 年 5 月谨志于杭州

目　录

第一章　行为规划理论

【摘　要】 自从经济学家在20世纪50年代推出以主观预期效用（Subjective Expected Utility，SEU）为主的选择理论以来，它已经成为经济分析以及相关学科的基石，如决策分析、法律经济分析以及实证政治学等。然而，近20年来，针对主观预期效用以及最适化的传统选择理论的主张，基于许多实验以及实践的佐证，发现其无法准确描述决策者实际如何下决定。于是有学者便提出展望理论（prospect theory）或有限理性（bounded rationality），以取代SEU模式的地位。笔者近期的研究发现，SEU模式在既定的决策框架下是有效的，称之为框架理性（framed rationality），说明了该模式的普遍性。近年来，更有学者提出，经济选择理论在比较替选方案时，仅仅考虑单独行动，在逻辑上有矛盾之处，并进而提出应以计划或一组行动作为方案比较的基础。随着复杂科学的兴起，笔者最近的研究亦显示，在复杂系统中，以计划为基础的行动较单独考虑这些行动所获得的效益会更大。本文首先回顾经济选择理论的发展，进而提出一以计划为基础的选择理论的架构。本文所提出的理论架构，有可能动摇既有的社会科学分析基础，甚至引起社会科学典范的转移：本文最后根据狭隘的规划定义，提出行为规划理论的初步构想，包括理论基础、研究方法、研究议程及在城市发展上的应用，以期对计划制订的行为作深入的探讨。

【关键词】 决策，计划，以计划为基础的行动，复杂系统与科学，行为规划理论

一、引言

决策与规划[1]是自有文明以来人类为求生存而发展出来的技能，然而直到20世纪40年代，学者才开始立足于当代科学的基础上，有系统地探讨决策与规划的基本理论。当代决策理论的基础肇始于John von Neumann及Oskar Morgenstern所著的《Theory of Games and Economic Behavior》（1944）。该书主要仿效理论物理学的方式，企图解释在零和博弈中的交易行为，并在书末附录提出一效用理论的数学架构，然而该效用理论的架构却影响后来经济选择理论的发展至今，成为当代决策理论的基石。之后，在20世纪的50年代，Leonard J. Savage（1972）在所著的《The Foundations of Statistics》一书中重新整理并建构完备效用理论体系，引入主观机率的概念，称之为主观预期效用理论（subjective expected utility theory，或SEU）。从此，以SEU为基础的经济分析及决策分析便如雨后春笋般地蓬勃发展起来。然而，在20世纪70～80年代，由于怀疑SEU在叙述性地描绘决策者实际制订决策的效度，经济学家以及心理学家开始进行对话，试图建构行为决策理论，以描述实际的决策行为（Hogarth及Reder，1986），并由Daniel Kahneman及Amos Tversky（1979）发展出展望理论（prospect theory，又译为前景理论），能较SEU更贴近地描述实际的决策行为。如今，决策的行为观已脱离SEU的桎梏，朝向以实验经济学为主的多元化叙述性选择理论架构为要求，以探讨不同的经济现象（Ariely，2008）。然而，原则上，发展至今的决策理论犯了逻辑上的谬误，即替选行动方案都是单独考虑。因此，取而代之的应是比较包含行动方案的不同计划（Pollock，2006）。于是乎，决策与规划便在理论上取得了联系，也将成为规划理论未来发展的主要方向之一。

在这个背景下，本文提出一行为规划理论的初步架构以及进行方向。规划的定义有许多，而在本文的定义，指的是将相关的决策在时间及空间上作安排，也就是计划制作的行为。这个定义可以用在许多情况下，不限于城市及区域的发展。小至个人的生涯规划，大至公司行号甚至政府的策略规划，都可以适用。如何将决策在时间及空间上作安排，乍看似一个单纯的问题，但若加以深思，我们会发觉其中牵涉的思虑却是十分繁复的。计划评估的标准为何？如何处理不确定性？如何解决冲突的目标？如何处理相关的决策？如何界定计划的范畴？如何面对环境的复杂性？这些问题，在安排时空上相关的决策时，都必须加以考虑。本文的主旨便是从这个计划制订的简单定义为出发点，从行为研究的角度，展开行为规

[1] 在本文中，规划对应英文的“Planning”，表动词；计划对应英文的“Plan”，表名词。

划理论的内涵及其研究议程的刍议，以就教各位先进。

本文首先探讨复杂系统中不确定性产生的因素。第三节说明复杂系统中理性的选择，以别于建立在简单世界假设下的传统经济学选择理论。第四节提出一以计划为基础采取行动的分析架构，以建立计划与决策的关联性。第五、六、七及八节分别介绍行为规划理论的理论基础、研究方法、研究议程及在城市发展中的应用。最后，第九节为结论。

二、复杂系统与不确定性

人们在复杂的环境下决定时，往往遭遇心理的压力。例如，公司的主管在雇用新人或签订新的合约时，考虑到所雇用的人是否称职或所签订的合约是否带给公司利润。一般而言，这些压力来自于对环境认知上的不确定性。环境指的是组织内部与外部，不同部门的人们所采取的行动以及行动间交织所造成的结果。由于这个过程极其复杂，使得人们在其所处的环境下或系统中采取行动时，充满着不确定性。针对决策制订所面对的不确定性，其处理方法文献上有许多的探讨。主要重点在于以贝氏定理作为主观机率判断及修正的依据，并且从认知心理学的观点就人们进行机率判断所常犯的错误，提出矫正的方法。这些方法视不确定性为既存的事实，并未追究不确定性发生的原因。而降低不确定性的主要方式为收集信息，学者还提出以信息经济学的角度规范信息收集的策略。

传统对于决策所面对的不确定性之处理系建立在一理想的问题架构上，即类似 Savage（1972）所提出来的小世界。在这个小世界中，其未来可能的状态（state）已给定，并以主观机率表示各种状态发生的可能性。而决策者可采取的行动为已知，不同的行动在不同状态下的小世界产生不同的结果。借由效用及主观机率所建构出来的效用理论定理，决策者便可从容而理性地选择最佳行动，使得决策者的效用得到最大的满足。这套理论架构十分严谨而完整，也因此目前决策分析所发展出来的方法大多不出这个理论架构的内容。姑且不论该理论的基本假设是否合理，Savage 所提出的小世界之问题架构，至少有两个疑问值得我们深思，即：①若作为叙述性的理论，小世界问题架构是否能代表决策者对决策问题的认知过程；②不确定性以主观机率来表示是否过于抽象而缺少实质意义（substantive meaning）。

认知心理学者对第一个问题已有许多探讨，并且许多实验指出人们实际从事决策制订时，通常违反效用最大化的准则。学者发现决策制订过程中常出现的陷阱（traps），例如锚定（anchoring）、现状（status-quo）、下沉成本（sunk-cost）及确认证据（confirming-evidence）等陷阱，并提出纠正这些判断偏差的方法

(Hammond 等，1998)。至于第二个问题，似乎仍囿于主观机率（或贝氏）理论的架构上，对于不确定性的探讨上则较为缺乏。

从规划的角度来看，不确定性的种类至少包括四种：①环境的不确定性；②价值的不确定性；③相关决策的不确定性；④方案寻找的不确定性（Hopkins，1981)。若从更深入的层次来看，不确定性源自于信息经济学上所谓的信息扭曲(garbling)(Marschak 及 Kadner，1972)。更具体而言，不确定性的产生是决策者对所处系统认知不足所造成。且规划与决策制订必然发生在一个动态演化的系统中。然而，一方面由于系统具有变化多端的复杂性，另一方面由于人们认知能力的限制，使得不确定性在制订计划或决策时是不可避免的。但是如果我们能够了解认知能力的限制以及复杂系统的特性，也许能够更有效地处理规划及决策制订时所面临的不确定性。举例来说，都市是一个极其复杂的系统，而由于人们信息处理能力的限制，使得对都市意象在认知上为阶层性的树状结构（tree)，而实际上该系统为半格子状结构(semi-lattice)(Alexander,1965)。另一个例子是组织。一般人们认为组织结构是阶层性的，而实际上组织系统极为复杂且其演化亦难以预测。基于认知能力的限制对于复杂系统产生扭曲的意象，使得所发展出的规划方法（如理性规划与决策）在解决实际问题时，则显得失去效果。

有关复杂系统的研究，近十年来颇受学界的重视。从混沌（chaos)、分形(fractal)、非线性动态系统（nonlinear dynamic systems)、人工生命（artificial life）到复杂理论（complexity theory)，这些研究致力于了解系统中各元素个体互动所产生的总体现象。虽然复杂理论的架构到目前为止未臻完备，但在许多领域中已开始以复杂的概念解决实际的问题。例如，企业管理的顾问已开始从复杂系统的自我组织及突现秩序（emergence order）等概念探讨竞争中的企业团体的组织结构特性（Brown 及 Eisenhardt，1998)。而都市规划界亦尝试借由复杂系统的概念解释都市空间演化的过程（Batty，1995)。复杂系统最基本的特性为其所衍生的复杂现象乃基于极为简单的互动规则。换言之，人类社会的复杂性乃基于人们行动（或决策）之间的互动，产生系统演化的不可预测性（包括混沌理论中所提出的起始状态效应)。此亦正为人们从事决策制订所面临的不确定性之主要来源之一。如果我们能了解复杂系统演化的特性，例如何种因素造成其演化的不可预测性，这将促进对于不确定性发生原因的了解，进而改善我们对不确定性的认知过程。

本文拟对复杂系统中从事规划或决策制订时不确定发生的原因及其认知过程提出一研究架构。由于不确定产生的原因包括外部环境的复杂性以及决策者对该环境认知能力的有限性，研究重点应着重在前者，而暂不深究不确定性深层心理认知过程。但亦不排除从现有文献中有关信息处理能力有限性的成果中（例如永久记忆及暂时记忆的容量及其间信息转换所耗费的时间）发觉不确定性发生的认知原因。研究可就都市系统及组织系统中从事规划与决策制订时，对不确定性产生的原因进行探讨。两者皆为复杂系统，所不同之处在于决策特性。都市系统中开发决策往往整体性强、耗时长，且一旦执行后很难修正，而组织系统中的决策则片面性强、快速，且较易修改。决策性质的不同自然会造成系统特性的不同，但从复杂系统理论的角度来看，系统演化的不可预测性直接来自于系统中决策相互影响的错综关系，故此二系统应可在共同的理论架构下加以理解。此外，研究应针对计算机信息处理能力的优越性，探讨其在处理复杂系统中不确定性系统问题时应扮演的角色。

规划与决策制订面对充满不确定性的环境，而人们面对不确定性时往往产生心理压力。虽然相关文献提出了处理不确定性的方式，但对于不确定性的实质意义似乎较少探讨。这些环境的不确定性使得规划所解决的问题被称为未充分定义的问题（ill-defined problems），而解决此类问题的逻辑一直备受争议（Hopkins，1984）。本文所提研究架构针对不确定性的实质意义，从认知过程及复杂系统特性尝试说明不确定性产生的缘由，并提出适当的处理方式。研究结果将对都市规划、土地开发及企业组织管理中的决策制订有所帮助。

三、复杂系统中理性的选择

许多社会及自然现象现在被认为是复杂系统，例如城市、经济体、生态体系、政治体以及社会。跨越社会科学中许多领域的核心在于探讨如何在这些系统中制订理性的选择。经济学中完全理性的选择理论所描述的决策并不足以面对这样的系统，尤其当决策是相关的、不可分割的、不可逆的以及不可完全预见时（霍普金斯，2009）。目前为止，最为广泛接受的理性典范是主观预期效用理论（subjective expected utility theory，SEU），但是该理论近年来受到心理学家（Hogarth and Reder，1987）及实验经济学家（Ariely，2008）严厉的挑战。他们认为 SEU 模式无法描述人们实际如何从事选择，至少在实验的环境中。此外，传统上将决策理论区分为叙述性（descriptive）、规范性（normative）及规限性（prescriptive）的选择理论，反而增加解释人们如何制订决策的困扰，并不能澄清其间的差异。这个看起来对理性选择误解的产生，主要受到原有的简单而机械式的世界观的影响，其间因果关系一目了然而且系统朝向均衡状态演变。尤其是，以 SEU 模式为主的全能理论将与该理论相左的行为视为异常，但实际上，这些“异常”的行为在特定的框架下是理性的，使得传统叙述性、规范性以及规限性的区别是多余的。在此，我们提出一理性的崭新观点，称之为框架理性（framed rationality）。

有关不确定情况下决策制订的讨论已有许多。其中，主观预期效用理论与展望理论（prospect theory）是由决策分析发展出来的。SEU 模式认为，如果选择的结果是不确定的，那么传统以计算期望货币值而从事选择的方式，无法衡量决策者对替选方案的偏好。所需要的是效用的概念，而预期效用的计算便取代期望货币值的计算，以衡量决策者的偏好。根据主观预期效用理论，在面对不确定的方案时，理性的决策者将选择方案以获得最高的预期效用。1979 年，卡内曼（Kahneman）及特沃斯基（Tversky）设计了一组决策问题，并且用它们从事心理实验。他们发现当这些问题以不同的方式建构时会导致偏好逆转，这违反了主观预期效用理论，即认为受测者会从事一致的选择，这个现象称之为框架效果（framing effects）。框架被定义为决策者行为下的决策情况。问题的框架影响了决策者所认知的选择情况。决策者无法深入发现这些以不同方式提问的决策问题背后的逻辑，进而产生了偏好逆转的现象。卡内曼及特沃斯基提出展望理论，以便有效地解释这个现象。然而，展望理论并没有解释是否决策者的选择符合效用最大化的原则。展望理论是否能取代主观预期效用理论以解释真实的选择行为，尚未定论。在此，我们认为，无论问题的框架如何界定，决策者如同主观预期效用理论定义一般，是理性的，而称呼这种选择行为的解释为框架理性。我们通过实验，复制了卡内曼及特沃斯基在 1979 年设计及进行的实验，发现当问题以不同的框架展现时，受测者显露出偏好逆转的现象。然而，我们的实验更进一步衡量受测者从事选择后的效用，并证实框架理性的假说。通过使用卡内曼及特沃斯基实验中的相同问题，我们发现，统计上数目显著的受测者在从事选择时，无论问题如何建构，都会实现其主观预期效用最大化。换句话说，偏好逆转并未违反 SEU 模式，反而在特定的框架内验证了该模式的效度。

这个发现提供了一个出发点，让我们重新思考或定义理性，以调解现有决策理论的冲突观点。例如，所观察到的偏好逆转现象可能是框架效果所造成的，但是从框架理性的观点来看，它们并未违反 SEU 模式。如该模式的变型所述，包括有限理性（bounded rationality）（Simon，1955）及展望理论（prospect theory）（Kahneman 及 Tversky，1979）都是如此。传统上叙述性、规范性及规限性的分野，就框架理性的观点而言，似乎是多余的，因为如果我们能从这些理论的框架加以观察，冲突的观点便可调解。也就是说，规范观点认为 SEU 模式是理性的标准，并且声称其能描述人们应该如何从事选择。任何违反该模式的行为皆被视为非理性的异常行为，而落入解释人们实际如何从事选择的叙述性观点。如同我们的实验所显示的，如果我们将这些所谓的异常行为也视为是在特定框架下的理性行为（即框架理性），那么这个区分站不住脚。如果这个逻辑成立，规限性决策观点用来帮助决策者从事选择以符合理性的标准便没有必要了，因为规范性与叙述性观点的差异并不存在。最后，与有限理性及展望理论不同，此处所提出的框架理性否定了新古典经济理论所假设的以及从实证主义者科学哲学所发展出来的综合性完全理性的概念，进而巩固了SEU模式（或类似的概念）在特定框架下的效度。人类所居住的世界是一复杂且远离均衡的概念正逐渐得到广泛接受，使得解释理性选择行为需要范式的转变，而框架理性或许是一个好的开始。

有关复杂系统中的理性选择的研究会对许多学科产生显著的贡献，这包括：城市规划（urban planning）、城市管理（city management）、公共政策（public policy）、公共行政（public administration）、环境设计（environmental design）、自然资源管理（natural resource management）、交通规划（transportation planning）、基础设施投资（infrastructure investment）、土地开发（land development）、社会网络（social networks）、科技竞争（technology competition）、设计方法（design method）、组织理论（organizational theory）、制度设计（institutional design）、生态模拟（ecological simulation）、空间博弈（spatial game）、博弈理论（game theory）、计算社会科学（computational social science）、人工社会（artificial society）、演化经济学（evolutionary economics）、仿真市场（simulated market）、类神经网络（neural network）、基因算法（genetic algorithm）以及社会过程（social process）。我们深切认为，以计划为基础的行动将会是面临复杂时从事理性选择的根基，兹说明如后。

四、以计划为基础的行动

一般而言，在自然且复杂系统中采取行动的方式有三种：错误控制（error-controlled）、预测控制（prediction-controlled）以及以计划为基础（plan-based）的行动（霍普金斯，2009）。错误控制指的是行动者在侦测到外在系统环境的改变时，立即采取对应的措施。预测控制指的是行动者根据对系统环境的变化，预先采取防范措施。以计划为基础的行动指的是，行动者预先拟订一组相关的行动，然后根据此计划逐一采取适当的措施。其中，以计划为基础的行动考虑决策的相关性，与独立考虑这些决策不同，能带来较高的效益（霍普金斯，2009）。不仅如此，当计划面临因决策的相关性（interdependence）、不可逆性（irreversibility）、不可分割性（indivisibility）以及不完全预见性（imperfect foresight）所造成的复杂性系统时，也会产生作用，而这四个决策特性也是构成复杂城市系统的充分条件。相关性指的是决策的选择行动相互影响；不可逆性指的是决策一旦实施，难以恢复，或是路径相依（path-dependence）；不可分割性指的是决策变量的增量不是任意的，例如报酬递增（increasing returns）或聚集经济（agglomeration economy）便是不可分割性的连续形态；不完全预见性指的是未来是不可预知的。除此之外，Pollock（2006）认为传统经济学的选择理论将行动方案独立考虑与比较，在逻辑上是矛盾的。任何独立的行动方案都是线性序列行动所组成简单计划的子集合，而这种行动的组合有无限多种，因此选择理论所要寻找的最优化行动并不存在。

基于这个概念，我们提出一以计划为基础采取行动的分析架构，说明如表 1-1。表 1-1 的列表示包括某行动 a_i 所属最优计划 p^* 的内在情境（scenario），而行表示所有可能未来 s_j 的外在情境。矩阵内的元素 c_{ij} 表示依最优计划采取行动 a_i 在 s_j 的未来情况发生时所获得的报酬，该报酬可以是货币值、财产权（将在后面说明）以及效用。已知每一可能未来发生的机率是 p_j，则决策者应该选择行动 a_i 使其预期的报酬最大化：即 Max $[p_1(c_{i1})+p_2(c_{i2})+p_3(c_{i3})+\cdots+p_n(c_{in})], i=1,2,\cdots,m$。

情境矩阵报酬表 表1-1

	s_1	s_2	s_3	…	s_n
$p^*(a_1)$	c_{11}	c_{12}	c_{13}	…	c_{1n}
$p^*(a_2)$	c_{12}	c_{22}	c_{13}	…	c_{1n}
⋮	⋮	⋮	⋮	⋮	⋮
$p^*(a_m)$	c_{m1}	c_{m2}	c_{m3}	…	c_{mn}

值得注意的是，这个分析架构所追求的不是在某一可能的未来下其最佳的行动为何，而是在所有未来均可能会发生的情况下，哪一个计划的子集合行动最能呈现效益的韧性（robustness），因此与传统经济选择理论不同。传统经济选择理论考虑个别独立的行动以及可能的未来，并以预期效用最大化的标准，筛选出在这一可能的未来假设下，最佳的行动为何。

五、理论基础

在表 1-1 所呈现的以计划为基础行动的分析架构下，我们可以发现计划与决策的分野实在难以一刀切。计划的拟定需要决策，而决策却又是计划的构成元素。

因此，计划的拟定是一种行为，如同决策的制订。从行为的观点探讨规划现象，我们称之为行为规划理论（behavioral planning theory），并认为行为规划理论的理论基础至少包括，但不限于，四个方向：决策分析、认知科学、财产权理论及垃圾桶模式，兹分述如后。

（一）决策分析

决策分析是以计量分析的方式帮助决策者制订合理的决策。根据本文对计划制订的定义，决策是一个关键名词。然而，一般人对决策制订缺少深入的理解。决策分析肇始于 von Neumann 及 Morgnstern(1972)，建立了预期效用理论的基础，而 Savage（1972）更进而建立了主观机率的理论基础。两者共同成就了现代决策分析的公理系统，嗣后心理学者的贡献（如 Kahneman 及 Tversky，2000），更将决策分析引进了行为的研究。值得注意的是这些研究多着重单一决策制订的研究，对于多个相关的决策如何进行安排，较少探讨，更何况有关时间及空间的因素。不论如何，经过近半个世纪的努力，决策分析的理论基础已相当雄厚，可作为行为规划理论发展的踏脚石。

（二）认知科学

认知科学是探讨人类从事选择或感官的信息处理过程。面对不确定性情况的决策的制订，可以说是认知过程的一种。心理学者已累积许多人们在决策制订过程中常犯的错误，Kahneman、Slovic 及 Tversky（1982）等人有详尽的说明，如代表性（representativeness）、可用性（availability）、调整及锚定（adjustment and anchoring）等。本文认为计划制订，在考虑相关决策于时间及空间上的安排，同样受限于认知能力的限制，因此，有必要从认知的角度探讨面对不确定性下，人们在进行计划的制订时，其信息处理上心理认知的过程为何。

（三）财产权理论

决策分析中的效用理论认为，理性的决策者在从事行动的选择时，应选择使得预期效用最大的方案。然而，效用是一个抽象的概念；它是数学家建构出来的概念。决策者的心理是否有效用的存在，仍旧是一个具争议性的问题。因此，虽然效用理论在理论上是严谨合理的，但在实际操作上，往往遭遇到困难。根据本文对规划的定义，笔者认为规划者在进行计划的制订时，其主要动机在于使其拥有的财产权最大化。此处所指的财产权为广义的经济财产权（Barzel，1997），而非狭义的法定财产权。法定财产权是国家赋予且固定的。经济财产权是在交易过程中突现，且为变动的。以财产权最大化的概念来阐述规划者从事计划制订的动机，对规划行为的解释应较效用的概念更为具体与贴切。

（四）机会川流模式

如何解释规划者所面临的复杂环境？这是值得去探讨的重要问题，因为有效的模式能使得问题透明化，进而发觉有效的解决方法。霍普金斯教授（2009）所提的机会川流模式（stream of opportunities model）对规划者所面对的真实决策情况，有着贴切的描述。他根据垃圾桶模式（garbage can model，Cohen、March及Olsen，1972）的概念，说明规划者面对复杂而不确定的环境，应在机会的川流中，掌握决策情况，以适当的方案来解决问题。系统是没有秩序的，且因果关系没有直觉上的明显。方案的发生有时是在问题产生之前；而规划者在这样的处境中，不断地规划，不断地解决问题，以达成目标。机会川流模式确认了系统的动态变化不在规划者的掌控中，规划者唯一能做的是洞悉决策、问题及方案在时间及空间上的关系，不断地拟定计划、修正计划及使用计划。

六、研究方法

规划研究乃属社会科学的范畴，而社会科学的研究方法有许多，包括解经式（hermeneutic）方法及实证（empirical）方法。本文认为欲了解所定义的规划行为内涵，至少须透过三种研究方法：公理化、实验及计算机仿真与人工智能，兹分别说明如后。

（一）公理化

公理化指的是以一套严谨的数学逻辑来描述及证明计划制订应如何展开，属于规范性（normative）的理论建构。这个方法在前述的决策分析理论中有成熟的发展。例如，Keeney及Raiffa（1976）以决策树的概念为基础，建构出多目标决策中的偏好及价值取舍如何衡量及判断。笔者认为决策分析的公理系统，可作为计划制订行为公理化展开的一个基础。基本构想在于从单一决策制订的逻辑，推演至多个相关决策的制订，甚至可将时间及空间因素考虑在内。

（二）心理实验

公理化的计划制订逻辑是理想的行为，实际上人们是否依照公理系统所推导出来的结果制订计划呢？这必须有赖实验来加以验证，也就是叙述性（descriptive）的规划理论建构。一些计划制订时的判断偏差，如过度自信、在机率判断中忽略基础比率以及机率判断的保守主义等，皆可在实验中被发觉并加以解释，进而修正公理化计划制订理论的偏差，并设计规划辅助系统以弥补规范性及叙述性理论的间隙。

（三）计算机仿真与人工智能

真实的规划情况是复杂而难以驾驭的，且实证资料难以收集。此外，数理模式又有其限制。因此，计算机仿真不失为一折中的研究方法。计算机仿真的好处是它兼具演绎（deductive）及归纳法（inductive）的优点。就演绎方面来看，计算机仿真可透过计算机模式严谨的设计及其参数的操控，观察系统的反应及演变。就归纳方面而言，透过计算机处理大量信息的能力，计算机仿真可以就所仿真出来的数据进行分析以及研究假说的检定。目前，计算机仿真已被广泛地应用于城市空间的演变，而也有针对规划对复杂系统的作用进行分析的。计算机仿真结合实验设计的研究方法，不失为一探讨规划行为的严谨工具。其次，人工智能系以计算算法（computational algorithm）仿真人脑解决问题时信息处理的过程，其目的为一方面了解人类的认知过程，另一方面借由这项知识设计人工智能系统，以协助人们解决问题。规划在人工智能研究的领域并不陌生（例如，LaValle，2006），但是在该领域中所欲解决的问题多为充分定义的（well-defined），例如机器人动线的搜寻。然而，在复杂系统中，规划问题往往是未充分定义的（ill-defined）（例如，Hopkins，1984），故其问题解决的算法必然不同于简单系统。如果我们能设计出有效解决未充分定义问题的规划算法，并据以设计规划支持系统（planning support systems），将能有效地帮助人们在复杂系统中，如城市中，解决棘手的问题。

七、研究议程

基于行为规划理论其理论基础及研究方法的说明，本文拟建立该理论的初步研究议程如下。首先，扩充决策分析的理论基础，考虑多个相关的决策在时间及空间上的安排。而事实上这个问题的本身也是一个决策问题，也就是说，如何在这些安排当中选择一个较佳的组合。这个问题自然比单一选择来得复杂，所牵涉的层面也比较广。例如，如何界定相关的决策？如何界定计划的范畴？如何创造计划？如何选择计划？如何修改计划？以及如何使用计划？公理化的计划制订行为有助于厘正这些问题及困扰。当然，规划者可为一个人或多个人，在多个人的情况下，又必须考虑竞争、策略及计划间互动的议题。

其次，透过计划制订行为的公理化建构，我们可以发觉有趣的研究议题及研究假说，并可进行实证研究以探讨这些议题与假说。例如，规划者因认知能力的限制，可同时考虑几个相关的决策？何时应在何处来制订计划？规划者是否能达到公理化计划制订行为的理性标准？计划制订在实际上会遭遇哪些认知的困境？要探讨这些议题与假设，便必须透过心理实验的设计来完成。

再次，除了公理化及心理实验来进行计划制订行为的探讨外，我们也可透过计算机仿真的方式来了解在复杂情况下规划的作用及计划制订的时机等问题。多数的规划情况是复杂的，无法由数学及简化的实验来描述。计算机仿真可以将此复杂情况的精神，在计算机实验中展现。其目的不在于重现真实世界，而在于了解系统的特性以及规划的作用。例如，我们透过计算机仿真可探讨规划是否能解决更多的问题？规划对系统的冲击为何？规划的最适投资为何？

当然，本文所提的这个研究议程并不一定要按照这样的顺序进行。三个阶段可同时进行，并可共同探讨同一议题。例如，最适的规划投资可通过公理化行为寻找，可通过心理实验验证，也可通过计算机仿真加以界定。

八、城市发展的应用

如前言所述，规划在本文指的是将相关的决策在时间及空间上作安排，也就是计划制订的行为。如何应用在城市发展上，可以从霍普金斯教授（2009）所提到的四个 I 的概念作为出发点。霍普金斯教授认为城市发展的决策具备相关性（interdependence）、不可逆性（irreversibility）、不可分割性（indivisibility）及不完全预见性（imperfect foresight）。相关性指的是决策之间互相影响；不可逆性指的是决策一旦制订，难以改变；不可分割性指的是决策变量的离散性及受规模经济的限制；而不完全预见性指的是城市发展决策的后果充满不确定性。由于这四个决策的特性与经济学的市场特性有许多差异，使得经济学的预测，如均衡理论，与城市发展的现况有出入，因此计划有其必要性。

这个概念可以由本文所提的研究架构来探讨。具体而言，我们可以从公理化的角度来探讨，是否相关性、不可逆性、不可分割性及不完全预见性是计划制订的充分、必要或充要条件。例如，单就相关性而言，我们可界定决策间的关系为相关性、相依性（dependence）或独立性（independence）。相关性指的是甲决策与乙决策互为影响因素；相依性则指甲决策影响乙决策，但乙决策不影响甲决策；独立性则指甲、乙两决策互不影响。根据集合理论的二元关系，我们应可证明决策相关性与计划制订的逻辑关系，甚至探讨最适的计划范畴以及计划的拟订。所推导出来的结果，可作为心理实验设计的假说加以验证。通过计算机仿真，我们还可将计划间的互动视为机会川流模式的背景，规划者在这种机会川流的复杂情况下如何达到目标以存活下来。

九、结论

规划的研究十分广泛，而规划逻辑的探讨至少可分别从狭义及广义的角度来看（赖世刚,2004）。从狭义的角度来看,该逻辑是一组描述计划如何制订的公理；而从广义的角度观之，该逻辑是对规划现象的一组解释。我们认为，当面对复杂系统时，传统经济学的选择理论显然不足，取而代之的应是以计划为基础的行动。本文所提之行为规划理论的刍议属于狭义的规划逻辑，也就是在探讨计划应该以及实际如何制订。即使在这狭隘的规划逻辑定义下，仍有许多有趣的议题值得深入探讨。本文提出行为规划理论的初步理论基础、研究方法、研究议程及在城市发展上的应用，后续的研究尚留待未来努力。

参考文献

[1] 赖世刚．规划逻辑——评介 Hopkins 教授所著《Urban Development：The Logic of Making Plans》[J]．台湾大学建筑与城乡研究学报，2004（11）：67-71.

[2] 刘易斯·霍普金斯著．都市发展——制订计划的逻辑 [M]．赖世刚译．北京：商务印书馆，2009.

[3] Alexander C. A City Is Not a Tree[J]．Architectural Forum，1965，1221（2）：58-61.

[4] Ariely Dan. Predictably Irrational：The Hidden Forces That Shape Our Decisions[M]. New York：Harpercollins，2008.

[5] Barzel Y. Economic Analysis of Property Rights[M]. New York：Cambridge University Press，1997.

[6] Batty M. New Ways of Looking at Cities [J]. Nature，1995（19）：574.

[7] Brown S.L.，L.M. Eisenhardt. Competing on the Edge[M]. Boston：Harvard Business School Press，1998.

[8] Cohen M. D.，J. G. March，J. P. Olsen. A Garbage Can Model of Organizational Choice [J]. Administrative Science Quarterly，1972（171）：1-25.

[9] Hammond J.S.，R.L.Keeney，H.Raiffa. The Hidden Traps in Decision Making [J]. Harvard Business Review，1998：47-58.

[10] Hogarth Robin M.，Melvin W. Reder.Rational Choice：The Contrast between Economics and Psychology[M]. Chicago：The University of Chicago Press，1987.

[11] Hopkins L.D. The Decision to Plan：Planning Activities as Public Goods[M]// W.R.Lierop，P. Nijkamp，eds. Urban Infrastructure，Location，and Housing. Alphen aan den Rijn：Sijthoff and Noordhoff，1981：273-296.

[12] Hopkins L. D. Evaluation of Methods for Exploring Ill-Defined Problems[J]. Environment and Planning B：Planning and Design，1984（11）：339-348.

[13] Kahneman Daniel，Amos Tversky . Prospect Theory：An Analysis of Decision under Risk[J]. Econometrica，1979：263-291.

[14] Kahneman D.，S. Slovic，A. Tversky. Judgment under Uncertainty：Heuristics and Biases[M]. New York：Cambridge University Press，1982.

[15] Kahneman D.，A. Tversky. Choices，Values，and Frames[M]. NewYork：Cambridge University Press，2000.

[16] Keeney R. L.，H. Raiffa. Decisions with Multiple Objectives：Preferences and Value Tradeoffs[M]. New York：John Wiley & Sons，1976.

[17] LaValle S. M. Planning Algorithms[M]. New York：Camrbidge University Press，2006.

[18] Marschak J.，R.Radner. Economic Theory of Teams[M]. New Haven：Yale University Press，1972.

[19] Pollock J. L. Thinking about Acting：Logical Foundations for Rational Decision Making [M]. New York：Oxford University Press，2006.

[20] Savage L. J. The Foundations of Statistics [M]. New York：Dover Publications，1972.

[21] Simon Herbert A. A Behavioral Model of Rational Choice[J].The Quarter Journal of Economics，1955（691）：99-118.

[22] Von Neumann J.，O. Morgenstern. Theory of Games and Economic Behavior [M]. Princeton：Princeton University Press，1944.

第二章　多属性决策方法评估基础之设计

【摘　要】基于多属性决策方法不易有效表达受测者偏好的课题（Lai及Hopkins，1995），本论文研拟一套评估多属性决策方法的基础或实验设计，以决定何种方法较能表达受测者偏好。该评估基础的实验设计是结合Hopkins（1984）内部评审（internal judges）及外部评审（external judges）两种评估方法的优点，以比较不同的多属性决策方法。内部评审主要由受测者本身判断决策方法的有效性，可表达受测者的偏好。但受测者须使用两种以上的决策方法，且评估方法使用顺序不同所造成的学习效果不易控制。外部评审由外部专家产生彼此一致的标准，受测者只需使用一种决策方法，方法较简单。但外部专家所产生的标准，无法代表受测者的偏好。因此，本文假设以受测者因群体彼此学习影响，而产生群体稳定价值以作为外部评审，此群体稳定价值亦可解释为一种共识的达成。

本文根据MAVT（Measurable Additive Value Function Theory），或可衡量加法价值函数，提出一种基础方法（benchmark），作为评估基础产生的依据。首先，由偏好强度的理论定义价值为偏好强度，使其明确且易操作。以可衡量加法价值函数理论决定受测者初始偏好结构，包括属性权重及价值函数。以平均强度或加总强度，经由特征向量法求取受测者的影响力权重，以计算群体偏好强度。本文证明此两种衡量方式，不管在判断一致或不一致的情况下，均可求得相同之稳定权重。最后，将受测者不同的影响力权重乘以受测者初始偏好结构，求得稳定的群体偏好强度，作为评估基础或外部评审。

实验结果的评估，是以数个受测群体使用标准方法所产生的数个评审的偏好结构，与该受测群体的受测者使用决策方法的偏好结构差距比较。两者的变异系数愈小，代表方法愈有效，或受测者及评审群体之共识的差异愈小。在本文所提出的实验设计中，受测者只需使用标准方法与该组的决策方法，因此，不但较内部评审简单，亦能解决外部评审无法表达受测者偏好的缺点。

【关键词】多属性决策，集体决策，特征向量，偏好结构，AHP，MAVT

一、引言

多属性决策方法的应用与研究在规划的领域中已逐渐被重视（Lee 及 Hopkins，1995）。由于多属性决策方法不易有效表达决策者的偏好，其评估结果的有效性亦值得探讨，如何设定一基础以比较这些不同的方法的评估结果？本文着重在理论上说明这一较佳的决策方法评估方式。该理论系以群体决策方式求算客观之评估基础，并假设作为评估基础的群体价值是在群体成员间有关价值结构互相影响演变而成。

现有评估标准的研究提出许多比较方法（包括 Hobbs，1980；Saaty，1980；Schoemaker 及 Waid，1982；Adelman 等，1984；Lai 及 Hopkins，1989；Lai，1990；Zhu 及 Anderson，1991；方溪泉，1994；辜永奇，1994；Lai 及 Hopkins，1995），然而这些方法或假设固定的价值作为评估标准（除 Lai 及 Hopkins，1995 外）或以客观事实为比较标准等（如 Saaty（1980）以实际的距离为标准，比较不同尺度的有效性）。这些标准从各种角度评估决策方法，而各有优点，例如，接受度标准考虑决策方法为受测者接受的程度（如 Schoemaker 及 Waid，1982），时间标准则考虑方法是否容易使用等（如辜永奇，1994）。不同的标准具有不同的说服力。然而，本文偏重于测试这些多属性决策方法表达决策者偏好的能力。

Lai 及 Hopkins 曾就能否表达决策者偏好的观点针对 von Winterfeldt 及 Edwards（1986）所提的两个比较标准提出评论：①公理标准（axiomatic standard）：测试决策方法是否具有逻辑上的正确性，而非方法能否被决策者适当地了解与运用。因此，该标准并不能决定决策者是否能真实表达偏好。②预测标准（predictive standard）：此标准是基于某种指标而得的预测绩效标准，与适当表达债值偏好的能力无关。③收敛标准（convergent standard）：指不同的决策方法在估计相同的价值时，须有某种相关。即一决策方法若与其他方法的中央趋势相关，则此方法是有效的。此标准认为多属性的判断须与整体判断（holistic judgment）结果一致。但多属性判断与整体判断是不同的认知方式，尚且整体判断是否较多属性判断更能表达决策者的偏好结构至今尚无定论。此三种常用的标准均无法说明多周性决策方法表达决策者偏好的能力（Lai 及 Hopkins，1995）。

因此，Lai 及 Hopkins 以 Tversky 及 Kahneman 的调整与锚定（adjustment and anchoring）观念提出交替方式（iterative approach）使决策者交替使用不同的决策方法以产生收敛标准，再与各方法初始的判断比较，较接近标准之初始判断的方法被认为较有效（Tversky 及 Kahneman，1982）。该法虽同时考虑固定及非固定价值的假设，但最后收敛的价值能否代表决策者的真实价值，也仅止于假设，无理论与实证的支持。此外，该法要求受测者不断操作不同的决策方法，受测者是否因长期使用该决策方法而形成疲倦，影响最后收敛的准确性，仍值得进一步研究。

上述研究大多以内部评审（internal judges）的方式评估多属性决策方法。即由受测者本身评估或由受测者判断决策方法的有效性。其虽可表达决策者偏好，但决策者需使用至少两种或两种以上的决策方法，且需透过较复杂的设计，以控制学习效果。Hopkins（1984）虽提出内部评审及外部评审两种评估方式以求取解决未充分定义（ill-defined）问题的方法（例如本文所探讨的多属性决策问题之评估基础设计），但尚未加以整合以结合两者的优点。因此，我们尝试以群体价值求取过程的建立，配合 Hopkins 的实验设计以建立外部评审，而研拟一套运用所求得之群体价值，作为评估多属性决策方法的基础，以期简化评估程序。

本研究推算群体价值的过程与一般多属性决策方法假设价值为固定（fixed）的方式不同，乃是从价值是不稳定的观点出发（March，1978 及 1994；Sinden 及 Worrell，1979；Fischhoff 等，1980），以决策者经由彼此互动影响，而形成的群体价值作为评估基础求取的架构。由于欲评估的是多属性决策方法，因此，在整个求算群体价值的过程中，需要以多属性偏好为基础的价值定义。现有对于价值的定义众多（如 Lynch，1990 及 Keney，1992 等），虽在各领域中扮演重要的角色，但 Dyer 及 Sarin 的偏好强度理论对价值的定义，较适合本研究求算群体价值，因其除可量测完整的偏好结构外，还可有效地应用在偏好强度测定方式的研究中（Dyer 及 Sarin，1979；辜永奇，1994；赖世刚，1994）。因此，本文以偏好强度为基础，发展出价值测定方式，而求取决策者的初始价值（即未经彼此影响前的价值）及群体稳定或共识（consensus）价值（经决策者彼此互动后而产生的收敛价值）亦即，先根据 MAVT 发展出的偏好强度测定方式（辜永奇，1994）建立初始的偏好结构，包括权重及价值函数，再经由特征向量法（eigenvector approach）（Saaty，1986）求取群体收敛偏好结构，作为评估多属性决策方法之基础。其中，属性权重以 Keeney 及 Raiffa 所提出的加法价值函数权重衡量方式求取；单维价值函数则是以他们所建议的中点分割法（midvalue splitting technique）求取，再经由加法模式形态整合为多属性偏好结构（Keeney 及 Raiffa，1976）。

群体价值的推导是由群体成员间互动影响而形成，因此，本文从决策者影响力不同的角度来整合多人偏好。而特征向量法，不论在成对比较矩阵的判断一致或不一致的情况下，皆可求取稳定权重（Saaty 及 Vargas，1984；Saaty，1986；

Harker 及 Vargas，1987）。以此方式考虑加总与平均强度以获取决策者之影响力权重，再以各决策者初始价值乘以影响力权重的和所获得的群体价值作为评估基础。同时，比较在判断一致及不一致的情况下相对应的影响力权重，根据加总与平均计算方式决定是否可获得相同的权重值。若两者所得的结果一致，则依据平均强度这一较简易的计算方式，计算影响力权重，求取群体偏好结构，作为比较不同决策方法的基础。

针对上述动机及方法，本文对群体价值形成，从规范性（normative）的角度提出一种解释并以演绎（deductive）的方式说明如何推算群体价值。本文所提出之群体价值求算过程系以群体成员间的初始偏好结构为基础，从理论上，根据成员间相互影响力的测定，计算其最终收敛的群体偏好价值结构，因此是以推理的方式，而非以实证（empirical）的方式来求算群体价值。由于推算群体价值的过程中，假设群体成员间的互动经由无限长的时间进行彼此互动及学习以达收敛，从实证角度以验证此法的效度有其困难，但至少在理论上，本文将说明此法逻辑的合理性。根据此群体价值形成机制提出一实验设计，建议由数个群体产生数个收敛价值而形成不同的外部评审作为评估基础，以期能更客观地比较多属性决策方法的效用。第二节说明评估基础设计的理论架构，包括根据特征向量法说明正规化影响力权重及群体收敛价值结构的求算方式。第三节说明评估基础的实验设计。第四节尝试解释影响力权重的意义及求取方式。第五节为结论与建议。

二、评估基础研拟方式

本文假设群体价值形成的过程是由于群体中的决策者之间相互影响演变而成，这种互动过程可以图论（graph theory）说明之，亦即决策者间的相互影响关系可以图形理论中的路径表示。因此，本节首先配合图论及 Saaty（1986）计算权重的方式说明网络图形中各段路径的关系（代表决策者间的相互影响关系），以推导影响力权重（即决策者间相互影响的强度）；最后由影响力权重推算群体价值，作为评估基础。评估基础研拟主要基于如下的基本假设。

（一）基本假设

我们假设群体价值形成过程为透过各种路径影响关系而达到稳定价值的变动过程。价值变动为以偏好强度为基础之多属性偏好的改变。价值变动的结果有时会达到群体成员偏好一致的情形，有时因某些成员其价值不受他人影响，而无法达到一致的情形，此种情形可以图形路径影响力强度为零的情况加以解释，即将这些人在表示影响力关系的影响力矩阵中隔离于群体之外，而形成不同的多个群体价值，虽然不同群体表现不同立场的情况时常发生，但本文暂不考虑此种情况。针对上述观点，再提出以下假设：

1. 假设决策者之间信息的流通没有障碍，决策者有充分的时间沟通讨论，经由决策者充分讨论学习，考虑各种影响关系之后，由受测者或实验者判断影响力矩阵的输入值（即影响力强度）。此影响力强度的意义为何将在第四节讨论。

2. 效用在决策者间可比较。

3. 假设影响力权重可决定初始价值占收敛价值的比例（即所有决策者影响力权重乘以初始偏好结构的和形成收敛偏好结构）。

4. 假设决策者间影响力强度为固定不变。

这些假设十分严格，其目的是为了简化。本文除了以规范性的角度解释群体价值的形成方式外，还以数学方式推演群体偏好强度，从而计算决策者间一阶段、二阶段、…、至 k 阶段各种不同的影响路径情况，以求取稳定的影响力权重及求算最后收敛的价值。每一阶段指的是每两个决策之间不经由第三者而形成的路径。

（二）影响力权重计算

根据图论的路径概念，以下更进一步将 Saaty 的平均强度计算运用在各种路径关系中（1986），以说明如何运用这些关系求算影响力权重及群体价值。此外，数学推演目的在于说明正规化（normalized）影响力权重的计算方式，并证明加总强度与平均强度两种权重的计算方法是相同的。

各段路径影响强度的判断一致或不一致之关系是以 Saaty 的公理基础为依据的。各段路径的关系是图形理论中关系矩阵自乘的关系，即 n 段路径的关系可由影响力矩阵自乘 n 次而获得。例如，i 决策者不经由第三者影响 j 决策者，其一段路径影响力矩阵如式（2-1）所示，其中，m 表示决策者数目；a_{ij} 为 i 决策者影响 j 决策者的一段路径影响强度。

$$A^{(1)}=\begin{bmatrix} a_{11}^{(1)} & a_{12}^{(1)} & a_{13}^{(1)} & \cdots & a_{1m}^{(1)} \\ a_{21}^{(1)} & a_{22}^{(1)} & \cdots & \cdots & \vdots \\ a_{31}^{(1)} & \cdots & \cdots & \cdots & \vdots \\ \vdots & \vdots & \vdots & \vdots & \vdots \\ a_{m1}^{(1)} & \cdots & \cdots & \cdots & a_{mm}^{(1)} \end{bmatrix} \tag{2-1}$$

由式（2-1）可决定 i 决策者对 j 决策者的影响关系是否具有一致性，并由 $A^{(1)}$ 矩阵自乘计算二段、三段、…、至 k 段的路径影响力矩阵，分别以 $A^{(2)}$、$A^{(3)}$、…、

$A^{(k)}$表示之。一致性矩阵指的是对所有 i、j 及 $k \leqslant m$ 而言，$a_{ij}^{(1)} a_{jk}^{(1)} = a_{ik}^{(1)}$。因此，一致性矩阵必为互倒数矩阵（reciprocal matrix），即 $a_{ij}^{(1)} = 1/a_{ji}^{(1)}$。因此，两段路径影响强度矩阵之求算可由式（2-2）表示。

$$A^{(2)} = A^{(1)} \times A^{(1)} = A^{(2)}，因为 A^{(2)} = [\sum_{k=1}^{m} a_{ij}^{(1)} a_{jk}^{(1)}]。 \tag{2-2}$$

至于 k 段路径影响强度矩阵之求算可由式（2-3）表示，即

$$A^{(k)} = A^{(1)} \times A^{(1)} \times \cdots \times A^{(1)} = A^{k} \tag{2-3}$$

根据假设，集体价值形成是决策者经由无数种路径受其他决策者的影响，而达稳定的过程。Saaty（1986）证明经由 $A^{(1)}$ 矩阵自乘至无限多次，即可求得稳定的正规化影响力权重。根据该法，本文假设在固定的群体价值形成机制下（即初始影响力矩阵不变的情况下），说明如何根据加总与平均两种权重计算方式计算最终收敛的影响力权重矩阵。加总强度矩阵之计算如式（2-4）所示，其中 $k \to \infty$。

$$A = A^{(1)} + A^{(2)} + A^{(3)} + \cdots + A^{(k)}$$

$$= \begin{bmatrix} (a_{11}^{(1)} + a_{11}^{(2)} + \cdots + a_{11}^{(k)}) & (a_{12}^{(1)} + a_{12}^{(2)} + \cdots + a_{12}^{(k)}) & \cdots & (a_{1m}^{(1)} + a_{1m}^{(2)} + \cdots + a_{1m}^{(k)}) \\ (a_{21}^{(1)} + a_{21}^{(2)} + \cdots + a_{21}^{(k)}) & (a_{22}^{(1)} + a_{22}^{(2)} + \cdots + a_{2}^{(k)}) & \cdots & (a_{2m}^{(1)} + a_{2m}^{(2)} + \cdots + a_{2m}^{(k)}) \\ \vdots & \vdots & & \vdots \\ (a_{m1}^{(1)} + a_{m1}^{(2)} + \cdots + a_{m1}^{(k)}) & (a_{m2}^{(1)} + a_{m2}^{(2)} + \cdots + a_{m2}^{(k)}) & \cdots & (a_{mm}^{(1)} + a_{mm}^{(2)} + \cdots + a_{mm}^{(k)}) \end{bmatrix} \tag{2-4}$$

虽然上式可以以较简捷的方式，如 $A^{(1)}(I - A^{(1)})^{-1}$[❶] 来表示该矩阵序列（Horn及 Johnson，1993），但该表示方法需要 $(I - A^{(1)})^{-1}$ 存在的先决条件，而为表示加总强度矩阵计算的详细过程，该序列仍以式（2-4）的方式表示。

平均强度的方法主要基于 AHP（Analytic Hierarchy Process，Saaty（1986））公理基础及图论观念加以发展。当判断一致时，计算特征向量的矩阵输入数为任一段影响路径的平均强度（如式（2-5）所示）。当判断不一致时，矩阵输入数为 k（$k \to \infty$）段路径的平均强度，均以矩阵 $\bar{A}$ 表示（如式（2-6）所示）。

$$\bar{A} = [\bar{a}_{ij}] = \left[\frac{1}{m^{(k-1)}} a_{ij}^{(k)}\right]，\forall k \geqslant 1，且 k 为整数（一致时） \tag{2-5}$$

$$\bar{A} = [\bar{a}_{ij}] = \left[\lim_{k \to \infty} \frac{1}{m^{(k-1)}} a_{ij}^{(k)}\right]（不一致时） \tag{2-6}$$

本文进一步比较加总与平均影响力矩阵计算法在判断一致或不一致情况下所求得之正规化权重是否相同，以决定影响力权重的衡量方式。首先说明正规化（normalization）权重的计算方式。正规化影响力权重计算是根据特征向量法，以

❶ I 表示单位矩阵。

某段路径影响力矩阵中任一行所有路径强度加总除该栏决策者所在位置的路径强度。若互倒数矩阵 A 是一致的，即 $a_{ij}^{(1)}\times a_{jk}^{(1)}=a_{ik}^{(1)}$，$\forall i,\ j,\ k\leqslant m$，矩阵 A 的特征向量可直接由任一段路径之任一行正规化加总平均求得。决策者的正规化权重亦为所在列之加总除以矩阵所有输入数的总和。Saaty（1986）证明此种权重计算方式与由任一行加权平均所得的结果相同。即

$$e_i=\frac{a_{ih}^{(k)}}{\sum_{i=1}^{m}a_{ik}^{(k)}},\ k\geqslant 1\text{ 且 }k\text{ 为整数},\ \forall h\leqslant m \tag{2-7}$$

其中，e_i 为决策者 i 的影响力权重。

由式（2-7）可得

$$a_{ih}^{(k)}=e_i\sum_{i=1}^{m}a_{ih}^{(k)} \tag{2-8}$$

若矩阵 A 是不一致的，即存在 $i,\ j,\ k\leqslant m$，$a_{ij}\times a_{jk}\neq a_{ik}$，则必须计算 A 矩阵至无限次方乘幂以求得极限矩阵，即

$$\approx\lim_{k\to\infty}\frac{a_{ih}^{(k)}}{\sum_{i=1}^{m}a_{ik}^{(k)}}\approx\lim_{k\to\infty}\frac{\sum_{h=1}^{m}a_{ih}^{(k)}}{\sum_{i=1}^{m}\sum_{h=1}^{m}a_{ih}^{(k)}} \tag{2-9}$$

以下以决策者 i 为例，比较 A 矩阵一致时加总与平均计算的正规化权重是否相同。当矩阵为一致时，根据加总原则计算之正规化影响力权重如下。根据式(2-4)

$$\tilde{A}=A^{(1)}+A^{(2)}+A^{(3)}+\cdots+A^{(k)}$$

$$=\begin{bmatrix}(a_{11}^{(1)}+a_{11}^{(2)}+\cdots+a_{11}^{(k)}) & (a_{12}^{(1)}+a_{12}^{(2)}+\cdots+a_{12}^{(k)}) & \cdots & (a_{1m}^{(1)}+a_{1m}^{(2)}+\cdots+a_{1m}^{(k)})\\ (a_{21}^{(1)}+a_{21}^{(2)}+\cdots+a_{21}^{(k)}) & (a_{22}^{(1)}+a_{22}^{(2)}+\cdots+a_{2}^{(k)}) & \cdots & (a_{2m}^{(1)}+a_{2m}^{(2)}+\cdots+a_{2m}^{(k)})\\ \vdots & \vdots & & \vdots\\ (a_{m1}^{(1)}+a_{m1}^{(2)}+\cdots+a_{m1}^{(k)}) & (a_{m2}^{(1)}+a_{m2}^{(2)}+\cdots+a_{m2}^{(k)}) & \cdots & (a_{mm}^{(1)}+a_{mm}^{(2)}+\cdots+a_{mm}^{(k)})\end{bmatrix}$$

$$=\begin{bmatrix}(e_1c_1+e_1c_2+\cdots+e_1c_k) & \cdots & (e_1c_1+e_1c_2+\cdots+e_1c_k)\\ (e_2c_1+e_2c_2+\cdots+e_2c_k) & \cdots & (e_2c_1+e_2c_2+\cdots+e_2c_k)\\ \vdots & & \vdots\\ (e_mc_1+e_mc_2+\cdots+e_mc_k) & \cdots & (e_mc_1+e_mc_2+\cdots+e_mc_k)\end{bmatrix}$$

（根据式（2-8），$a_{ih}^{(k)}=e_i\sum_{i=1}^{m}a_{ih}^{(k)}$，令 $c_1=\sum_{i=1}^{m}a_{ih}^{(1)}$，$c_2=\sum_{i=1}^{m}a_{ih}^{(2)}$，$\cdots$，$c_k=\sum_{i=1}^{m}a_{ih}^{(k)}$，则 $a_{ih}^{(k)}=e_ic_k$，$k\geqslant 1$ 且 k 为整数）

因此，决策者 i 的影响力权重为

$$\frac{(e_1c_1+e_1c_2+\cdots+e_1c_k)}{(e_1c_1+e_1c_2+\cdots+e_1c_k)+(e_2c_1+e_2c_2+\cdots+e_2c_k)+\cdots+(e_mc_1+e_mc_2+\cdots+e_mc_k)}$$

$$=\frac{e_i(c_1+c_2+\cdots+c_k)}{(e_1+e_2+\cdots+e_k)+(c_1+c_2+\cdots+c_k)}=e_i\ （\text{因为 }e_1+e_2+\cdots+e_m=1） \tag{2-10}$$

现亦以决策者 i 为例，以平均方式计算正规化权重如下。

据式（2-5）

$$\bar{A}=[\bar{a}_{ij}]=\begin{bmatrix}\frac{1}{m^{(k-1)}}a_{11}^{(k)} & \frac{1}{m^{(k-1)}}a_{12}^{(k)} & \cdots & \frac{1}{m^{(k-1)}}a_{1m}^{(k)} \\ \frac{1}{m^{(k-1)}}a_{21}^{(k)} & \frac{1}{m^{(k-1)}}a_{22}^{(k)} & \cdots & \frac{1}{m^{(k-1)}}a_{2m}^{(k)} \\ \cdots & \cdots & \ddots & \cdots \\ \frac{1}{m^{(k-1)}}a_{m1}^{(k)} & \frac{1}{m^{(k-1)}}a_{m2}^{(k)} & & \frac{1}{m^{(k-1)}}a_{mm}^{(k)}\end{bmatrix}，且\ k\ 为整数 \tag{2-11}$$

因此，决策者 i 的影响力权重，根据式（2-8）为

$$\frac{\frac{1}{m^{(k-1)}}a_{ih}^{(k)}}{\frac{1}{m^{(k-1)}}a_{1h}^{(k)}+\frac{1}{m^{(k-1)}}a_{2h}^{(k)}+\cdots+\frac{1}{m^{(k-1)}}a_{mh}^{(k)}}=\frac{\frac{1}{m^{(k-1)}}fi\sum_{i=1}^{m}a_{ih}^{(k)}}{\frac{1}{m^{(k-1)}}\sum_{i=1}^{m}a_{ih}^{(k)}(e_1+e_2+\cdots+e_m)} \tag{2-12}$$

因此，在矩阵为一致的情况下，根据加总与平均原则计算之正规化影响力权重应相同。当互倒数矩阵 A 为不一致的情况下，令 t_n 表示 n 段路径的影响力权重，且根据 Saaty，令

$$s_k\approx\lim_{k\to\infty}\frac{a_{ih}^{(k)}}{\sum_{i=1}^{m}a_{ik}^{(k)}} \tag{2-13}$$

若，

$$s_k\to e_i\approx\lim_{k\to\infty}\frac{a_{ih}^{(k)}}{\sum_{i=1}^{m}a_{ik}^{(k)}}，\ k\to\infty \tag{2-14}$$

则

$$t_n\to e_i\approx\frac{1}{n}\sum_{i=1}^{n}s_k，\ n\to\infty \tag{2-15}$$

式（2-13）~式（2-15）表示，只要将矩阵自乘无限多次或者充分大的次数，再将其正规化后，所得到的特征向量代表根据平均原则计算而得到的正规化影响力权重。但根据加总原则计算是否与平均原则计算的结果相同，则可根据 CESARO 极限定理加以说明（杨维哲，1990）。

令 A^k 表矩阵 A 的 k 次方。

当 $\lim_{k\to\infty}A^k\approx 0$

则 $\lim_{k\to\infty}\frac{(A^1+A^2+\cdots+A^k)}{k}=\lim_{k\to\infty}\left\{\frac{A^1+A^2+\cdots+A^N}{k}+[A^{(N+1)}+A^{(N+2)}+\cdots+A^k]/k\right\}\approx 0$，

其中 $1<N<k$ （2-16）

因为 $k\to\infty$，则 $\frac{A^1+A^2+\cdots+A^N}{k}\to 0$，及 $[A^{(N+1)}+A^{(N+2)}+\cdots+A^k]/k\to 0$

当 $\lim_{k\to\infty}(A^k-B)\approx 0$，则 $\lim_{k\to\infty}A^k\approx B$

且 $\lim_{k\to\infty}\left[(A^1-B)+(A^2-B)+\cdots+(A^k-B)\right]/k\approx 0$

因此　$\lim_{k\to\infty}(A^1+A^2+\cdots+A^k)/k-kB/k\approx 0$

而　$\lim_{k\to\infty}(A^1+A^2+\cdots+A^k)/k\approx B$

最后可得　$\lim_{k\to\infty}(A^1+A^2+\cdots+A^k)\approx kB$　(2-17)

根据式（2-17），将 A^k 代入 B，

可得

$$\lim_{k\to\infty}(A^1+A^2+\cdots+A^k)\approx\lim_{k\to\infty}kA^k$$

$$\approx[\lim_{k\to\infty}ka_{ij}^{(k)}]\approx[\lim_{k\to\infty}ke_i\sum_{i=1}^{m}a_{ij}^{(k)}]\quad\text{（根据式（2-9））}$$

$$\approx\lim_{k\to\infty}\begin{bmatrix}ke_1c_1 & \cdots & ke_1c_m\\ ke_2c_1 & \cdots & ke_2c_m\\ ke_3c_1 & \cdots & ke_3c_m\\ \vdots & \ddots & \vdots\\ ke_mc_1 & \cdots & ke_mc_m\end{bmatrix}\quad\text{（令}\sum_{i=1}^{m}a_{ij}^{(k)}=c_j\text{）}\qquad(2\text{-}18)$$

而决策者 i 的影响力权重为

$$\lim_{k\to\infty}\frac{ke_ic_j}{ke_1c_j+ke_2c_j+\cdots+ke_mc_j}\approx\lim_{k\to\infty}\frac{kc_je_i}{kc_j(e_1+e_2+\cdots+e_m)}\qquad(2\text{-}19)$$

（根据洛必达法则（L'Hôpital's rule）以及权重和须为 1）

又式（2-13）～式（2-15）说明平均计算原则所求得特征向量可代表正规化影响力权重，其详细证明如下。令 $\bar{A}$ 表示 k 段路径的平均影响力矩阵，$k\to\infty$，则

$$\bar{A}\approx\lim_{k\to\infty}\frac{1}{m^{(k-1)}}A^k\approx\left[\lim_{k\to\infty}\frac{1}{m^{(k-1)}}a_{ij}^{(k)}\right]\quad\text{（根据式（2-6））}$$

$$\approx\left[\lim_{k\to\infty}\frac{1}{m^{(k-1)}}e_ic_j\right]\quad\text{（根据式（2-9））}$$

$$\approx\begin{bmatrix}\frac{1}{m^{(k-1)}}e_1c_1 & \cdots & \frac{1}{m^{(k-1)}}e_1c_m\\ \frac{1}{m^{(k-1)}}e_2c_1 & \cdots & \frac{1}{m^{(k-1)}}e_2c_m\\ \frac{1}{m^{(k-1)}}e_3c_1 & \cdots & \frac{1}{m^{(k-1)}}e_3c_m\\ \vdots & \ddots & \vdots\\ \frac{1}{m^{(k-1)}}e_mc_1 & \cdots & \frac{1}{m^{(k-1)}}e_mc_m\end{bmatrix}\quad\text{（令}\sum_{i=1}^{m}a_{ij}^{(k)}=c_j\text{）}\qquad(2\text{-}20)$$

而决策者 i 的影响力权重为

$$\approx\lim_{k\to\infty}\frac{\frac{1}{m^{(k-1)}}c_je_i}{\frac{1}{m^{(k-1)}}(e_1c_j+e_2c_j+\cdots+e_mc_j)}\approx\lim_{k\to\infty}\frac{c_je_i}{c_j(e_1+e_2+\cdots+e_m)}\approx e_i$$

因此，加总与平均在不一致时其计算结果相同。此结果乃由于经由加总及

平均影响力矩阵 kA^k 及 $\frac{1}{m^{(k-1)}}A^k$ 计算正规化权重时，会将系数 k 及 $\frac{1}{m^{(k-1)}}$ 分别消去。由此可知，只要路径趋近于相当大的长度，加总与平均计算就会相同。由上述数学推演得知：不管判断一致或不一致，加总与平均计算结果相同；而加总计算系考虑成对决策者间所有可能路径影响之和，更能反映某种互动过程中，决策者间相互的影响程度。然而，Saaty 的平均强度是较经济的方式，因其只需求趋近于无限大的矩阵正规化权重。因此，在实证的操作上，建议以平均计算方式，求算影响力权重。

（三）收敛偏好结构

初始偏好结构系以 MAVT 所求的多维价值函数表示。假设有 m 个决策者，p 个方案，n 个属性。W_j 表示第 j 个属性权重或尺度化常数。X_{ij} 表示 i 方案 j 属性的原始属性水平（即原始单位属性衡量尺度）。V_{kj}（X_{ij}）表示 X_{ij} 透过第 k 个决策者对 i 案 j 属性的价值函数转化为标准化价值（介于 0 ~ 1 之间）。则表示每个决策者对方案 i 的初始偏好结构。

求取初始偏好结构之后，我们由 m 个决策者的影响力权重（e_1，e_2，…，e_m）决定决策者初始偏好结构占最终收敛偏好结构的比例。决策者对方案的最终收敛偏好结构可由影响力权重求得。如方案 i 的最终收敛偏好结构是由 m 个决策者相互影响而获得，将各决策者的影响力权重与各自的初始偏好结构相乘可求得方案 i 的最终收敛偏好结构。其他方案的最终收敛偏好结构亦可由此方式求得。即以 $u_i^*=\sum_{k=1}^{m}[e_k\sum_{j=1}^{n}W_jV_{kj}(x_{ij})]$（$k$ 表决策者，k=1，2，3，…，m）表示群体对方案最终收敛的偏好结构（表 2-1）。

最终收敛偏好结构表 表2-1

决策者方案	P1 P2…… Pm
A1	$e_1\sum_{j=1}^{n}W_{1j}V_{1j}(x_{ij})+e_2\sum_{j=1}^{n}W_{2j}V_{2j}(x_{ij})+\cdots+e_m\sum_{j=1}^{n}W_{mj}V_{mj}(x_{ij})=u_1^*$
A2	$e_1\sum_{j=1}^{n}W_{1j}V_{1j}(x_{1j})+e_2\sum_{j=1}^{n}W_{2j}V_{2j}(x_{1j})+\cdots+e_m\sum_{j=1}^{n}W_{mj}V_{mj}(x_{2j})=u_2^*$
……	……
AP	$e_1\sum_{j=1}^{n}W_{1j}V_{1j}(x_{pj})+e_2\sum_{j=1}^{n}W_{2j}V_{2j}(x_{pj})+\cdots+e_m\sum_{j=1}^{n}W_{mj}V_{mj}(x_{pj})=u_p^*$

三、评估基础建立

解决未充分定义问题（如目标函数不清楚之多目标或偏好结构不明确的问题）的方法之评估一般采用外部评审或内部评审的方式（Hopkins，1984）。外部评审由外部专家决定标准，以评估方法之有效性，而内部评审由受测者交替使用决策方法，根据对方法的信任程度、使用时间、收敛度等加以评估。这两种方式亦可应用在评估多属性决策方法上，因为该方法多为解决未充分定义的问题。然而在此，本文尝试结合两者的优点提出一评估方式，说明评估基础如何建立。以下将内、外部评审的评估方式及优缺点作一说明，并说明本文建议的评估方式。

内部评审是较常使用的方式，由受测者本身决定方法的有效性。若要由受测者直接决定方法的好坏，同一受测者需使用至少两种以上的决策方法。然而后使用的方法由于先前使用方法的学习效果，将产生比原先更佳的结果。Hopkins 认为这种学习效果不易处理，只能在更复杂的实验设计中解决。内部评审的实验设计如表 2-2 所示。表 2-2 的数字代表实验群体，是依创造力程度分成同构型的群体。创造力分类是根据陶伦斯的测试方式（Torrence test of creativity）（Hopkins，1984），然后再依方法使用的顺序分类，最后再由受测者判断较佳的方法。群体中每个受测者依不同的顺序使用每个决策方法，是为了控制学习效果。但当欲评估的决策方法众多时，方法的顺序组合较多，受测者须交替使用不同的决策方法。虽然此种评估方式较复杂，但对于处理价值表现的问题，最好由受测者本身的判断作为基础，故较适用。

内部评审实验设计　　表2-2

方法顺序同质型群体	A → B	B → A
高创造力群体	(1)	(2)
低创造力群体	(3)	(4)

外部评审由一群外部专家以一个分析者而非决策者的角色，对问题加以分析其结构，求取群体一致的偏好作为决策方法结果的比较标准。Hopkins 认为外部评审可解决因方法使用先后顺序不同所产生的复杂学习效果。外部评估由外部专家产生标准，受测者只需使用一种方法，处理一个问题，在方法运用上较简单，但适当的专家不易认定。外部评审如表 2-3 所示，同样依创造性及方法分类。由于标准由群体专家产生，受测者只需使用一种方法，不必考虑方法的顺序，标准再与受测者的结果比较，以评估方法的优劣。

外部评审实验设计 表2-3

决策方法同质型群体	A	B
高创造力群体	(1)	(2)
低创造力群体	(3)	(4)

由于本文所着重的是价值表现的方法，仅为解决不完全定义问题方法之一小部分（因为不完全定义问题除了包含价值不确定性外，尚包括目标函数及学习效果等不确定性因素）。Hopkins 建议有关价值衡量方法的评估最好由受测者本身产生标准，较能表达受测者偏好，而外部评审亦有其优点。外部评审可解决方法使用顺序不同所产生的复杂学习效果，受测者不必交替使用不同的决策方法，可减少受测者的负担。但本文所建议的外部评审与 Hopkins 不同，外部评审是由受测群体使用标准方法所产生的群体偏好结构，而非外部专家一致认同的标准。因此，本文折中两种评估方式进行评估方式的设计，由受测者群体的偏好结构作为外部评审的标准，但外部评审标准由受测者内部决定。这样的评估方式不但能如同内部评审一样表达受测者的偏好，且操作上较内部评审简单。

整个评估程序如表 2-4 所示。横列表示不同决策方法，纵列表示同质型群体。同质型群体再依决策方法随机并平均分配于不同的受测群体。每个受测群体有 m 个受测者。根据前述之 MAVT 及平均强度量测方式产生集体最后收敛偏好结构的方法，作为标准方法，即表 2-4 中之 M 法表示。详细的程序说明如下。

决策方法评估方式表 表2-4

决策方法	T1		T2		T3		…T*r*		
方法顺序 同质型群体	M,T1 受测群体	T1,M 受测群体	M,T2 受测群体	T2,M 受测群体	M,T3 受测群体	T3,M 受测群体	…	M,I 受测群体	I,M 受测群体
G1	G1 T1	G'1 T1	G1 T2	G'1 T2	G1 T3	G'1 T3	…	G1 T*r*	G'1 T*r*
G2	G2 T1	G'2 T1	G2 T2	G'2 T2	G2 T3	G'2 T3	…	G2 T*r*	G'2 T*r*
G3	G3 T1	G'3 T1	G3 T2	G'3 T2	G3 T3	G'3 T3	…	G3 T*r*	G'3 T*r*
⋮									
G*s*	G*s*T1	G'*s*T1	G*s*T2	G'*s*T2	G*s*T3	G'*s*T3	…	G*s* Tr	G'*s* T*r*

注：G' 表示方法顺序改变后的受测群体 G。

（一）受测群体分类

首先依受测者性质加以分类成 s 个同质型的群体 G_1，G_2，G_3，…，G_s。同质型的群体是指其沟通网络为充分沟通及相互影响力为 1 的群体；再将每个同质型群体依 r 个欲评估的决策方法 T_1，T_2，T_3，…，T_r 随机并平均分配为 G_1T_1，G_1T_2，G_1T_3，…，G_1T_r；G_2T_1，G_2T_2，G_2T_3，…，G_2T_r；……，G_sT_1，G_sT_2，G_sT_3，…，G_sT_r 个受测群体。同质型的分类主要是因为可假设影响力强度 $a_{ij}=1$，i 或 $j=1, 2, \cdots, m$。即如同 Hopkins 的实验设计中对于受测者的意见整合，将各受测者的影响力视为相同，即受测者的影响力权重均相等。此时，只要将各受测者的意见加总平均。然而，此为各种网络情况的特例。若可确定各路径的影响强度，便可以将影响力权重乘以初始价值而获得群体偏好强度，而不必再划分同质型群体。

（二）评估基础产生方式

本文的评估程序设计以群体互动之后而形成稳定的偏好结构作为评估基础，再与受测者使用多属性决策方法所获得的偏好结构比较。评估基础的产生是以前节所提的群体收敛偏好结构求取方法作为标准方法，即经由分组后的每个受测群体分别使用标准方法所求得的群体偏好结构作为一个外部评审，再与受测群体每个受测者使用多属性决策方法求取的偏好结构比较。整合各组评审意见，决定方法的有效性。

（三）评估结果计算方式

方法优劣评估，是以每个受测群体使用各决策方法所求得的偏好结构与标准方法求得偏好结构的差距总和来评估。但偏好值平均水平不同，将影响其变异程度，故其标准差不能直接作比较，须计算其相对离差，以测出其间差异程度的大小而得到较正确的比较。变异系数 V 是相对离差中最重要的统计量，变异系数是以标准偏差除以算术平均数 μ 获得（颜月珠，1991）。因此，偏好结构差距以变异系数表示为佳。决策方法与标准方法两者的偏好值之变异系数总和愈小，表示各集体所使用之方法愈能表达受测者的偏好结构。

若每个受测集体有 m 个受测者，D_{T1M} 及 D_{MT1} 表示方法顺序不同所产生的变异系数总和，V_{G1T1} 表示受测群体 G1T1 的变异系数总和，V'_{G1T1} 表示该群体改变方法顺序后之变异系数总和，$\chi_{i\mathrm{G1T1}}$ 表示受测群体 G1T1 受测者使用决策方法所得的偏好结构。χ_{MG1T1} 表示受测群体 G1T1 使用标准方法所得的集体最终收敛的偏好结构。于是 $V_{\mathrm{G1T1}}=\sqrt{\sum_{i=1}^{m}(\chi_{i\mathrm{G1T1}}-\chi_{\mathrm{MG1T1}})^2/(m-1)}/\mu_{\mathrm{G1T1}}$，其中 μ_{G1T1} 为群

体 G1T1 使用 T1 方法的平均偏好结构。例如，决策方法 T1 的变异系数总和为：$D_{T1}=D_{MT1}+D_{T1M}=V_{G1T1}+V_{G2T1}+\cdots+V_{GsT1}+V'_{G1T1}+V'_{G2T1}+\cdots+V'_{GsT1}$。决策方法 T2，T3，…，T$r$ 亦可依同样方式求得变异系数总和。根据变异系数总和 D_{T2}，D_{T3}，…，D_{Tr} 便可比较不同多属性决策方法其表现决策者偏好结构的有效性。

四、讨论

本文所提出的多属性评估方法的设计，主要的观念为在一定的群体互动机制下求得群体收敛价值。该群体互动机制主要表现在式（2-1）中一段路径影响力矩阵中的数据，这些数据的操作意义为何以及如何求得，是本设计能否成功的关键因素。比较简单的方法，是将受测者依其个人特性，如年龄、学历、职业及收入等，加以归类，具有相同社会经济背景，或以类似 Hopkins 所建议的陶伦斯测试方式，视为同构型受测者并假设该组受测者的影响力矩阵为同一矩阵(identitymatrix)。最后，群体收敛偏好结构，可经由计算受测者平均偏好结构求得。

较为精确的方式，则为明确定义式（2-1）中矩阵数据的意义，即决策者 i 对决策者 j 的影响力如何？这个定义的厘清必须另外撰文加以说明，但本节提出一个可能的解释方向。影响力的定义可初步解释为两决策者相互学习过程中的频率（frequency）与回馈（feedback）因子的重叠作用。决策者借由该两学习因子不但影响其本身，且影响其他决策者价值的形成。根据 Watson (1966) 的定义，频率作用显示受测者接受长期固定的刺激后，将以一定的方式反应。例如，在集体互动过程中，其决策者与另一决策者接触的频率高，其在价值形成上，可能较易受该决策者的影响，回馈作用则表示受测者经历最近某种刺激而导致的某种结果，下次将愈有可能采取相关的行动（Hill，1990）。王克先（1993）亦定义回馈为个体反应后，经由任何线索（cues）而获悉反应的结果。反应结果的了解，固可由个人自己直接观察得到，即所谓的内在回馈（intrinsic feedback），亦可由他人提供线索而获知，称为外在回馈（extrinsic feedback）。回馈的作用在于它能将行动的后果随时传给决策者本身，以供修正价值的机会（王克先，1993）。

因此，可初步定义式（2-1）矩阵中的数据即为群体互动学习过程中频率与回馈两种作用重叠影响的结果。频率作用表现在价值形成过程中，决策者间互动的频繁度；互动愈频繁，频率作用愈大。回馈作用可定义为决策者本身发掘线索或结果，以及其他决策者提供线索或结果的可能性。内在回馈可表示决策者自身提供线索的可能性，因此影响 a_{ij} 的值。外在回馈表示其他人对该决策者提供线索的可能性，因此影响 a_{ji} 的值。因此，a_{ij} 可初步定义如式（2-21）所示。

$$a_{ij}=\frac{e_i}{e_j} \tag{2-21}$$

而 $e_i=f(x_{1i},\ x_{2i})$，且 $e_j=f(x_{1j},\ x_{2i})$

其中，e_i，e_j 表示决策者 i 及 j 的相对影响力权重；分别表示决策者 i，j 学习过程中相对的频率作用 x_{1i}、x_{1j} 及回馈作用 x_{2i}、x_{2i} 的大小。f 则表示频率作用及回馈作用相对于影响力大小的函数。

五、结论与建议

多属性决策方法各有其决策规则，如加法（AHP、MAVT 等）、乘法（MAUT）甚至更复杂的一致分析（Concordance Analysis，CA）（Lai 及 Hopkins，1989）。各规则所得的评估结果不尽相同，其有效性有必要以适当的评估基础及评估方式加以评估。这些研究所遭遇的最大困难在于评估基础难寻。因为价值的判断是主观的，如何设定客观的评估基础是十分困难的工作。本文以群体偏好强度作为多属性决策方法的客观评估基础。

从初步的研究中，拟议采用外部评审的方式评估决策方法，而此外部评审为群体成员内部产生之群体偏好结构，可结合内部评审表达受测者偏好的优点，并根据数个受测群体产生多个评审，可更客观地评估决策方法。此种评估方式不但比内部评审简单，亦可改进外部评审无法表达受测者偏好的缺点。本文除了将 Hopkins 的实验设计进一步发展之外，还提出评估基准产生的标准方法提高实验设计的可操作性。在标准方法方面，是以规范性的角度将群体价值的形成从理论上解释为群体成员经过充分互动，通过自身与他人的影响而彼此调整其偏好结构，最终达收敛或共识的过程。此方法是以可衡量加法价值函数作为初始偏好结构，根据图论及特征向量法，通过加总强度或平均强度计算来求取影响力权重，并以影响力权重决定最后稳定的偏好强度。在数学推演的部分，除了验证 Saaty 的平均强度衡量权重方式是较经济有效的方法外（因其只需求算一个矩阵的正规化权重），还指出此结果是 AHP 理论中未发现的特性。简言之，在判断一致时，加总强度与任一路径平均强度计算的正规化权重相同，即在正规化后，$A^1+A^2+\cdots+A^k=\overline{A^1}=\overline{A^2}=\cdots=\overline{A^k}$；在判断不一致时，加总强度与路径无限大的平均强度计算之权重相同，即在正规化后，$A^1+A^2+\cdots+A^k=\overline{A^k}$，$k\rightarrow\infty$。

虽然本研究已发展出运用群体偏好作为评估基础的架构，但仍有许多方面有待后续研究。本文所提方法，虽然在理论上有许多优点，例如能够减少受测者使用决策方法的次数，以及能够依据以评估基准得出的偏好进行更为客观的分析。在操作方面，除非式（2-1）中的数据有明确的求取方式，则将受测者根据其特性的同质程度割分受测组以及求取平均之群体偏好，不失为一可行方法。但式（2-21）的定义应可作更深入且有趣的探讨。如虽以图形抽象化的数学概念表示两点间之关系，而着重在偏好强度的计算，然而价值实际形成的过程亦相当重要。但目前只提出规范性的解释，而着重在价值形成结果的探讨，至于两决策者间是如何互动、影响而使偏好结构产生变化的，是后续相当值得探讨的问题，可进一步以沟通理论、学习理论或其他适合的理论探讨决策者是如何相互影响而使偏好改变的过程，并进一步了解整个价值的形成方式与影响成因。此外，先前假设影响力矩阵的输入数是事先获知并且是群体成员讨论后的判断。因此，如何设计适当的讨论方式及问卷方式，使受测者或实验者更容易判断影响力强度的差别，亦是后续研究的方向。

参考文献

[1] 王克先 . 学习心理学 [M]. 台北：桂冠图书公司，1993.

[2] 方溪泉 . AHP 与 AHP，实例运用比较——以高架桥下土地使用评估为例 [D]. 中兴大学都市计划研究所未出版硕士论文，1994.

[3] 辜永奇 . 多属性决策方法中偏好强度的意义与测定 [D]. 中兴大学都市计划研究所未出版硕士论文，1994.

[4] 杨维哲 . 微积分 [M]. 台北：三民书局，1990.

[5] 赖世刚 . 多属性决策理论在都市计划之应用 [M]. AS，1994.

[6] 颜月珠 . 商用统计学 [M]. 台北：三民书局，1991.

[7] Adelmaiij L.，Sticha P.J.，Donnell M.L.The Role of Task Properties in Determining the Relative Effectiveness of Multiattribute Weighting Techniques[J].Qrganization Behavior and Human Decision Process，1984（33）：243-262.

[8] Dyer J. S.，Sarin R. K. Measurable Multiattribute Value Functions[J]. Operatmns Research，1979，27（4）：810-822.

[9] Fischhoff B.，Slovic P.，Lichtenstein S.Knowing What You Want：Measuring Labile Values [M]// T.Wallstcn，eds. Cognitive Processes in Choice and Decision Behavior Hillsdale .New York：Holt，Rinehart & Winston，1979.

[10] Harker P. T.，Vargas L. G.The Theory of Ratio Estimation：Saaty's Analytic Hierarchy

Process [J]. Management Scicncc，1987，33（11）：1383-1403.

[11] Hill W. F.Learning：A Survey of Psychological Interpretation [M]. New York：Harper and Row，1990.

[12] Hobbs B. F. A Comparison of Weight Methods in Power Plant Siting[J]. Decision Scienccs，1980（11）：725-737.

[13] Hopkins L. D. Evaluation of Methods for Exploring Ill-Defined Problems[J].Environment and Planning B：Planning and Design，1984（11）：339-348.

[14] Horn R. A.，John G. R. Matrix Analysis[M]. Cambridge：Cambridge University Press，1993.

[15] Keeney R. L. Value-Focused Thinking [M]. Cambridge：Harvard University Press，1992.

[16] Keeney R. L.，Raffia H. Decision with Multiple Object [M]. New York：John Wiley & Sons，1976.

[17] Lai S. K. A Comparison of Multiattribute Decision Making.Derive a Convergent Criterion [z].PhD dissertation，Department of Urban and Regional Planning，University of Illinois at Urbana-Champaign，1990.

[18] Lai S. K.，Hopkins L. D. The Meanings of Trade-Offs in Multiattribute Evaluation Methods：A Comparison [J].Environment and Planning B：Planning and Design，1989（16）：155-170.

[19] Lai S. K.，Hopkins L.D. Can Decision Makers Express Multiattribute Preferences Using AHP and MUT：An Experiment Environment and Planning [J].Planning and Design，1995（22）：21-34.

[20] Lynch K. Good City Form. Cambridge：The MIT Press，1989.

[21] Lee I.，Hopkins L. D.Procedural Expertise for Efficient Multiattribute Evaluation：A Procedural Support Strategy for GEA [J]. Journal of Planning Education and Research，1995，14（4）：255-268.

[22] March J. G. Bounded Rationality，Ambiguity 3 and the Engineering of Choice[J].The Bell Journal of Economics，1978（9）：587-608.

[23] March J. G. A Primer on Decision Making [M].New York：The Free Press，1993.

[24] Saaty T. L. The Analytic Hierarchy Process[M]. New York：McGraw-Hill，1980.

[25] Saaty T. L. Axiomatic Foundation of the Analytic Hierarchy Process [J]. Management Science，1986（32）：841-855.

[26] Saaty T. L.，Vargas L. G. Inconsistency and Rank Preservation[J]. Journal of Mathematical Psychology，1984，28（2）：205-214.

[27] Schoemaker P. J. H.，Waid G. G. An Experimental Comparison of Different Approaches to Determining Weights in Additive Utility Models[J].Management Science，1982（28）：182-

196.

[28] Sinden J. A.，Worrell A. G.Unpriced Values [M]. New York：John Wiley & Sons，1978.

[29] Tversky A .，Kahneman J.X. Judgment under Uncertainty：Heuristics and Biases [M]// D. Kahneman. P. Slovic，A. Tversky. eds. Jdgement Under Uncertainty：Heuristics and Biases. New York：Cambridge University Press，1982.

[30] von Winterfeldt D.，Edwards W.Decision Analysis and Behavioral Research [M].Cambridge：Cambridge University Press，1986.

[31] Watson J. B.Behavorism[M]. Chicago：University of Chicago Press，1966.

[32] Zhu S-H，Anderson N. H.Self-Estimation of Weight Parameter in Multiattribute Analysis[J]. Organization Behavior and Human Decision Process，1989（48）：36-54.

第三章　等价与比率偏好强度判断之实验比较

【摘　要】 偏好强度的测量是决策理论（尤其是多属性决策方法）的一个关键课题。然而，在实证上和理论上，偏好强度尚属于一个模糊的概念，对于其可测定与否，尚无定论。

在一般的多属性决策方法中（如 MAUT 及 AHP）对于偏好强度的测定，多仅包括等价（equivalence）判断与比率（ratio）判断两种，但就其效用于决策的质量而言，究竟哪一种方式较易于表达决策者的偏好强度，则是本文研究的主要目的。

本文首先根据可衡量加法价值函数（measurable additive value theory，MAVT）对偏好强度的定义以一种迭代式（iterative）的实验设计来比较两种判断方式的效用及易用性，该结果可提供日后改进多属性决策方法或设计决策支持系统时的参考。虽然本研究以租屋作为实验的例子，由于实验对象多为具租屋经验的受测者，且决策模式亦非针对租屋行为而建立，故研究成果可一般化，而适用于其他决策者所熟悉的状况。

实验的结果显示，以等价判断方式表达偏好强度，较比率判断有效用，而等价判断方式也较比率判断方式就使用时间而言易于使用。所以，建议将现行多属性决策方法中求取偏好强度的技术以等价判断方式进行，将有助于提高决策质量。

【关键词】 偏好强度，可衡量加法价值函数，迭代式过程，多属性决策方法

一、引言

各种不同的决策理论常被规划者运用以作为替选方案评估与选择的方法，例如多属性效用理论（Multi-attribute Utility Theory, MAUT）、层次分析法（Analytic Hierarchy Process，AHP），以下将这些方法统称为多属性决策方法或多准则决策（Multi-criteria Decision Making）。这些决策理论的背后，偏好强度（strength of preference）的测量是一个关联的课题，因为大多数的这些方法直接或间接要求决策者作某些形式的偏好强度判断。然而，在实证上和理论上，偏好强度尚属于一个模糊的概念，对于其可测定与否，尚无定论。本文暂不探讨偏好强度的可测量性，而着重在何种偏好强度测量方式较佳。

在一般应用的决策方法中（如MAUT及AHP），对于偏好强度的直接或间接测定，至少可归纳为等价（equivalence）判断与比率（ratio）判断两种，但是对于表现决策者偏好之有效性而言，究竟哪一种判断方式较佳，尚无一明确的定论，亦是本文主要的重点。

本文分为两部分：①根据文献从理论上来解释偏好强度的意义；②实证测试决策者是否能根据前项的意义来表示偏好强度。在理论的部分，本研究将根据偏好结构的数学表示来界定偏好强度的意义，而将正常由测定效用函数程序所形成的偏好结构中的偏好强度与风险态度分开来（Dyer等，1979，1982；Farquhar及Keller，1989；Keller，1985；Pratt，1963），且不考虑机率测定或不确定性问题，即假设方案不含风险因素或事件机率性。其中，偏好结构指的是决策者对方案偏好形成的数学表示方法，例如属性价值函数与权重形成的加法模式。偏好强度与风险态度两者混合决策的情况，则留待后续研究。

在实证部分，与Bell及Raiffa（1989）对于风险态度的测定类似，本研究假设偏好强度是本然的（intrinsic），亦即偏好强度是决策者进行判断时自然采用的一种方式。假设姑且不论其形成可能是稳定的（stable）（即已知且不变的）或建构而成的（constructive）（即事前不知而逐渐形成的），如果评估的测试问题设计得很好，则偏好强度是可以测定的；本研究更假设决策者能在不同种类的物品间表示偏好的强度，例如在不同商品与大规模计划间偏好强度的比较。

在理论部分界定偏好强度的数学定义后，本研究将以一个实验来测试及比较不同偏好强度的表示方式。第一个目的是检定属性得失间比率及等价判断的有效性。本研究同时考虑属性中（或同一属性）与属性间（或不同属性）的评估。假设A_e、W_e、A_r及W_r分别代表属性中等价判断方式、属性间等价判断方式、属性中比率判断方式及属性间比率判断方式，在本实验第一个目的中，将测试这四种方式的优劣。所谓的属性间比较指的是两种不同属性之间的比较，例如 A 产品与 B 产品之间的偏好比较；所谓的属性中比较指的是单一属性中不同属性水平之间的比较，例如 A 产品中不同价位水平的偏好比较。本实验的第二个目的将检定经由 A_e、W_e、A_r 及 W_r 所组合而成的不同可衡量加法价值函数形态何者较有效，这些包括 A_eW_e、A_eW_r、A_rW_e、A_rW_r 等可衡量加法价值函数形态。

本研究假说为：①偏好强度能被测定，换言之，如果问答方式适宜的话，决策者经由实验设计问答后，能稳定地作偏好强度的判断；②属性得失间的比率判断比起等价判断较难表现。因比率判断需先将不同属性水平之原始单位转换为效用单位后，再测定其比率，而等价判断仅须作原始单位水平间转换判断且不必测定比率。因此，比率判断需要更多的认知努力且对于判断错误会更为敏感。

本研究以“租屋选择”为实验设计的材料，透过计算机问卷实验方式，收集中兴大学地政系学生对于租屋选择的各种偏好判断结果。为了减低实验的误差，实验过程将采取实验室的方式进行，而计算机问卷的程序设计系是用 dBASE III Plus 程序语言撰写。实验将采用叠代式（iterative）的问答方式，该方式在 Lai 及 Hopkins（1995）中曾被成功地采用，以比较不同决策方法在表示决策者偏好结构时的有效性。由于该方式亦间接地探讨对偏好表示方式的比较，因此该法的论证适用于本研究。所不同的是 Lai 及 Hopkins（1995）是对完整的多属性决策方法作比较，而本研究着重在比率及等价的偏好强度表示方法之效用。

本文结构分成三大部分，首先就相关偏好测定的文献中针对偏好强度意义的理论与测定的方法作说明，其次提出为达到研究目的之实验设计及流程，最后分析实验结果并提出结论与建议。

二、偏好强度的定义

偏好强度的想法是由 Frischer（1989）于 1962 年所提出来的。假设 a、b、c 及 d 代表某一属性 X 上的四个水平。理论上，决策者可比较 a 超过 b 的偏好程度及 c 超过 d 的偏好程度。此种关系若以 $\geqslant^*$ 表示，则 $ab \geqslant^* cd$ 表示 a 超过 b 的偏好程度大于 c 超过 d 的偏好程度。虽然这种想法在理论上是容易被接受的，但实证上却被认为无具体意义。例如，Farquhar 及 Keller（1989）认为虽然个人显然能对于比较偏好差异的问题提出回答，但是却很少能有效地在实际行为中作出判断。此外，von winterfeldt 及 Edwards（1986）虽然认为偏好强度是可以衡量的，但是却无法对其定义提供确切的解释。

有两种方法曾被用来界定偏好强度的意义：风险性选择方法（risky choice approach）和差异衡量方法（difference measurement approach）。前者是基于Savage（1954）的确定事件原则（sure thing principle）所发展出来的。其认为若能符合确定事件原则，则在风险下的效用函数就能合理地衡量出偏好差异程度。但是该种方法因不具有可操作性，以至无法以实证的方式验证其基本假设。后者是 Dyer 及 Sarin（1979）基于 Krantz 等（1971）所发展出的正差异衡量（positive difference measurement）中的公设系统，将偏好强度当成一种原始（primitive）的概念，根据属性间彼此独立的假设，推论出可衡量加法价值理论（Measurable Additive Value Theory，MAVT）。该理论是考虑确定情况下价值函数的求取，可明确地表示偏好强度的意义，而具可操作性，但是该法的最大争议是未曾经由实证来检验其操作性。因此，偏好强度的争议主要在无法将偏好强度独立于风险之外来衡量、偏好强度的衡量不具可操作性或衡量过程的有效性值得怀疑等，使得偏好强度的定义及测定一直未能得到一个清楚的结论。

至于偏好判断方式的研究，大多数的多属性决策技术是以属性尺度的等价判断或比率判断来导出决策者的选择，因此多属性决策技术的比较基础就在于人们对于等价判断和比率判断能力上的比较（Lai 及 Hopkins，1995）。有效性在此指的是正确地表示决策者真正的偏好。就偏好强度而言，所谓等价判断指的是两属性水平的偏好差异（例如，由 b 增加到 a，$b \to a$）与另两属性水平差异（$d \to c$）相等；而比率判断则指该两组属性水平差异的比值。一般而言，比率判断比等价判断较为困难（von winterfeldt 及 Edwards，1986），因为比率判断需要更多的认知努力，例如属性单位的转换及比率的估计等，以及对于判断的错误会更为敏感，但这些假说没有实证研究的支持。

对于衡量偏好判断过程的方法，卓武雄（1992）指出三种基本方法：交谈式（interactive）方法、事前偏好解析（prior articulation of preferences）、事后偏好剖析（posterior articulation of preferences）。其中，交谈式方法假设决策者并无所谓固定的偏好函数存在，偏好之进展与改变存在着一种学习的过程，其不但可透过某种方式之“人机”对话来进行偏好之解析，并且可提供分析者与决策者实时对话的机会，以指导决策者作出他们所认为最好的妥协。Lai（1990）及 Lai 及 Hopkins（1995）曾在一个实验中以叠代式过程（iterative procedure）来量测决策者的偏好结构（单属性价值函数及权重）。其基本假设与交谈式方式中之人机对话过程类似，但该设计应用决策心理学中的调整与锚定现象（adjustment and anchoring）于实验中（Tversky 及 Kahneman，1982）。本文将在第三节的研究说明中详细介绍该设计。事前偏好解析假设人性的偏好是固定一致的，然而偏好逆转（preference reversal）的现象就足以对该假设提出怀疑（林舒予，1989）。至于事后偏好剖析是以其他方法达成选择的目的，并未在解决问题之前进行任何偏好的解析，故并非本研究探讨的范围。本研究沿用 Lai 及 Hopkins（1995）所设计之叠代式的偏好衡量方式，作为比较等价及比率偏好强度判断的基础，并于第三节中详细说明。

除了以决策发生的时间作为偏好衡量方法的分类基础外，尚有以衡量偏好方式为基础的分类：包括直接方式和间接方式两种。直接方式是直接针对该属性进行测量，间接方式是透过另外相关的属性来间接衡量该属性。对于直接法与间接法的优劣很难下定论，通常直接法较容易被决策者所了解，但是所得到的偏好是否真正代表决策者的偏好，则是一个问题。对于直接估计法的最主要批评是不具可行性。在自然发生的事物中，以问题导出偏好差异的过程并无法予以公式化；且以感觉的等级直接判断偏好，可能无法提供一个令人满意的偏好强度衡量过程（Edwards，1992）。但是若能解决直接法中的一些缺失，例如问答的方式、验证某些行为的假设等，则直接估计法要求决策者提供一个直接价值衡量，以反映出偏好的顺序及强度，则具有相当的可行性。而间接法的处理方式较复杂，决策者对于问题也较不易回答（梁定澎，1982）。

由于可衡量加法价值理论界定偏好强度意义的明确性及可操作性，本研究将以该理论为基础进行衡量偏好强度的问卷设计。有关可衡量加法价值理论的概念可参考 Dyer 及 Sarin（1979）的理论架构，而对于偏好值求取的方法，由于间接方式的问题对于决策者而言较不容易回答，因此本研究将采用直接方式。主要是以无差异水平询问法当成问题形成的方式（即决定属性水平以表示两对属性水平间偏好差异一致），因为该法的问答方式可求取出基数尺度的偏好值，以表达出偏好的强度。属性中偏好强度等价判断的方式，则以多属性效用理论中的中点分割法（mid-value splitting technique）来进行，因为该法的可操作性高且理论基础较完整（Keeney 与 Raiffa，1976）。属性间偏好强度等价判断方式则以不同属性问题交易值判断（trade off judgments）为主。

为了解决直接方式询问法的缺失，以增进问答过程的有效性，本文将采用人机交谈式的偏好求取过程，以期在询问的过程中，不论决策者的偏好是稳定的或建构而成的，决策者可发觉或透过学习过程建立其偏好结构。并且本研究以“人机”的问答方式进行，如此可降低问答时所产生的误差，以解决无差异水平询问法中无法处理面谈时会产生误差的问题。

三、研究设计

由前两节可知，有关偏好强度的研究大多仅限于理论上的讨论，实证上的研究则有限，其主要原因有二：①决策者实际上是否以偏好强度的衡量方式进行方案评估，尚有争议；②有关衡量偏好量测的实验设计中，评估标准不易产生。因此，偏好强度如何衡量？等价的偏好强度判断方式与比率的判断方式如何衡量？何者较有效？均是本研究尝试探讨的问题。本节以可衡量加法价值理论为基础，提出一比较等价及比率偏好强度并判断求取方式的实验设计。

（一）实验设计理论

本实验设计以 Dyer 及 Sarin（1979）所提出的可衡量加法价值理论（MAVT）作为界定偏好强度意义的理论（MAVT 的理论请参见 Dyer 及 Sarin（1979）），因为 MAVT 将风险态度从偏好价值衡量中分开，更能明白地表达出偏好强度的意义。且其定义十分清楚而可直接依据该定义设计偏好强度求取的问卷。简单地说，MAVT 所指的偏好差异或强度即为两方案多属性加法价值函数的差异。但本研究将偏好强度的意义延伸到单属性水平价值之差异。多属性可衡量加法价值函数的存在是单属性可衡量价值函数存在的充分及必要条件（Lai，1997）。在偏好强度的求取方面，将以无差异水平询问法为基础，采取叠代式的问答过程，并且选择符合 MAVT 适合性假设的属性。

1. 决策问题

本实验将以“租屋行为”为实验内容，其考虑的观点是因为实验对象若能针对熟悉的事物进行判断，其所作之偏好判断较能表示其真正的偏好（Fischer，1979），而由于本研究的实验对象选择学生，故决定以学生较熟悉的租屋行为作为实验内容，所考虑的属性包括租屋面积（坪数）、租金（元），及至学校之步行时间（分钟）。在进行实验前必须分别测试这些属性是否符合 MAVT 的假设条件。调查结果发现三个属性的数据，均符合 MAVT 的假设条件，适合本实验的目的，兹分别说明如后。

本研究首先针对中兴大学法商学院学生在外租屋的市场状况，简单调查出学生租屋现况中租金、面积、步行时间等三个属性的数据。

本研究以在中兴大学校门口随机访问的方式，得到了 30 个现在正在外租屋同学的有效样本，并分别统计出三个属性的最低值、第一个四分位、第二个四分位、第三个四分位及最高值等五个属性水平点，其结果如表 3-1 所示。

中兴大学学生在外租屋之租金等现况数据表　　表3-1

属性水平 / 属性	最低值	第一个四分位	第二个四分位	第三个四分位	最高值
租金(元)	1400	3500	4000	5500	22500
面积(坪数)	1.5	2	2.5	4	30
步行时间(分钟)	1	5	8	14	45

其次，本研究根据检验属性适合性的问题结构（即 MAVT 之基本假设），拟出一份属性适合性检验的问卷，其中包含了偏好独立性（preferential independence）检验、差异一致性（difference consistency）检验，以及差异独立性（difference independence）检验的所有问题，并将各问题随机排列，以尽量避免受测者因发现问题的规则性而影响作答方式，进而影响作答的结果。

本次问卷共计有 30 位受测者参与作答，并采取立即给付酬劳（每人 100 元新台币）、集中作答的方式进行，而于作答前统一说明作答方式及问卷内容。结果回收 30 份有效问卷，并分别统计各属性适合性达成的正确率。

分析结果后得知，针对本研究初步所选取的三个属性而言，其对于偏好独立性检定、差异一致性检定、差异独立性检定的结果，符合各条件的回答比率均在 70% 以上，故租金、面积、时间等三个属性，可适用本实验的属性要求，以根据 MAVT 进行实验分析及假设检定。

2. 实验设计

根据第一节之实验假说，本实验设计将受测者分成 A、B 两大组，两组使用不同之属性间与属性中偏好强度判断组合。A 组受测者交替采取属性中及属性间等价（A_eW_e）及比率（A_rW_r）判断。B 组受测者交替采取属性间及属性中等价 / 比率（A_eW_r）及比率 / 等价（A_rW_e）判断。每大组中有两小组，其差别仅在于答题顺序的不同，其目的在于控制不同判断方式间的学习效果。实验设计采用 Lai 及 Hopkins（1995）所使用的叠代式收敛过程，并且利用交谈式人机对话的方式进行（图 3-1）。简言之，该设计主要认为现有多属性决策方法之评估标准，如公理标准、预测标准及收敛标准（Von Winterfeldt 及 Edwards，1986），不见得能衡量出决策者真正的偏好。唯有重复不断地让决策者根据他们先前的判断方式予以修正，决策者才能“建构”或者“发觉”他们的偏好。因此，Lai 及 Hopkins 即根据 Tversky 及 Kahneman 的“调整与锚定”（adjustment and anchoring）的判断现象（卓武雄，

1992），提出迭代式偏好判断过程。本研究实验设计基本上与 Lai 及 Hopkins 的设计程序上相同，其主要的差异在于 Lai 及 Hopkins 根据叠代方式两两比较三种多属性决策方法：AHP、MAUT 及修正后的 AHP。而本研究则以不同偏好强度判断方式组合而成四种多属性偏好强度撷问方法，并两两以迭代过程比较之。

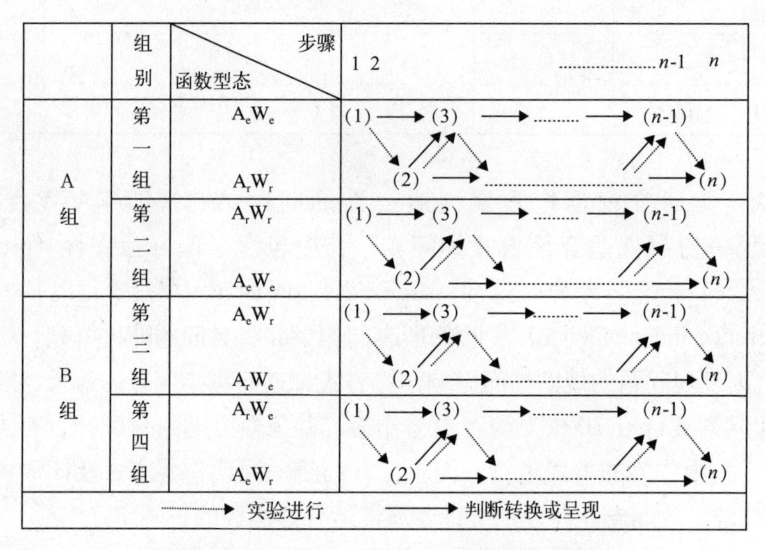

图 3-1 导出偏好判断迭代式收敛实验过程图

例如，在第一组中（参见图 3-1），受测者在步骤 1 回答一系列有关属性中和属性间等价偏好判断的问题，在步骤 2 则回答有关属性中和属性间比率偏好判断的问题。从步骤 3 以后，则再次回答等价偏好判断的问题，但是计算机会先提示该受测者前两个步骤回答的结果，以提供受测者再次作答参考之用，提示的两个结果中，其一是步骤 1 中等价方式作答的结果，其二是将步骤 2 中比率方式作答的结果转换成等价方式的结果，依照此方式继续测试，直到符合停止规则为止（参见下节）。其他三组的实验过程与第一组大致相同，而其差别仅在于其问题结构及偏好判断组合的差异。整个问答程序，是由 dBASE III Plus 程序语言所设计出的系统。图 3-2、图 3-3 分别显示第一组在步骤 1、3 的屏幕内容。

等价判断与比率判断之间的转换是根据其中一种判断方式求得价值函数后直接由该函数读取另一判断之值。例如，利用中点分割法的等价判断估计某属性价值函数后，可直接读取不同属性水平间的比率判断，而属性间水平的比率判断亦可由属性间等价交易量判断间接求取。属性中或属性间的比率判断，亦可借由类似的方式由等价判断转换之。

租屋偏好行为测定实验

<<< 租金项目测试 >>>

若租金由 10000 元减为 M 元，与租金由 M 元减为 1400 元，这两者间变化的差异，您觉得是相等的，则您认为“M”应该是多少元？

M= ▇▇ 元　（请回答至整数！！）

《你曾经作答过的答案》

(1) 您认为租金由 22500 元减为 10000 元，与由 10000 元减为 1400 元，两者之变化相同。
(2) 您认为租金由 22500 元减为 17000 元，与由 17000 元减为 10000 元，两者之变化相同。

图 3-2　第一组在第 1 步骤的屏幕内容

租屋偏好行为测定实验

<<< 租金项目测试 >>>

<提示：经由上两个步骤您的偏好表示结果呈现如下，请参考之后再次作偏好判断>

- 您认为租金由 10000 元减为 3920 元，与由 3920 元减为 1400 元，两者之变化相同。
- 您认为租金由 10000 元减为 3342 元，与由 3342 元减为 1400 元，两者之变化相同。

若租金由 10000 元减为 M 元，与租金由 M 元减为 1400 元，这两者间变化的差异，您感觉是相等的，则您认为“M”应该是多少元？

M= ▇▇ 元　（请回答至整数！！）

《你曾经作答过的答案》

(1) 您认为租金由 22500 元减为 10000 元，与由 10000 元减为 1400 元，两者之变化相同。
(2) 您认为租金由 22500 元减为 17000 元，与由 17000 元减为 10000 元，两者之变化相同。

图 3-3　第一组在第 3 步骤的屏幕内容

（二）实验停止规则

受测者在使用叠代式问答过程中，系统根据两个规则自动控制该过程，本研究订定实验停止规则的依据在于两个原则，其一是当受测者的偏好表示已经稳定，则应该停止测试，其二是若受测者测验的时间过长，亦应该停止测试，否则可能会因受测者感到疲乏而影响到测试结果的准确性。于是，本研究先行主观地订出初步的实验停止规则，依照该规则进行实验试测，而后根据试测的结果，修正实验停止规则，最后订出正式的实验停止规则如下：

（1）达到收敛规则，其中收敛规则为：

$$\sum_{i=1}^{3}\left[w_i'\times V_i(x_2)'-w_i\times V_i(x_2)\right]\leqslant 0.01 \tag{3-1}$$

式中　w_i'——第 n（即程序终止）个步骤的属性 i 的权重；

$V_i(x_2)'$——第 n 个步骤的属性 i 的第二个四分位属性水平价值；

w_i——第 n-1（即程序终止前 1）个步骤的属性 i 的权重；

$V_i(x_2)$——第 n-1 个步骤的属性 i 的第二个四分位属性水平价值。

(2) 若未达到收敛规则，则实验步骤超过 6 步并且实验时间超过 45 分，则实验停止。

(三)评估准则

至于如何评估等价或比率判断何者较有效？比较方式主要是根据在叠代式判断程序中其收敛程度，亦即计算出某种判断于最初时的偏好表示与最后所作的偏好表示之间的差距。若差距愈大，则表示最初判断愈不能表示最终决策者的真实偏好判断，而其有效性愈低。为避免比较结果会因根据最后步骤的该种判断方式计算而产生偏差，故在此处的“最后”偏好表示指的是最后两步骤的平均偏好表示。评估准则的方式包括单属性价值函数、权重及多属性价值函数或偏好结构三种，虽然在 MAVT 中，因为价值函数无上限 (unbounded)，因此没有权重。在本研究中价值函数是以 1 为上限，因此必须加入权重因素以表示属性价值函数间的边际替换率或交易量。权重的决定，在等价判断时，是根据属性间属性间距之等价偏好比较间接求出 (Keeney 及 Raiffa，1976)。在比率判断时，则直接由受测者针对属性间属性间距之比率偏好比较而求得。

单属性价值函数收敛程度计算方式，是先将三个属性的范围作变量变换，即正规化 (normalization)，使其范围都介于 0 与 1 之间，而后求算出三种属性各个最初偏好表示的函数与最后偏好表示的函数之间的面积 (图 3-4)，再将三个面积总和，以当成收敛指标，其代表了受测者对于两种不同判断方式的偏好表示差异程度。

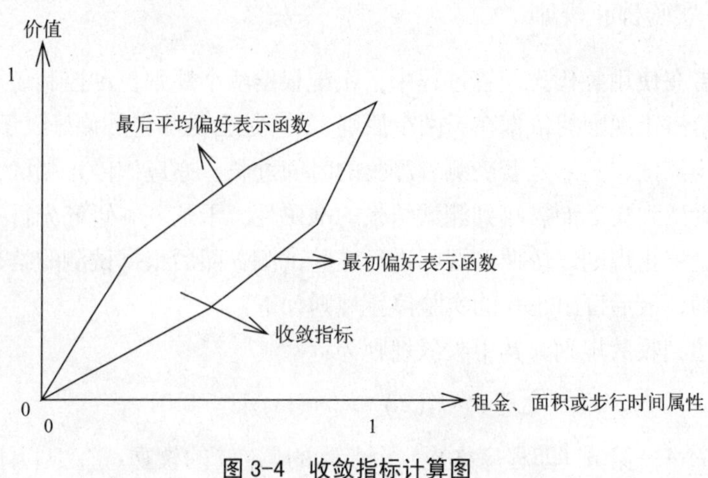

图 3-4 收敛指标计算图

权重收敛程度的计算方式与单维价值函数相同，但是其偏好差距的计算是三个属性权重最初与最后平均权重的绝对差异总和。至于多属性价值函数收敛程度的计算，理论上应该如单属性价值函数的求法一样，算出最初与最后偏好表示函数之间的面积，但是因为本研究中的多属性价值函数包含了三个属性，为一个三度空间的形态，计算不易，故采用了近似的算法，即每一个属性取三个点（第一、二及第三个四分位数），共 3×3×3=27 种组合，经由这 27 种组合点的差异计算，以代表整个多属性价值函数间的差异程度。

以下将上述的三种收敛指标以数学式表示之：

$$CI_1=\sum_{j=1}^{3}\int_0^1[\overline{V}'_J(\overline{x_{ij}})-\overline{V}_j(\overline{x_{ij}})]\,\mathrm{d}\overline{x_{ij}} \tag{3-2}$$

$$CI_2=\sum_{j=1}^{3}|w'_j-w_j| \tag{3-3}$$

$$CI_3=\sum_{i=1}^{27}|\sum_{i=1}^{3}w'_j\times V'_j(x_{ij})-w_j\times V_j(x_{ij})| \tag{3-4}$$

式中　CI_1——单属性价值函数的收敛指标；

CI_2——权重的收敛指标；

CI_3——多属性价值函数的收敛指标；

i——属性第一、二及三个四分位数；

j——租金、面积或步行时间等三个属性；

V'_j——最后两个步骤平均后属性 j 的单属性价值函数；

V_j——第一个步骤属性 j 的单属性价值函数；

$\overline{V}'_J$——正规化后最后两个步骤平均后属性 j 的单属性价值函数；

$\overline{V}_J$——正规化后第一个步骤属性 j 的单属性价值函数；

x_{ij}——属性 j 的第 i 个水平；

$\overline{x_{IJ}}$——正规化后属性 j 的第 i 个水平；

w'_j——最后两个步骤的属性 j 的平均权重；

w_j——第一个步骤的属性 j 的权重：单属性价值函数的收敛指标。

四、实验过程及结果

本实验分成两个过程：试测及正式测验，试测的目的在检验程序的稳定性、问卷内容是否清晰、寻求适当的实验停止规则、仿真正式实验的过程及实验室的布置。根据试测后的结果修正后方可进行正式实验程序。正式实验是以中兴大学地政系学生为对象，采取给付酬劳（每名 500 元新台币）、自由报名的方式选择受测者，每一组从报名的同学中随机选择 10 名受测者，四组总共 40 名受测者，以符合大样本的要求（一般为 30 名）（参见图 3-1）。实验地点、方式与试测时相同，惟 40 名受测者共分 10 梯次进行实验，每梯次中 4 名受测者分别参加不同的四组进行实验。由于实验室与外界隔离（有窗帘、禁止他人进入）、每次布置尽量都保持一致，故虽然共分10梯次进行，仍可假设受测者的实验环境都相同。

根据研究目的，实验结果的分析可归纳成三类：单属性价值函数中等价判断或比率判断的有效性、权重中等价判断或比率判断的有效性，及多属性价值函数中等价判断或比率判断的有效性。此外，还对等价判断或比率判断花费的时间加以探讨。

虽然40个样本分成四种不同的组别，且在迭代式的实验过程中等价判断与比率判断的顺序亦不同，但是在分析的数据中发现顺序的差异并不会影响到实验的结果（亦即根据变异数分析（ANOVA，又译为方差分析）群体平均数无显著差异），因此可将不同顺序的判断数据合并分析。

在分析的方法上，主要是以 t 检定和变异数分析为主，所采用的显著水平为0.05。在本研究中的样本数共有40个，因此可将其视为常态分配，并假设各母体之残差为独立的。且本研究再就变异数齐一性方面作分析，以决定采用变异数分析方法的适用性，其方法是采用Hartley检定（颜月珠，1990）。若根据Hartley检定多群体间变异数是齐一性，则相关之变异数分析便可获更有力的支持。即使群体间变异数呈现有限的差异，其影响其后之变异数分析的程度亦不显著（Winer，1971）。

（一）单属性价值函数测试结果分析

由上述的说明中，可将组别及顺序这两个因子所造成的影响排除在外，而仅考虑等价方式和比率方式两种技术本身的效用即可。由分析实验数据后，可得到等价判断和比率判断收敛指标的各项统计值（表3-2）。其中等价判断的收敛指标平均值（0.34）较比率判断的收敛指标平均值（0.62）低，其 t 值 =−6.22（P 值 =0.00 < 0.05）。故可发现，就单属性价值函数而言，等价判断较比率判断有效，且其差异的结果是显著的，亦即等价判断在衡量价值函数方面明显地较比率判断方式有效。

单属性价值函数中不同判断方式之收敛指标统计值 表3-2

统计值＼方式	等价判断	比率判断
平均值	0.34	0.62
标准偏差	0.09	0.27
样本数	40	40
t 值	−6.22*	

注："*"代表结果显著，等价判断及比率判断收敛值系根据公式（3-2）而得，且两母体变异数有显著差异（P 值 =0.00 < 0.05）。

（二）权重测试结果分析

排除组别及顺序两个因子后，根据实验资料，可得到由等价判断和比率判断所求得知权重收敛指标的各项统计值（表 3-3），其中等价判断的收敛指标平均值(0.30)较比率判断的收敛指标平均值(0.35)低，而其 t 值 $=-0.69$（P 值 $=0.49<0.05$），故可发现就权重而言，等价判断较比率判断有效，但其差异是不显著的，亦即虽然等价判断比比率判断方式有效，但是在统计上而言，两者没有明显的差异。

权重中不同判断方式之收敛指标统计值　　表3-3

统计值＼方式	等价判断	比率判断
平均值	0.30	0.35
标准偏差	0.26	0.27
样本数	40	40
t 值	-0.69	

注：等价判断及比率判断收敛值系根据公式（3-3）而得，且两母体变异数无显著差异（P 值 $=0.48<0.05$）。

（三）多属性价值函数测试结果分析

根据四种函数的变异数齐一性检定方面发现，其 H 值 $=2.78<H$（0.95；4.10）=6.31，结果是不显著的，亦即这四种函数的变异数符合齐一性，将该数据运用在变异数分析中可得到很高的检定效率。

分析实验数据后，可得到这四种不同多属性价值函数收敛指标的各项统计值（表 3-4），其收敛指标平均值的大小依序为 B 模式（4.40）、C 模式（3.79）、D 模式（3.65）及 A 模式（2.17），而其 F 值 $=2.555$（P 值 $=0.062>0.05$），故可发现就多属性价值函数而言，虽然其有效的顺序依序为 A 函数、D 函数、C 函数及 B 函数，但就统计上而言，其差异几乎不显著；若将显著水平定为 0.1 的话，则发现这四个函数的有效性有明显的不同。

多属性价值函数中不同组合方式收敛指标统计值　　表3-4

方式＼统计值	平均值	标准偏差	样本数	F 值
等价权重，等价价值函数 (A 模式，A_eW_e)	2.17	1.83	20	2.555
比率权重，比率价值函数 (B 模式，A_rW_r)	4.40	3.04	20	
等价权重，比率价值函数 (C 模式，A_eW_r)	3.79	2.45	20	
比率权重，等价价值函数 (D 模式，A_rW_e)	3.65	3.05	20	

注：各组合方式之收敛值是根据公式（3-4）而得。

（四）测试时间分析

在此处将以受测者平均对于每一个判断步骤的作答时间，来说明不同的判断方式对于受测者而言的难易程度。首先就四种不同判断情况（A_e，A_r，W_e，W_r）的变异数齐一性检定方面发现，其 H 值 =4.90 ＜ H（0.95；4，10）=6.31，结果是不显著的，亦即这四种情况的变异数符合齐一性，将该资料运用于变异数检定中可得到很高的检定效率。

而就四种不同情况的判断方面而言，受测者平均对于单属性价值函数中等价判断方式的每一个判断答题时间需 31.3 秒，对于单属性价值函数中比率方式为 43.3 秒，对于权重中等价方式为 47.3 秒，对于权重中比率方式为 76.1 秒，而其 F 值 =21.04（P 值 = 0.00 ＜ 0.05），结果是显著的。亦即就容易作答程度而言，其容易顺序依序是等价判断的单属性价值函数、比率判断的单属性价值函数、等价判断的权重、比率判断的权重。

五、结论

虽然本研究以租屋为实验的例子，但是由于实验对象多为具租屋经验的受测者，且决策模式亦非针对租屋行为而建立，故研究成果可一般化，而适用于其他决策者所熟悉的情况。

由整个实验分析可得知，在显著水平为 0.05 时，就单属性价值函数而言，采用等价判断的方式较有效；就权重而言，虽然采用等价判断方式较比率判断方式有效，但其有效的差异并不显著；就多属性价值函数而言，采用等价判断的权重与等价判断的价值函数所组成的函数与其他三种函数有显著差异。但若显著水平定为 0.1 时，则明显地可知采用等价判断的权重与等价判断的单属性价值函数所组成的多属性函数是较有效的方式，且采用比率判断的权重与比率判断的单属性价值函数所组成之多属性价值函数具最低有效性。

就整个实验结果与本研究先前所作的假说来比较，可发现单属性价值函数与权重之各种判断方式，就效用和判断时间长短来比较的结果，与假设结果符合；而四种不同多属性价值函数形态的有效性与假设大致符合。亦即，等价判断较比率判断较能有效表现决策者的真实偏好。

换言之，人们对于同一属性的等价判断方式最易表达他们的偏好。至于属性间偏好的比较，由于属性单位的不同，较不易区别等价判断及比率判断的效用。但整体而言，由于比率判断的认知过程较为复杂，使得其在偏好测定上极为困难，因此，本实验结果建议在设计新的多属性决策方法时，应尽量采用较简单的等价判断方式以撷取决策者偏好强度的偏好结构。

参考文献

[1] 林舒予 . 风险下决策的讯息整合历程之探讨——以偏好逆转现象为例 [D]. 台湾大学心理学研究所硕士论文，1988.

[2] 卓武雄著 . 多重准绳决策 [M]. 台北：晓园出版社，1992.

[3] 梁定澎 . 多属性效用模式在消费者选择行为之应用 [D]. 中山大学企业管理研究所硕士论文，1982.

[4] 颜月珠著 . 实用统计方法——圈解与实例 [M]. 台北：三民书局，1990.

[5] Bell D.E.，Raiffa H. Marginal Value and Intrinsic Risk Aversion Decision Making[M]. Cambridge：Cambridge University Press，1989.

[6] Dyer J. S.，Sarin R. K. Measurable Multiattribute Value Functions [J].Operations Research，1979，27（4）：810-822.

[7] Dyer J. S.，Sarin R. K. Relative Risk Aversion[J]. Management Science，1982，28（4）：875-886.

[8] Edwards W.f .Utility Theories：Measurements and Applications[M].Norwell：Kluwer Academic Publishers，1992.

[9] Farquhar P. H.，Keller L. R. Preference Intensity Measurement[J]. Annals of Operations Research，1989，19.

[10] Fischer G.W. Utility for Multiple Objective Decisions：Do They Accurately Represent Human Preferences[J]. Decision Science，1979，10：451-471.

[11] Keeney R. L.，Raiffa H.Decisions with Multiple Objectives [M].New York：John Wiley，1976.

[12] Keller L. R. An Empirical Investigation of Relative Risk Aversion [J].IEEE Transactions on Systems，Man，and Cybernetics，1985，15（A）：475-482.

[13] Krantz D. H.，Luce R. D.，Suppes P.，Tversky A. Foundations of Measurement，1971，1.

[14] Lai S.K. A Comparison of Multiattribute Decision Making Using an Iterative Produre to Derive a Convergent Criterion[z]. Unpublished Ph.D. Dissertation，University of Illinois at Urban-Champaign，1990.

[15] Lai S. K. Relation Between Additive Multidimensional and Unidimensional Measurable Value

Functions[J]. Unpublished Manuscript，1997.

[16] Lai S. K.，Hopkins L. D. Can Decision Makers Express Preferences Using MAUT and AHP：An Experimental Comparision[J].Environment and Planning B：Planning and Design，1995，22：21-34.

[17] Pratt J.W.Risk Aversion in the Small and in the Large[J].Econ metrica，1964，32（1-2）：122-136.

[18] Saaty T. L. The Analytic Hierarchy Process[M].New York：McGraw-Hill，1980.

[19] Sarin R. K. Strength of Preferecne and Risky Choice[J]. Operations Reserach，30（5）：982-997.

[20] Savage L. J. The Foundation of Statistics[M]. New York：Dover，1954.

[21] Tversky A.，Kahneman D. Judgment under Uncertainty：Heuristics and Biases [M].New York：Cambridge University Press，1982.

[22] Von Winterfeldt D.，Edwards W.Decision Analysis and Behavioral Research[M]. New York：Cambridge University Press，1986.

[23] Voogd，H. Multicriteria Evaluation for Urban and Regional Planning[M]. London：Pion Limited，1983.

[24] Winer B. J. Statistical Principles in Experimental Design[M]. New York：McGraw-Hill，1971.

[25] Journal of City and Planning，1997，24（2）：211-224.

第四章　AHP 与修正后 AHP 以方案排序为基础的比较

【摘　要】 本文介绍一结合层次分析法（AHP）及多属性效用理论（MAUT）修正后的层次分析法（AHP'）。本文并说明 AHP 与 MAUT 之间尺度化的转换。借由专家学者问卷使用三种评估方式：直觉判断、AHP 及 AHP'，本文比较 AHP 与 AHP' 表现决策者偏好的效果。在问卷中，控制使用 AHP 及 AHP' 的顺序，且使用该二法前后均采用直觉判断的设计。该问卷比较系以第二高速公路沿线高架桥下土地使用方案评估为一逼真案例。虽然大多数受访者认为 AHP 较 AHP' 为佳，但分析结果显示，在表现决策者偏好能力方面，AHP' 较 AHP 为佳。此比较系以方案优劣排序为依据，而非以偏好结构为比较标准。

【关键词】 层次分析法，多属性效用理论，偏好，尺度化方法

一、引言

层次分析法（Analytic Hierarchy Process，AHP）因其计算使用容易，所以颇受使用者的好评。国内运用的例子亦颇多，但对AHP本身存在的一些问题探讨较少，例如成对比较的一致性的不足，采用九个等级较不客观，属性相对重要性的定义比较模糊，以及方案的增减造成排序逆转d问题等（Genest及Zhang，1996；Harker及Vargas，1987）。这些问题有些已被部分解决。尤其是Saaty（1986）提出AHP的公理基础，以及Lai（1995）证明的AHP与多属性效用理论（Multiattribute Utility Theory，MAUT）之间的关系。Lai同时提出结合AHP与MAUT的AHP'法。该法尝试以MAUT的问答方式结合AHP的成对比较矩阵，进行属性间及属性中偏好判断，以求取属性权重与属性价值。并根据加法决策规则评估方案的优劣。AHP'在实验室中曾与其他方法进行比较（Lai及Hopkins，1995）。根据该项研究显示，在实证操作上，虽然AHP'不是最有效的方法，但若问卷加以适当改良，因其在理论与问题的意义上均较AHP为佳，应有发展的潜力。与AHP'类似的方法亦有人提出（如Schoner等的linking pins法，1993；1997），但Lai（1995）已根据量测理论（measurement theory）提出AHP'的理论基础。而本文再以矩阵代数加以说明之。本文先介绍AHP'的理论基础，并以一假设的实例（高速公路高架桥下土地使用方案评估），从事问卷设计以及实际操作，以观察AHP'在实际操作上的难易以及使用效用。研究结果显示，虽然大多数受访者认为AHP较AHP'为佳，但分析结果发现在表现决策者偏好能力方面，AHP'其实较AHP为佳。此比较是以方案优劣排序为依据，而非以偏好结构为比较标准。

二、理论探讨

Saaty（1986）虽然提出了AHP的公理基础，但该公理基础并非完全，因为它着重在证明特征向量法为最适当的权重估计方式，而并未指出其基本衡量尺度（或成对比较矩阵中的数据），所代表的意义，也因此在文献上引起许多对AHP理论的争议（例如Dyer，1990a；Harker及Vargas，1990及Dyer，1990b）。针对AHP的基本尺度，Lai（1995）提出了以偏好为基础的解释，且证明出，若以偏好来解释成对比较矩阵内数据的意义，AHP与MAUT的判断可以互相转换。Lai（1995）同时亦提出一修正后的AHP法，称为AHP'，以更清楚地界定AHP法中衡量尺度的定义。本节就矩阵运算的方式说明 AHP 及 MAUT 间的关系，并介绍 AHP 的程序。

（一）MAUT 与 AHP 间判断值的转换

AHP 方法主要是在求得某一阶层之属性对上一阶层属性之贡献。根据 Saaty 之做法是以九个等级对两方案作比较，决策者以 Saaty 尺度比较两两属性并建立成对矩阵。如以两个属性 a 及 b 为例：

$$A=\begin{bmatrix}1 & \frac{a}{b}\\ \frac{a}{b} & 1\end{bmatrix}$$

其中，a/b 是使用 Saaty 尺度下属性 a 对属性 b 之相对重要性。假若有两个方案（a_1，b_1）与（a_2，b_2），其针对两种属性之对偶矩阵可分别表示如下：

$$A_1=\begin{bmatrix}1 & \frac{a_1}{a_2}\\ \frac{a_2}{a_1} & 1\end{bmatrix} \text{且} A_2=\begin{bmatrix}1 & \frac{b_1}{b_2}\\ \frac{b_2}{b_1} & 1\end{bmatrix}$$

其中，a_1：第一方案的 a 属性水平，a_2：第二方案的 a 属性水平，b_1：第一方案的 b 属性水平，及 b_2：第二方案的 b 属性水平。

为便于说明 AHP 及 MAUT 间衡量尺度如何转换，假设有 m 个方案及 n 个属性，若每个方案 i 其属性 j 之原始衡量尺度值为 a_{ij}，则所有方案的不同属性值可以下列效果矩阵（effectiveness martrix）X 表示之：

$$X=\begin{bmatrix}X_{11} & X_{12} & \cdots & X_{1n}\\ X_{21} & X_{22} & \cdots & X_{2n}\\ \vdots & \vdots & & \vdots\\ X_{m1} & X_{m2} & \cdots & X_{mn}\end{bmatrix}$$

若 AHP 以价值函数表示，则如式（4-1）所示。因其函数为多维之价值函数，故其操作之步骤应先求出属性权重，再针对各个属性建构方案成对矩阵，以特征向量之计算求出正规化的价值函数。假设有 n 个属性，则

$$Z_i^h(\widetilde{X})=\sum_{j=1}^{n}W_j^h V_j^h(x_{ij}) \cdots\cdots \tag{4-1}$$

其中，Z_i^h：方案 i 之 AHP 多维价值函数，$\widetilde{X}$：方案 i 之属性向量，(x_{i1}，x_{i2}，…，x_{in})，x_{ij}：方案 i 之 j 属性之属性水平，V_j^h：属性 j 单维正规化价值函数，及 W_j^h：属性 j 之权重。

AHP 之属性正规化价值函数值是从问卷回答中获得，而问卷设计之缺点乃存在于对问题的阐述并不明确而易造成问题的混淆（Watson 及 Freeling，1983；

Dyer，1990a）。例如，以购车为例，在衡量安全性与舒适性的相对重要性时，若没有明确的衡量尺度，其结果所代表的意义是值得怀疑的。但如果将 AHP 中成对矩阵的数据解释成MAUT中的偏好比率判断，则AHP问卷问题便具有明确的意义。本文先以此定义推导 AHP 与 MAUT 之关系后，再说明 AHP' 问卷设计的方式。

假设现有 m 个方案，以 n 个属性评估之，如矩阵 X 所示。如果对所有的方案 i、k 及 r 而言，$C_{kr}=C_{ki}C_{ir}$，那成对矩阵为完全一致。其中，C_{kr} 表示为成对矩阵中第 k 列第 r 行的元素。各方案之 j 属性的成对矩阵如下所示。

$$A_j=\begin{bmatrix} 1 & \dfrac{V_j^t(X_{1j})}{V_j^t(X_{2j})} & \cdots & \dfrac{V_j^t(X_{1j})}{V_j^t(X_{mj})} \\ \dfrac{V_j^t(X_{2j})}{V_j^t(X_{1j})} & 1 & \cdots & \dfrac{V_j^t(X_{2j})}{V_j^t(X_{mj})} \\ \dfrac{V_j^t(X_{mj})}{V_j^t(X_{1j})} & \dfrac{V_j^t(X_{mj})}{V_j^t(X_{2j})} & \cdots & 1 \end{bmatrix}$$

其中，$V_j^t(\widetilde{X})=[V_1^t(X_{i1}), V_2^t(X_{i2}), \cdots, V_n^t(X_{in})]$ 为方案 i 之 MAUT 单维价值函数向量，而 $V_j^t(X_{ij})$ 为方案 i 属性 j 之 MAUT 尺度之价值函数值。

在对偶矩阵为一致的情况下，根据 AHP 的定义，可由矩阵 A 求得：

$$V_j^h(X_{ij})=V_j^t(X_{ij})/\sum_{i=1}^{m}V_j^t(X_{ij}) \tag{4-2}$$

其中，$V_j^h(X_{ij})$ 为由 AHP 方法求得之方案 i 属性 j 之价值函数值。

令 $\dfrac{1}{\sum_{i=1}^{m}V_j^t(X_{ij})}=K_j$，则

$$V_j^h(X_{ij})=K_jV_j^t(X_{ij}) \tag{4-3}$$

亦即，AHP 尺度中的价值函数为 MAUT 尺度中价值函数乘上一比率常数，而该比率函数随着属性不同而不同。至于权重部分的转换，若 AHP 有关权重之成对矩阵如下：

$$W=\begin{bmatrix} 1 & \dfrac{w_1^h}{w_2^h} & \cdots & \dfrac{w_1^h}{w_n^h} \\ \dfrac{w_2^h}{w_1^h} & 1 & \cdots & \dfrac{w_2^h}{w_n^h} \\ \dfrac{w_n^h}{w_1^h} & \dfrac{w_n^h}{w_2^h} & \cdots & 1 \end{bmatrix}$$

其中，W_j^h 为 AHP 尺度中 j 属性的权重。将式（4-3）带入式（4-1），可得式（4-4）如下：

$$Z_i^h(\widetilde{X})=\sum_{j=1}^{n}w_j^hk_jV_j^t(X_{ij}) \tag{4-4}$$

然而，不论在 AHP 或 MAUT 尺度中，权重隐含属性间的交换值。在偏好稳定的假设下，属性间交换值在某一特定的尺度下应维持不变。因此，再对式

(4-4) 中之 V_j^t 偏微分，那单一尺度之价值函数 $V_j^t(X_{ij})$ 所属权重应与 MAUT 中的权重相同。因此，可得 MAUT 与 AHP 间的权重关系，如式（4-5）所示：

$$w_j^h = (1/k_j)\, w_j^t = \sum_{i=1}^{m} w_j^t V_j^t(X_{ij}) \tag{4-5}$$

其中，w_j^t 为 MAUT 尺度中 j 属性的权重。

因为，$V_j^t(X_{ij})$ 介于 0 与 1 之间，而 $V_j^t(X_{ij})$ 与 $V_j^h(X_{ij})$ 存在一比率关系，如式（4-3）所示，可根据 V_j^h 的最大值将 V_j^h 转换成 V_j^t，使得 V_j^h 的最大值为 1。即

$$V_j^t(X_{ij}) = V_j^h(X_{ij}) / V_j^{h*} \tag{4-6}$$

其中，V_j^{h*} 是 $V_j^h(X_{1j})$，$V_j^h(X_{2j})$，…，$V_j^h(X_{mj})$ 中之最大值。而属性之权重部分之转换则如式（4-7）所示：

$$w_j^t = w_j^h k_j \tag{4-7}$$

配合式（4-5）及式（4-6）可将式（4-7）简化如式（4-8）：

$$\mathrm{w}\frac{w_j^h}{\sum_{k=1}^{m} V_j^t(X_{kj})} = w_j^h V_j^{h*} / \sum_{k=1}^{m} V_j^h(X_{kj})$$

而 $\sum_{k=1}^{m} V_j^h(X_{kj}) = 1$ 且 $\sum_{j=1}^{n} w_j^t = 1$

$$w_j^t = w_j^h V_j^{h*} / \sum_{j=1}^{n} w_j^t V_j^{h*} \tag{4-8}$$

由 AHP 计算后之单维价值函数值及权重转换成 MAUT 之单维价值函数值及权重后，不但其方案得分间之排序顺序相同，且其相对价值应与 AHP 之结果相同，两者之差异仅是数据不同。但值得注意的是由 AHP 计算而得属性权重及价值受到所考虑的方案影响。

（二）修正后之层次分析法（AHP'）

AHP，结合了 AHP 与 MAUT 的优点。其问题设计以及准则范围的决定是以 MAUT 的方法处理，而计算评估过程则依照 AHP 的形式处理，最后再将 AHP 的属性单维价值函数值转换成 MAUT 的属性单维价值函数值。并乘上所得之 MAUT 属性权重，加总而得方案的评分。其理论说明如下。

由前节得知，因 AHP 与 MAUT 是可相互转换的，所以可先由 MAUT 问卷方法决定属性间偏好比较，再据此建构成对矩阵。例如，以购车为例，比较两种属性 1（安全性）和 2（舒适性）所建立的属性间成对矩阵，是根据决策者的回答，再根据式（4-5）之定义求得成对矩阵内之比率，可表示如式（4-9）所示（其意义是属性 1 所有方案值乘以该属性之权重之和与属性 2 所有方案值乘以该属性权重之和之比率）。根据式（4-5），此亦即 AHP 权重之比率。

$$R_{12}=\frac{\sum_{i=1}^{m} w_1^t V_1^t(X_{i1})}{\sum_{i=1}^{m} w_2^t V_2^t(X_{i2})}=\frac{w_1^h}{w_2^h} \tag{4-9}$$

其中，R_{12}：属性间的成对矩阵第一列第二行的元素，V_j^t：属性 j 之 MAUT 的价值函数，w_j^t：属性 j 之 MAUT 的权重，x_{ij}：方案 i 属性 j 的属性水平，w_j^h：属性 j 之 AHP 的权重。

上述是属性间的比较，若是属性中的比较则可以方案 1 与方案 2 的属性为例，根据决策者的回答，再根据属性值的成对矩阵，计算两者的比率，如式（4-10）所示。其意义是方案 1 与方案 2 之 j 属性值的比率，经过特征向量法的正规化后，即为 AHP 属性单维价值函数值的比率。

$$r_{12}=\frac{V_j^t(X_{1j})}{V_j^t(X_{2j})} \tag{4-10}$$

其中，r_{12}：在属性 j 下方案 1 与方案 2 的偏好比率，V_j^t：属性 j 之 MAUT 的价值函数，X_{ij}：方案 i 属性 j 的属性水平。

上述式（4-10）是较简单的方程式，决策者可能在作该项判断时不致遭遇问题。但显然式（4-9）的回答较困难，因为决策者不仅需决定每一个属性水平的偏好判断，也要评估这些属性间经过加总的偏好比率。这个问题可以偏好差异判断的比较而予以简化之。若有两个属性 a_1 与 a_2 之间存在 $[a_{1w}, a_{1b}]>[a_{2w}, a_{2b}]$ 的关系，（亦即 a_{1w} 与 a_{1b} 之偏好判断差异较 a_{2w} 与 a_{2b} 之偏好差异判断为大，其中 a_{1w}、a_{2w} 与 a_{1b}、a_{2b} 之分别为属性 1 及属性 2 最差及最好的属性水平），则在 MAUT 上存在有不等式如下：

$$w_1^t V_1^t(a_{1b})-w_1^t V_1^t(a_{1w})>w_2^t V_2^t(a_{2b})-w_2^t V_2^t(a_{2w}) \tag{4-11}$$

其中，w_j^t：属性 j 之 MAUT 的权重，V_j^t：属性 j 之 MAUT 的效用值，a_jb：属性 j 的最佳水准，a_jw：属性 j 的最差水平。

由于属性最佳水平及最差水平其 MAUT 值之差为 1，式（4-11）中左右两边的比值事实上即为 MAUT 尺度中属性 1 及属性 2 的权重比值，即：

$$r^{f2}=\frac{w_1^t[V_1^t(a_{1b})-V_1^t(a_{1w})]}{w_2^t[V_2^t(a_{2b})-V_2^t(a_{2w})]}=\frac{w_1^t}{w_2^t} \tag{4-12}$$

根据式（4-12），若是对属性间作“最差水平变化到最佳水平的偏好”的比较，并据此建立成对矩阵且导出正规化的特征向量，则也是 MAUT 的权重。

式（4-12）为 MAUT 尺度中的权重，而式（4-10）正规化结果为 AHP 尺度中的单维价值函数值。因两者尺度不同因此须将式（4-10）所求得之值，利用式（4-6）转换成相同之 MAUT 的尺度（例如，令 V_j^{h*} 为 1，而其余值依一定比率转换之）。最后将所有权重与单维价值函数值相乘并加总，以判断“方案”之优劣。

三、实证研究

AHP 目前仅发展到三层级的阶层系统。AHP’ 在实验室中与 AHP 和 MAUT 的使用效果比较，结果显示 AHP’ 其表达决策者偏好的效果不比另外两个方法（即 AHP 及 MAUT）为佳（Lai 及 Hopkins，1995）。究其原因，可能是 AHP’ 要求决策者进行偏好的比率判断，而比率判断比起 MAUT 对等判断为困难（赖世刚及辜永奇，1997）。此外，AHP’ 不像 AHP 有一比较尺度（即 Saaty 所建议的 9 个整数的尺度），使得决策者容易具以作出合适的比率判断。但 AHP’ 是否在真实的规划例子中（即在实验室以外）显现同样的效用，则是本实证研究的主要探讨目的。本实证研究所采用的个案为第二高速公路之沿线高架桥下土地使用的决策问题。以下分别说明评估准则的选取、替选方案的设计、问卷设计、问卷调查过程，以及结果分析。

（一）建立高架道路下土地使用评估准则

高架道路使用的目的是为了解决日渐严重之交通问题，而以道路立体化之设计，增加道路面积及停车空间。张锦河指出了台北市建国南北高架道路多目标使用的问题，包括如交通紊乱、都市景观不佳、使用形态及区位不当及使用者安全等问题（1986）。其原因是未开放让其他的使用方案竞争，且缺乏方案评估的作业及管理规范。然未来高架道路愈来愈多，桥下土地之使用也会相对增加，而台湾地区目前对高架桥下土地多目标使用并未建立使用管理规范，故应增加方案评估作业及经营管理规范。本文便以此高架桥下土地使用为例，针对 AHP’ 作实证比较。

基于此，本文参考专家学者之意见，综合性地分析、整理出高速公路高架桥下土地多目标使用应考虑之准则项目，以作为实证研究之标准。但目前 AHP’ 理论部分只发展至三个阶层，所以基于方法之限制，本研究除了目标及方案之外，只建立一个阶层以评估方案之优劣，分别说明如下。

第一阶层：高架桥下土地使用满意程度

将来高架桥下土地开发应在诸方案中选择较适者，故满意程度为本研究之第一阶层，其代表最广义的目标含意。

第二阶层：评估土地使用满意程度所依据之准则

此阶层主要是列出能表达决策者评估方案有关的属性，这些属性应能表达满意程度的意义。未来方案评估准则应包含交通冲击影响、都市景观、公共安全、土地使用形态及租金五项。以下则对上述五项准则加以说明。其中，前四项由于资料的限制及量化方法的不易求取，采用直接给分的方式。

1. 交通冲击影响

目前，台湾地区内一些高架桥下多目标使用之后常因停车等问题而造成当地交通不顺畅。交通冲击影响包括了停车及车流量两方面，故选用停车场之提供量及交通车流量作为评估的要素，该属性分数最佳为 100 分，最差为 0 分。

2. 都市景观

目前，台湾地区内之高架桥下土地多目标使用后，并未建立新形象，却反而因脏乱及招牌等因素加重了景观之破坏；反观台湾地区外却有相当出色的设计。故未来都市景观应是方案评估的一项重要因素，该属性分数最佳为 100 分，最差为 0 分。

3. 公共安全

由于高架桥下土地往往是与一般道路平面相交，因此使用者欲使用此设施必须有方便及安全的动线，此外亦应考虑设施防灾之功能，以保障用户及高架道路结构的安全。此项属性因属综合性评估，其最佳状况为 100 分，最差为 0 分。

4. 土地使用形态

在方案评估之前应先说明当地附近之土地使用状况，并与方案的使用作一兼容性分析，此属性之评估标准可依专家或决策者对兼容性作一评估，兼容性最高为 100 分，最差为 0 分。

5. 租金计算

未来因各方案不同使用势必会造成不同之租金计算方式，因此，必须经由租金与成本之间作一比例上的分析，并以支付一定比例的金额作为评估方案之标准。

（二）方案

基于上述之评估准则，本文将以国道新建工程局委托台湾地区营建技术顾问研究社于 1992 年所完成的“北部第二高速公路新店碧潭桥下多目标供作商场使用可行性研究”报告设计逼真（即近似真实）的方案。

根据预测分析，1996 年碧潭桥附近交通状况 [1]，北新路交通流量为 3129PCU/h，V/C=0.65，服务水平为 C 级，中兴路交通流量为 4693 PCU/h，V/C=0.94，服务水平为 E 级；北直路交通流量为 822 PCU/h，V/G=1.63，服务水平为 E 级。根据该项研究报告，2001 年大众捷运系统完成通车后，北新路之交通流量将降低为 2173 PCU/h，V/C=0.45，服务水平为 B 级；中兴路降为 3260 PCU/h，V/G=0.65，服务水平为 C 级；北宜路降为 5434 PCU/h，V/G=1.13，服务水平为 F 级。

[1] 国道新建工程局，1992：111.

目前，碧潭桥附近之建物多为 3 ~ 4 层透天厝，屋龄在 20 ~ 30 年之间，商住混合情况严重，新店捷运联合开发车站位于假想基地之西侧，而碧潭桥下供多目标使用，基地西南侧的碧潭正是台北市重要的游憩据点之一，其开发应需具有补偿、带动、解决交通以及塑造新的都市风格等功能。以下是四个假想方案的基本内容。所有方案均假设由私人提出开发构想，其不同之处在于开发种类及强度。

1. 甲案

本案开发作为商场使用，其规模约为 14m 高，地上四层地下一层，地下层每层面积为 698m^2；地上除第一层为 716m^2（留设 3.5m 宽的骑楼）外，二至三层为 1092m^2；地下层供作停车场使用，地上四层则作为商场使用；开发之后尖峰流量将增加 72 PCU/h❶，停车场需求为 28 格❷；建筑物与高架桥间距 0.5 ~ 1m，顶楼规划作为空中花园，并以爬藤植物绿化墙面；本基地之动线平面以交叉方式处理，行人需穿越车道至本商场进行活动。

2. 乙案

本案开发作为商场使用，其规模约为 12m 高，地上三层地下一层，地下层面积为 698m^2，地上除第一层为 716m^2（留设 3.5m 宽的骑楼）外，二至三层为 1092m^2；地下层及地上三层作为商场使用，顶楼作停车场使用，开发之后尖峰交通流量将增加 67 PCU/h，停车场需求为 25 格；建筑物与高架桥间距 2 ~ 3m，并以爬藤植物绿化墙面；本基地之动线采用立体交叉方式处理，行人可经由地下人行道至本商场进行活动。

3. 丙案

本案开发作为停车场使用，其规模约为 12m 高，地上四层，地上除第一层为 716m^2 外，二至四层为 1092m^2；开发后可提供 166 格停车位；尖峰交通流量将增加 120 PCU/h❸；建筑物与高架桥间距 3 ~ 4m，并以爬藤植物绿化墙面；本基地之动线采用立体交叉方式处理，停车后行人由地下道至其他基地进行活动。

4. 丁案

本方案开发作为停车场与加油站使用，其规模约为 13m 高，地上四层，地上除第一层为 716m^2 供作加油站使用，二至四层为 1092m^2，开发后可提供 36 格停车位；尖峰交通流量将增加 180 PCU/h❹；建筑物与高架桥间距 2 ~ 3m，并以爬藤植物绿化墙面；本基地之动线采用平面交叉方式处理，停车后行人须穿越马路

❶ 零售商业地区尖峰小时之旅次产生率为 1.87PCU/h。

❷ 零售商业地区尖峰小时之旅次产生率为 0.71 辆 /100 旅次。

❸ 假设每一出口处每分钟有一辆汽车出入，停车场有两处出口。

❹ 假设二线加油车道，没车道每两分钟加满一辆车。

至其他基地进行活动。

（三）问卷设计及测试

为使决策者对方案有更深入的了解及便于比较起见，在问卷设计上，除将各方案的内容作综合叙述外，同时就五个属性整理出各方案开发前后的评估，并进行测试以决定评分或属性水平的上、下限。经由测试后而得之上、下限作参考范围，再进行正式问卷调查。评估设计如图 4-1 所示，判断方式有直觉判断、AHP 及 AHP' 三种。直觉判断指的是决策根据方案资料，直接将其优劣加以排序。而此问卷之作答顺序有两种方式。AHP 及 AHP' 顺序的安排目的是排除学习效果，而直觉判断的目的则在测试决策者是否在使用 AHP 及 AHP'时，对问题的认知有所改变。

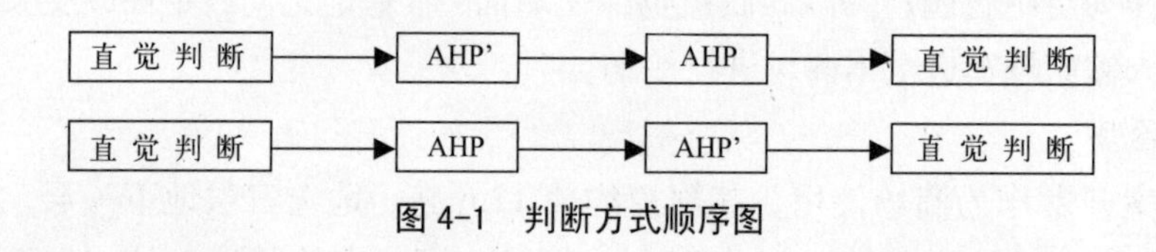

图 4-1 判断方式顺序图

在测试方面，本研究利用上述五个属性完成问卷，请专家学者协助作答，以决定属性水平范围。总共发出 42 份问卷，回收 32 份，经统计分析方式（以平均值加减三倍标准偏差，超出此范围者不计，以避免极端的影响，占有效问卷份数之 99.75% 的结果），下限者取最小值，上限者取最大值，得出各属性之范围值如下：

（1）交通冲击影响之下限为 55 分，上限为 90 分。

（2）都市景观之下限为 60 分，上限为 90 分。

（3）公共安全之下限为 60 分，上限为 95 分。

（4）土使用形态兼容性之下限为 60 分，上限为 95 分。

（5）租金计算占成本比例最低为 7%，最高不超过 35%。

在完成属性范围值后，本应进行偏好独立性检定，由于偏好独立性的检定在非实验室的情况下耗费决策者大量的时间，实际上不易实施，因此并未进行问卷检定其偏好独立性，而假设属性之间偏好是互相独立的。

完成了评估准则的评分范围后，受测者就各准则对方案进行评分之工作。经问卷回收统计（取平均值）后各方案各准则之分数如表 4-1 所示。值得注意的是乙案在各属性上皆较丁案为佳，但是问卷设计中并未告知受访者此项事实。因此，优势方案（dominant alternatives）的存在应不至于影响分析结果。原则上，此类方案在实际评估前应予以检核。

属性范围及各方案属性值综理表　　表4-1

方案 \ 属性范围及其属性值	交通冲击影响（55～90分）	都市景观（60～90分）	公共安全（60～95分）	土地使用兼容性（60～95分）	租金计算（211～3548万元）
甲案	74分	81分	79分	78分	811万元
乙案	78分	80分	74分	78分	770万元
丙案	79分	69分	78分	76分	240万元
丁案	78分	64分	71分	74分	597万元

（四）结果分析

正式问卷调查，共发出44份问卷，回收25份问卷，其中AHP先回答者占11份，AHP' 先回答者占14份。问卷调查之主要目的有三：

(1) 直觉判断是在整体的情况下看待问题，而多属性决策方法是将问题分解后再进行判断，因此可借由问卷进行多属性决策与直觉判断方式之结果的比较。

(2) 由于问卷作答方式是用多个方法评估同一方案，为避免因学习效果造成判断上的误差，因此将AHP与AHP' 的应用顺序在问卷设计中刻意安排。本研究可利用第一次直觉判断与第二次直觉判断之结果比较学习过程是否对决策产生影响。

(3) 由于此部分问卷之方案及属性数量皆不多，在经过学习过程后假设第二次直觉较能表示决策者真实的意见，因此以第二次直觉判断之结果与AHP及AHP' 之结果作一比较。根据这个假设，便可比较AHP及AHP' 使用的有效性，亦即何者较易表达决策者的直觉判断。

1. 一致性检定

AHP先回答

问卷结果统计发现，AHP先回答且其通过一致性检定的只有6份，占54.55%，而AHP' 通过一致性检定的有8份，占72.73%，所有一致性检定值中AHP' 比AHP低的有9份，占81.82%，相对的AHP比AHP' 低的只占18.18%，显示AHP' 问卷中C.R.0.1（通过一致性检定）的份数较AHP多，且其中AHP' 判断的*C.R.*值平均值（0.076）较AHP（0.120）低，表示AHP' 之问卷在回答时较一致；然再就AHP与AHP' 的*C.R.*值作*t*检定，经统计计算结果，显著水平为0.461 > 0.05，表示此两种方法的*C.R.*值没有显著差异。

AHP' 先回答

AHP' 先回答且其通过一致性检定的只有10份，占71.43%，而AHP通过一致性检定的亦有10份，占71.43%，而一致性检定值（*C.R.*）AHP' 比AHP低的有9份，占64.29%，相对的AHP比AHP’低的只占35.71%，显示在此部分的结果AHP有效问卷数较AHP相同，但*C.R.*平均值AHP’较AHP略高（平均值分别为0.152与0.147）；然再就AHP与AHP’的*C.R.*值作*t*检定，经统计计算结果，显著水平为0.354 > 0.05，表示此两种方法的*C.R.*值并无显著差异。

将上述所有之*C.R.*值作综合比较，先经变异数齐一性检定后显著水平0.33 > 0.05，表示两母体变异数无差异，再经*t*检定混合AHP及AHP’ *C.R.*平均值进行差异比较后，其显著水平0.908 > 0.005（AHP平均值为0.135，AHP’平均值为0.118）并无显著差异，表示此两种方法的结果就一致性表现而言，无显著差异；然而对先作答方式方法通过一致性检定可以发现，先回答者通过一致性的比率倾向较后回答者为低。很可能由于学习效果造成决策者在后回答的方法上，其判断较趋一致所造成。

2. 排序检定

再就方案排序检定部分，将因问卷作答顺序分两部分进行第一次直觉判断对AHP、第一次直觉判断对AHP’、第一次直觉判断对第二次直觉判断、AHP对AHP’、AHP对第二次直觉判断，及AHP’对第二次直觉判断的相关检定。问卷作答方式如图4-1所示；其结果显示在表4-2及表4-3中。

根据Spearman的相关系数检定（Healey，1943），当AHP先回答时，AHP与AHP’之结果只有36.4%的相关（参见表4-2），AHP与第一次直觉判断相关程度很低，而AHP’之结果与第一次直觉判断相关的程度较高；第一次与第二次直觉回答之结果有明显的相关，而AHP与第二次直觉结果有明显的相关。当AHP’先回答时，AHP与AHP’结果有28.6%的相关（参见表4-3），第一次直觉判断与AHP’的结果经分析后并无相关；就与第二次直觉结果的相关程度而言，AHP’较AHP为高；最后可发现，决策者不论经AHP与AHP’方法后第一次与第二次直觉判断的结果均不同，由此可说明当决策者回答评估准则之比较及方案评比之后其对方案之优劣直觉上产生了变化。若以第一次使用为准，AHP’与第二次直觉判断相关比率均较AHP为高（分别为64.3%及45.5%）。

由以上两个说明可以发现第二次直觉判断与先应用之方法相关性较高，而第一次直觉判断又与第二次应用之方法有某种程度的相关，表示此评估过程中每完成一种判断方式后都将会对下一个方法造成某些影响；受访者在回答了AHP或AHP’之后对方案在直觉上产生了变化，表示此两种方法就某程度而言能影响受访者对方案的偏好表示，但偏好结构却只有少许之相关（因为两种方法结果排序只有32%的相关程度）；表4-2及表4-3可以说明直觉判断具有某些程度的稳定性（其排序结果有52%的相关）。

最后根据一致性检定（*C.R.*）及排序相关比较后，AHP' *C.R.*值的平均值较低，AHP'与第二次直觉判断的相关性（48%）较AHP（32%）高（就两种问卷综合计算），就此两种检定结果而言，AHP'是优于AHP的。但对问卷中一项有关方法有效及容易程度的问题，共有13人回答，其中8人认为AHP方法简单且有效，且2人认为直觉判断较佳，仅有3人认为AHP'较佳。

AHP先回答各排序相关结果表　　　　表4-2

回答方式	拒绝Ho*	接受Ho	回答方式
第一次直觉判断	1	10	AHP
第一次直觉判断	3	8	AHP'
第一次直觉判断	8	3	第二次直觉判断
AHP	4	7	AHP'
AHP	5	6	第二次直觉判断
AHP'	3	8	第二次直觉判断

注：Ho表两组排序无相关。

AHP'先回答各排序相关结果表　　　　表4-3

回答方式	拒绝Ho*	接受Ho	回答方式
第一次直觉判断	0	14	AHP'
第一次直觉判断	4	10	AHP
第一次直觉判断	5	9	第二次直觉判断
AHP'	4	10	AHP
AHP'	9	5	第二次直觉判断
AHP	3	11	第二次直觉判断

注：Ho表两组排序无相关。

四、结论

本文说明了AHP'的逻辑及其在逼真的案例中使用的效用。结果显示虽然用户在直觉上认为AHP较简易使用，但AHP'在统计上而言却较AHP为佳。此结果与Lai及Hopkins（1995）在实验中所得到的结果相反。造成此种反常现象的原因有许多，如问题的设计、调查对象、是否有报酬以及问卷填答的指引等。但其中主要原因可能有二：

（1）决策环境不同：一为实验室，另一为逼真的规划案例；

（2）本文没有以完整的偏好结构而仅以方案排序作为评估标准。研究结果说明了 AHP’实际操作的可行性及有效性（即能表示决策者对方案的偏好排序），同时也显示决策者对方法效用的认同并不见得表示该法即为好的决策方法。

参考文献

[1] 赖世刚，辜永奇．等债与比率偏好强度判断之实验比较 [J]. 管理与系统，1997，4（12）：75-90.

[2] 张锦河．都市高架道路下空间使用之研究——以建国南北高架桥道路为例 [D]. 淡江大学建筑研究所硕士论文，1986.

[3] 国道新建工程局．北部第二高速公路新店碧潭桥下多目标供作商场使用可行性研究 [Z]，1992.

[4] Dyer J. S. Remarks on the Analytic Hierarchy Process[J].Management Science，1990a，36：249-258.

[5] Dyer J. S. A Clarification of “Remarks on the Analytic Hierarchy Process” [J]. Management Science，1990b，36：274-275.

[6] Genest G.，S. S. Zhang.A Graphical Analysis of Ratio-Scaled Paired Comparison Data[J]. Management Science，1996，43（3）：335-349.

[7] Harker P. T.，L. G.Vargas.The Theory of Ratio Scale Estimation：Saaty’s Analytic Hierarchy Process [J]. Management Science，1987，33：1383-1403.

[8] Harker P. T.，L. G. Vargas.Reply to “Remarks on the Analytic Hierarchy Process” [J]. Management Science，1990，36：269-273.

[9] Healey J. F.Statistics：A Tool for Social Research[M]. Belmont：Wadsworth，1993.

[10] Keeney R. L.，H. RaifTa. Decisions with Multiple Objectives[M].New York：John Wiley，1976.

[11] Lai S. K.A Preference-Based Interpretation of AHP[J].Omega，1995，23（4）：453-462.

[12] Lai S. K.，L. D. Hopkins. Can Decision Makers Express Preferences Using MAUT and AHP[J]? An Experiment，Environment and Planning B：Planning and Design，1995，22：21-34.

[13] Saaty T. L. The Analytic Hierarchy Process[M].NewYork：McGraw-Hill，1980.

[14] Saaty T. L.Axiomatic Foundation of Analytic Hierarchy Process[J]. Management Science，1986，32：841-855.

[15] Schoner B.，E.U Choo，Wedley. A Comment on “Rank Disagreement：A Comparison of Multi-Criteria Methodologies” [J].Multi-Criteria Decision Analysis，1997，6（4）：197-200.

[16] Schoner B.，W. C. Wedley，E.U. Choo.A Unified Approach to AHP with Linking Pins[J]. European Journal of Operational Research，1993，64：384-392.

[17] Watson R.，A.N.S. Freeling.Assessing Attribute Weights[J]. Omega，1982，10：582-583.

第五章　都市建设边界对于开发者态度之影响

【摘　要】本文从财产权之观点切入，针对都市建设边界（Urban Construction Boundaries, UCBs）对于开发者之影响提出理论性的解释并提出假说，并依据展望理论（Prospect Theory），透过问卷实验，验证本文假说：UCBs 的设置可能会造成界外土地的发展，而非制止都市的扩张。UCBs 实施之后，产生部分开发者会有往界外开发之情形发生，原因包括：财产权追求（property right capturing）、界内损失厌恶（loss aversion inside the UCBs）及界外风险追求（risk seeking outside the UCBs），使得开发者态度产生改变。本文的发现有助于在改进相关成长管理计划、政策或法规时，将开发者态度纳入重视。

【关键词】UCBs，财产权，展望理论，损失厌恶，风险追求

一、引言

为防止都市的蔓延与扩张，综合性计划方法（comprehensive planning approach）已被许多城市广泛地应用来作为管理都市成长的工具，并期待引导都市成为紧密的形态（compact forms）。以美国为例，成长管理（growth management）与智能型成长（smart growth），又译为精明增长或理性增长，已发展成为控制都市蔓延的主要概念（Porter，1986；DeGrove 及 Miness，1992；Stein，1993；Nelson 及 Duncan，1995；Urban Land Institute，1998；Porter 等，2002；Szold 及 Carbonell，2002；Bengston 等，2004；Barnett，2007）。在不同的管理都市成长的方法中，都市容控政策（urban containment policy）是美国许多城市广泛采用的，并已应用到许多国家中（Bengston and Youn，2006；Couch and Karecha，2006；Millward，2006）。都市含容政策，主要可分为三个形式：都市成长界线（Urban Growth Boundaries，UGBs，又译为城市增长边界），都市服务界线（Urban Service Boundaries，USBs，又译为城市服务边界）及绿带（greenbelts）（Pendall 等，2002）。其中，都市成长界线是最广为人知的。

在台湾，虽然未如境外实施 UGBs，但以都市土地及非都市土地使用管制情形而论，实际上台湾地区都市计划界线具有 UGBs 的特性，惟其特性与国外 UGBs 之性质略有不同（金家禾，1997）。再以台北市为例，台北市所有用地均在都市计划范围内，并无“非都市土地”这一用地类型。而都市计划范围内的保护区及农业区性质与一般的“非都市土地”性质类似，不属于都市土地。因此，都市土地包含了所有的开发用地，也就是商业区、住宅区、工业区与公园、绿地、广场等相关公共设施区域的用地。本文将都市土地与非都市土地之间的界限定义为都市建设界线（Urban Construction Boundaries, UCBs），以与传统的 UGBs 加以区分，如图 5-1 所示。

对于 UGBs 限制都市不当扩张的功能，文献上有正面的，例如 Gennaio 等（2009）以瑞士为例，从建筑密度之变化归纳出 UGBs 是可限制都市不当扩张的；且部分文献则透过实证发现 UGBs 对于控制都市蔓延以及增加都市化地区密度有一定的贡献（Patterson，1999；Nelson 及 Moore，1993；Kline 及 Alig，1999）。但亦有持悲观态度的，例如，部分文献则认为 UGBs 的效果没有预期中的或比其他未实施 UGBs 地区，对于控制都市蔓延要来得好（Richardson 及 Gordon，2001；Cox，2001；Jun，2004）。可惜的是，不论持何种论点者，都没有说明 UGBs 限制都市发展的效率好或不好的原因为何，此为本文研究动机之一。另外，计划是透过信息（information）的释放来影响其他人的行为及决策，本文亦好奇开发者面对此一UCBs控制工具的态度为何？因此，在假设地方政府与开发者完全理性（Knaap等,1998）的情况不存在的前提下,本文尝试地从财产权（property right）的观点来解释UCBs的影响，并从展望理论的观点，利用问卷实验，分析开发者对于UCBs实施的态度差异，最后则提出进行政策意涵的讨论以及相关建议。本文第一节为前言，第二节为财产权、展望理论与土地开发之阐述，第三节从财产权的角度解释UCBs政策对开发行为的影响，第四节为研究设计，第五节为研究结果与分析，最后为讨论与建议。

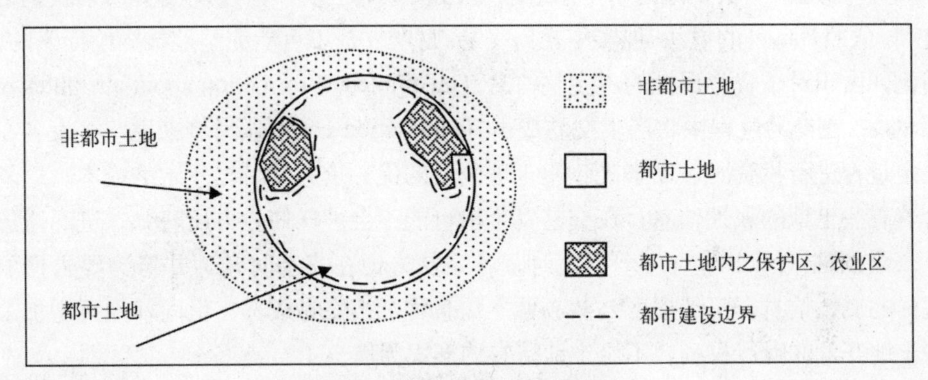

图5-1　台湾地区UCBs概念图

二、财产权、展望理论与土地开发

都市是个体在空间中所作决策相互影响而堆砌的结果。要了解都市如何演变，最基本的就是必须先知道土地开发的各个个体的行为与相互之间的互动模式为何。由于土地开发过程中包含多方之间相互冲突的角力，同时也很难以单一架构去定义参与者的行为特性，所以针对土地开发过程以一般模型呈现是相当困难的。举例来说，此过程可能以决策序列（decision sequences）进行切入，其重点在于过程中决策是如何被制订的，抑或是以产出为基础的方式（production-based approach），强调最后的结果是如何产出的（Gore及Nicholson，1991）。

土地开发的过程通常可分为四个阶段：取得（acquisition）、核准（approval）、建造（construction）、转让（letting）。在第一阶段，开发者必须寻找适合的土地来产生获利。在第二阶段开发者必须向政府申请必要的核准。接下来是建造的开始，在第四阶段，最后的产品将会贩卖或出租至市场中来为开发者获取一定的利益。Schaeffer及Hopkins（1987）提出，在土地开发过程的每个阶段中，规划产生的信息（planning yielding information），主要是来自于环境（environments）、价值（values）与相关决策（related decisions）。而计划（plan）也就是由这一系列收集的信息所作之决策所构成或修改而来的。因此，土地开发的过程其实就是由这一系列的决策而来，每个决策都会影响之后的决策，因此本文将主要关注第一阶段，也就是土地的取得，因为土地取得的区位影响了其他阶段的开发决策，也最为重要。

财产权在土地开发的过程中扮演相当重要的角色，因此必须先加以定义。财产权是所有权者在有权限决定下，进行消费、获取收入或处理资产的权利（Barzel，1991）。因此，一块土地的财产权，就是可在土地上耕作、改良或交换来获利的权利。依照Barzel的说法，现实中任何交易，财产权是不可能完整地被描绘出来的，因此，由于对于资产属性的不完整信息（incomplete information about attributes of assets），在交易过程中将产生交易成本（transaction costs）。举例来说，开发者在决定是否进行投资时，需事先收集土地区位的优势信息并付出一定的成本。这隐含着有些土地的属性信息，在交易发生前可能不会被任何一方所获知，进而遗放至公众领域（public domain），此时，各交易方便在交易时角力并努力要去攫取这样的属性信息。虽然攫取公共领域之信息将产生交易成本，但同样地可增加未来土地开发的财产权利，不论土地持有的形式为何。

如之前所提到的，完整地去量测土地的属性是非常耗成本的，因此，不确定性也无法完全被消除，而规划与信息收集也就需要资源的投入。规划可以给予开发者或是地主额外或更多的信息，并与其收益息息相关。因此，开发者是否会投入开发，取决于开发的收益是否大于规划所产生的成本。在土地取得的过程中，假如透过规划，去了解不同土地的区位属性，进而增加原本预期可从公共领域攫取之价值，纵使会增加规划成本，也是值得规划并进行开发的。

土地开发的过程，可用攫取财产权的行为进行描述。开发者是去攫取一个因不能被完全描述土地属性而遗放在公共领域中的财产权的情况下完成合约交易的。交易成本则主要发生在信息收集或为了量测土地属性或降低不确定性的规划过程中。当然，量测土地属性是需要成本的，并非所有的规划都可产生利益，而利益取决于得到的信息价值是否超过规划所付出的成本。因为不确定性不能被完全地消除，因此部分的财产权将遗放在公共领域中，获取这些财产权将发生在任何的土地开发过程中，并视规划所投入成本的多寡而定。

在开发者行为的研究上，经济学的理论体系往往是建立在相关假设的前提下进行，例如理性预期，即假定每个经济行为主体对未来事件的预期是合乎理性的，因此，除非发生非正常的扰乱，经济行为主体可以对未来将要发生的事情作出正确的预测（引自汪礼国及赖世刚，2008）。在社会科学中，有关理性的定义有许多，von Neumann 及 Morgenstern（1944）提出主观预期效用理论（subjective expected utility theory）后，该理论主导了社会科学对于理性内涵的定义。他们利用效用（utility）的规范性（normative）方式描述人类心理层面的现象，并用数学建构（mathematical construct）解释理性行为，当假设存在时，人类会接受预期效用最大化的理性标准。到目前为止，经济学家仍认为预期效用最大化是经济理论最重要的圭臬。但是真实世界中，人类真的会接受预期效用最大化的假设吗？心理实验后发现其实不然。因此，Kahneman 及 Tversky（1979）提出展望理论（prospect theory），利用实验证明描述人类心理现象，并提出以日常行为取代理性行为的观点。

Simon（1955）提出"有限理性"（bounded rationality）的概念。有限理性指的是主观上期望合理，但客观上受到限制。也就是说主观上预期达到某种目标，但实际上因追求目标时之个人认知与运算能力的局限性（cognitive and computational limitation），例如个人信息不充分时，预期效用将无法达成最大化，也进一步指出人们是在追求满意（satisficing）及次佳的目标（suboptimal targets）。而此概念，已被广泛地应用在土地开发者的身上（Baerwald，1981；Leung，1987）。Lucy 及 Phillips（2000）指出，开发者寻求满意或次佳的方案，将可能导致土地利用的无效率。另 Nelson 及 Duncan（1995）亦指出，仅追求满意而非最佳的土地有效利用，将可能导致都市蔓延（sprawl）及蛙跳式（leapfrogging development）的发展形态发生。因此，政府努力地拟定政策，并试图降低开发的不确定性及风险，因为部分学者相信，降低不确定性及风险将有助于开发者克服有限理性，并使得土地利用效率提高（Berke 等，2006）。

但 Mohamed（2006）却认为，并没有充分的证据显示，政策降低不确定性及风险，会让开发者寻求满意而非最佳的土地利用的方式停止，并以展望理论为观点，以叙述性的方式说明开发者会因为禀赋效应与损失规避（the endowment effect and loss aversion）、心理账户（mental accounting）及狭窄框架（narrow bracketing）的影响，仍会追求满意的土地利用，而非最佳的土地利用。这也产生了一个有趣的问题，政府是否在拟定政策，并试图降低不确定性及风险的情况下，产生了反常的现象，不知不觉地促使都市蔓延，而非制止它？答案可能是肯定的（Mohamed，2006）。禀赋效应（Kahneman 等，1991）指的是对于已经拥有的财富，与尚未拥有的财富，在心理价值上，已拥有的财富较高，其概念上与损失规避及 Samuelson 及 Zeckhauser（1988）所提出的现况偏误（status quo bias）相似，如果行为人对于财产或财富，依照其认知是"获得"或"损失"的差别，将会对于行为产生极大的差异。Thaler（1980）首先提出心理账户的概念。他认为人们会有分离获得（segregate gains）及合并损失（integrate losses）的行为产生。人们喜好将获得分开对待，对于损失则会一次综合起来看待，主要原因在于人们对损失的感受比获得来得强烈。

一般而言，展望理论可视为行为经济学的重大成果之一，亦是行为经济学中的主要理论基础，因为利用展望理论可以对风险与报酬的关系进行实证分析；Kahneman 及 Tversky 即在此一领域中进行了一系列的研究，特别针对传统经济学长期以来的理性人假设，从实证研究出发，从人的心理特质、行为特征等揭示影响选择行为的非理性心理因素，亦即将心理学的因素应用在经济学当中，特别是在人们不确定情况下所作的判断与决策方面，有其独到的见解与特殊的贡献（谢明瑞，2007）。

依照 Barzel（1991）的说法，人们将利用限制条件下所能采取的成本最低的方式来获取由管制而遗放在公共领域的价值；亦即当财产权产生影响时，人们将调整并采取适当的行为以为因应。对于 UCBs 政策所产生的对于开发者态度的改变，目前亦无法从文献中得知。另外，从上面文献上来看，对于 UCBs，不论持何种论点者，可惜的是都没有说明 UCBs 限制都市发展的效率好或不好的原因为何。因此，本文从财产权的观点出发，并关注在土地开发过程中的第一阶段，也就是土地的取得，来解释 UCBs 的影响。另透过展望理论的观点进行问卷测试，了解开发者行为及态度上于 UCBs 实施前后有何改变，以支持由财产权观点所作出的解释。

三、UCBs 的财产权解释

如果在一个有许多可开发土地的都市中，有 UCBs 的限制，应该如何从财产权的观点来解释土地开发过程中开发者的行为呢？假设一开始所有的可开发土地都是合法的，而土地价值由市场机制所决定，在此假设之中，UCBs 会限制所有的土地开发于此界限之内，那开发者会作出什么样的反应呢？以图 5-2 为例，一开始的土地需求与供给曲线为 D 及 S，土地是开发过程中的中间产物（intermediate good）而非最终产物（final good）。在土地开发过程中，开发者是站在需求的一方，地主则是站在供给的一方。土地交易市场的均衡价格为 P^*，均衡交易量为 Q^*。假设新的土地控制政策 UGBs 限制了 Q_C（在均衡的 Q^* 之下）的土地开发，依照相关文献（金家禾，1997；Phillips 及 Goodstein，2000；Cho 等，2003；Cho 等，2008），将间接地造成土地价格上涨至 P_C。

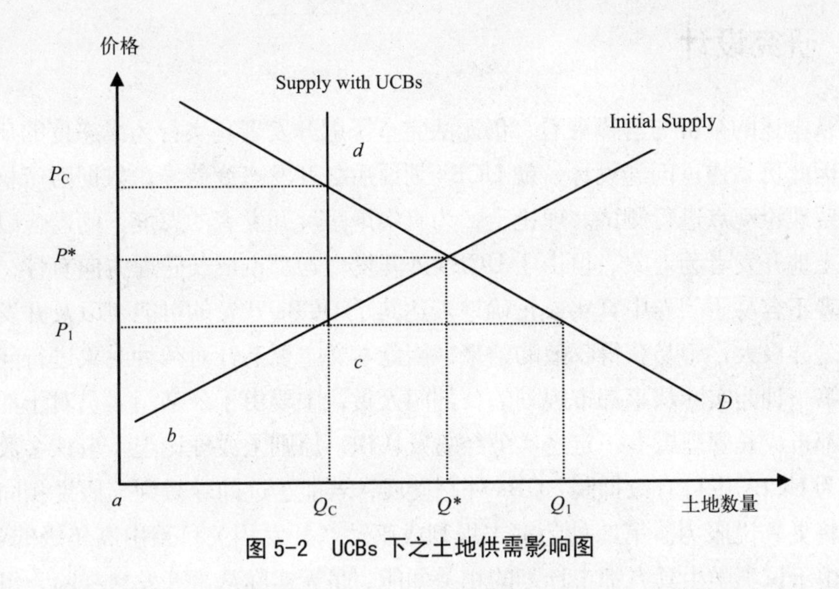

图 5-2　UCBs 下之土地供需影响图

此时，供给曲线将调整为 *bcd*，与 O'Sullivan（2007）针对建筑许可限制对于市场供需影响之分析相似。从需求者来看，土地的单位需求价格将从 P^* 上升至 P_C，从供给者来看，愿意出售之土地价格则是从 P^* 下降到 P_1，当然因需求价格高于供给价格且由于需求的增加，故最后均衡价格会落在 P_C。但因交易过程中产生了 P_C 与 P_1 之间的差异，由于 $P_C \times Q_C$ 为开发者为了交易所付的总额，而梯形 $abcQ_C$ 则为地主愿意出售土地的金额，其二者之差异，即梯形 $bcdP_C$ 则会遗放（dissipate）在公共领域（public domain）之中而无法确定，但最后仍会经由市场机制由地主获得。

依 Barzel（1991）所言，任何产品在供给量限制下，例如造成排队或等待的情形，皆非是经济学家所认知产品本身产量的不足，而是由于消费者期望攫取公共领域下财产权最大化所造成。另外，人们将利用限制条件下所能采取的成本最低的方式来获取由管制而遗放在公共领域的价值，亦即当财产权产生影响时，人们将调整并采取适当的行为以为因应，如同 20 世纪 70 年代石油危机时加油站改变经营策略的情形。这意味着在土地开发过程中，因为土地价格上涨以及供给限制将使得开发者愿意承担风险去 UCBs 外寻找成本较低的土地，以攫取流入公共领域中的财产权。另外，依照前述 Mohamed（2006）从展望理论解析开发者行为，认为政府在拟定政策并试图降低不确定性及风险的情况下产生了反常的现象，不知不觉地促使都市蔓延，而非制止它。因此，基于上述分析，此处提出本文的基本假说：UCBs 的设置，可能反而会造成界外土地的发展，而非制止它。

四、研究设计

从上述的分析与解释来看，仍无法完全了解开发者真实行为或态度的反应为何，因此仍须透过问卷设计，就 UCBs 划设后之开发态度差异，依据财产权解释及展望理论观点进行测试。理论上，为真实地呈现开发者的态度，问卷应以实际从事土地开发者为对象。但由于 UCBs 外开发，与都市成长管理方向有悖，致使开发者不容易于问卷中真实或正确地表达其于 UCBs 开发的可能，以及开发者的背景差异极大，不易获得收敛的结果，因此本文主要系针对两种对象进行问卷调查。第一种为实际从事都市规划的公部门人员，主要由于公部门人员对于都市计划及都市成长管理皆有一定之实务经验及认识，原则上或理论上，应该多数的人会认为 UCBs 应可有效抑制 UCBs 外之发展，若能透过问卷得到与假说相同的结果，将更具说服力。第二种为都市规划或不动产开发相关科系中高年级的学生，主要由于该类学生具有都市计划的相关知能，虽无实际从事开发之经验，但因背景一致，反而更单纯，不被其他因素干扰而作答，进而较正确地呈现态度的改变。

本文针对第一种公部门人员，将以台北市政府都市发展局及新北市政府城乡发展局为受测对象。至于第二种则以台北大学不动产与城乡环境规划学系大学部三年级学生为对象。本文共发出问卷 130 份，依照中央极限定理（Central Limit Theorem，CLT），当样本数很大（$n \geqslant 30$）时，不论母群体是何种机率分配，样本平均数的抽样分配为近似常态分配（引自方世荣，2002）。因此本文发送问卷中，台北市政府都市发展局及新北市政府城乡发展局各 40 份，台北大学不动产与城乡环境规划学系发出问卷计 50 份。

为确保受测者皆能清楚地了解问卷的内涵及相关名词，问卷中针对相关名词及 UCBs 内、外之情境差异定义及说明如下：

（1）都市成长边界（Urban Growth Boundaries, UGBs）：都市容控政策（urban containment policy）（亦有学者翻译为都市围堵政策）下的一种形式，借由划设都市成长界线作为管理都市成长，并期待引导都市成为紧密的形态（compact forms）。在台湾，都市发展用地与非都市发展用地之界线——都市建设边界（Urban Construction Boundaries，UCBs）即相当接近于都市成长界线的概念。

（2）“界内”：都市建设界线内部，即都市发展用地，包括住宅区、商业区、工业区等建筑用地。

（3）“界外”：都市建设界线外部，即非都市发展用地，包括都市计划区内之农业区、保护区及区域计划的非都市土地。

（4）不确定性与风险：土地取得阶段皆存在不确定性，可用机率来表示并称之为风险。

(5) 预期利润：开发者事前评估取得土地，并扣除相关可能之交易成本后所预期获得之利润。

(6) 实际利润：开发者事后开发土地，并扣除实际交易成本后实际获得之利润。

(7) 地价：因为都市建设界线的划设，造成土地供给减少，“界内”相对于“界外”而言，地价较高，相关文献皆已阐明（金家禾，1997；Phillips 及 Goodstein，2000；Cho 等，2003；Cho 等，2008）。

(8) 政府的态度：希望引导开发者于“界内”开发。这正是划设 UCBs 的主要目的。

(9) 公共设施：“界内”完善度高于“界外”。对于公共设施，因为鼓励于界内开发，因此政府会于界内投入较多的资源兴建或兴辟相关公共设施，使得资源能有效集中并更有效率。

(10) 信息：“界内”相对于“界外”有较多的信息。开发者可从界内获取较多信息，包括从政府、其他开发者等。这也隐含着开发者知道其他开发者或竞争者在界内所能获得的信息也是较多的。

(11) 开发强度：假设“界内”及“界外”开发强度相同。要完整地排除法规的影响有其困难度，但为比较取得土地时的态度差异，本文假设界内外可开发强度相同，用以排除受测者将法规的差异或管制的差异纳入受测过程中。

问卷内容区分为五大类，共九题（参见附件）。第一类（第 1 题），主要测试对于本文依据财产权所作之解释是否合理。第二类（第 2、3 题），测试开发者对于界内及界外土地取得之损失或获得的态度是否会有差异。第三类（第 4、5 题），测试开发者对于界内及界外土地取得开发心理价值之差异是否会有差异。第四类（第 6、7 题），测试开发者对于界内及界外土地取得是否会有参考点的差异。第五类（第 8、9 题）测试开发者对于划设 UGBs 前后，承担风险能力是否会有差异。问卷结果利用统计软件 SPSS 12.0 进行平均数差异 t 检定、单因子变异数分析（ANOVA）及 Tukey 法进行事后比较分析。利用 Tukey 法进行事后比较分析在于本文属于验证性研究。依照王保进（2012）的说明，应考虑强调统计的保守性（conservation），而 Tukey 法最为保守。

五、结果与分析

本文共发送问卷 130 份，回收 118 份，回收率 90.8%，其中有效问卷 114 份，约占回收问卷的96.6%（表5-1）。

问卷数统计表 表5-1

	发送问卷数	回收问卷数	有效问卷数
台北市政府都市发展局	40	32	31
新北市政府城乡发展局	40	36	35
台北大学 不动产与城乡环境规划学系	50	50	48
合计	130	118	114

题1（本文基本假说是否合理）

假设没有划设都市建设边界前，透过市场机制，市场均衡的地价是每坪（约3.3平方米）50万元新台币。当划设建设边界后，界内供给量减少且固定，界内地价依需求程度来决定；在一定供给量下，界内土地地主愿意卖的价钱是每坪25万元新台币，但因开发者（您）需求的关系，实际成交价上涨为每坪100万元新台币。亦即若您愿意买界内土地的话，将产生每坪75万元新台币的差价，并由地主拿走。请问您（开发者）会不会愿意以每坪100万元新台币买界内土地，或是会向界外寻找买地价较低的土地？

□愿意以每坪100万元新台币买界内土地

□会向界外寻找买地价较低的土地

问卷统计如表5-2所示。在114份有效问卷中，选择“愿意以每坪100万元新台币买界内土地”的共计61份，约占有效问卷的54%，选择“会向界外寻找买地价较低的土地”的计53份，约占有效问卷的46%。显示将近有一半比例的受测者，会因划设UCBs后，往界外寻找土地来进行开发。

问卷题1之统计表 表5-2

	愿意以每坪100万元新台币买界内土地	会向界外寻找买地价较低的土地	小计
台北市政府都市发展局	21	10	31
新北市政府城乡发展局	13	22	35
台北大学 不动产与城乡环境规划学系	27	21	48
合计	61	53	114

从统计结果发现，就全部受测者而言，UCBs之划设，确实会产生“推力”，

使得部分受测者选择往界外寻找土地，并非能完全或大部分地控制在界内发展。这也隐含着留在界内与界外发展者看问题角度可能不同，前者则与本文所提出的假说符合，从财产权获得的角度切入，后者则可能由开发利得的角度切入。另外，从表 5-2 可发现，台北市政府都市发展局受测者对于“会向界外寻找买地价较低的土地”之选择比例，明显低于新北市政府城乡发展局及台北大学不动产与城乡环境规划学系。本文认为主要原因是由于台北市并无非都市土地，受测者较无法从实际经验中反应出界内外之差异。

题 2 及题 3（界内及界外态度是否有差异）

假设界内的预期利润大于界外的预期利润，界内为 6000 万元新台币，界外为 4000 万元新台币。当取得土地后发现实际利润皆为 5000 万元新台币，如下图所示。请问对于取得界内土地而言，您产生损失的感觉，以 $v_{内}$（-1000）表示；以及对于取得界外土地而言，您产生额外获得的感觉，以 $v_{外}$（+1000）表示，下列何种与您的感觉相同？

□ $v_{内}$（-1000）$\geqslant v_{外}$（+1000），即界内损失感强于或等于界外获得感。

□ $v_{内}$（-1000）$\leqslant v_{外}$（+1000），即界内损失感弱于或等于界外获得感。

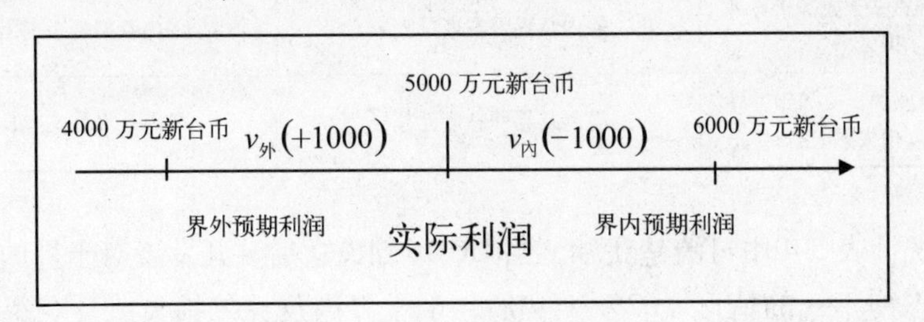

假设界内的预期利润小于界外的预期利润，界内为 4000 万元新台币，界外为 6000 万元新台币。当取得土地后发现实际利润皆为 5000 万元新台币，如下图所示。请问对于取得界内土地而言，您产生额外获得的感觉，以 $v_{内}$（+1000）表示；以及对于取得界外土地而言，您产生损失的感觉，以 $v_{外}$（-1000）表示，下列何种与您的感觉相同？

□ $v_{内}$（+1000）$\geqslant v_{外}$（-1000），即界内获得感强于或等于界外损失感。

□ $v_{内}$（+1000）$\leqslant v_{外}$（-1000），即界内获得感弱于或等于界外损失感。

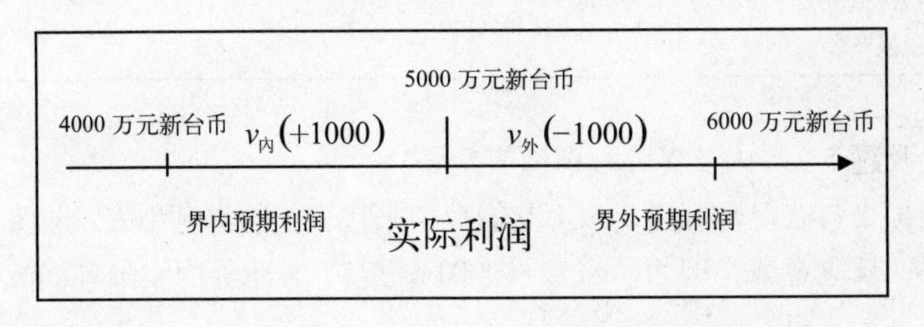

在假设开发者评估“损失”（losses）或“获得”（gains）是以实际利润为参考点（reference point）的情况下，假如UCBs划设之后开发者对于界内及界外之态度并无不同，当开发者于题2选择“界内损失感强于或等于界外获得感”时，于题3应选择“界内获得感弱于或等于界外损失感”时；当开发者于题2选择“界内损失感弱于或等于界外获得感”时，于题3应选择“界内获得感强于或等于界外损失感”。

但如果UCBs划设之后开发者对于界内及界外之态度并不相同，则当开发者于题2选择“界内损失感强于或等于界外获得感”时，于题3则会选择“界内获得感强于或等于界外损失感”；当开发者于题2选择“界内损失感弱于或等于界外获得感”时，于题3则会选择“界内获得感弱于或等于界外损失感”。前述分析可用矩阵表5-3表示。问卷结果统计如表5-4所示。

题2及题3选择矩阵表　　表5-3

题3 \ 题2	界内损失感强于或等于界外获得感	界内损失感弱于或等于界外获得感
界内获得感强于或等于界外损失感	界内及界外态度具差异	界内及界外态度无差异
界内获得感弱于或等于界外损失感	界内及界外态度无差异	界内及界外态度具差异

由统计表5-4中可清楚获知，当UCBs划设之后，开发者对于界内及界外确实产生态度不一的情形（62% + 9%）。至于界内及界外损失感及获得感之差异及是否具显著性，以及以实际利润为参考点是否正确，将于后续题目中予以分析。

题2及题3问卷统计表　　表5-4

题3 \ 题2	界内损失感强于或等于界外获得感	界内损失感弱于或等于界外获得感
界内获得感强于或等于界外损失感	71（62%）	16（14%）
界内获得感弱于或等于界外损失感	17（15%）	10（9%）

题4及题5（界内及界外心理价值差异）

假设损失与获得皆可用0 ~ 100的数字来代表。数字愈小表示损失或获得的感觉欲弱，反之愈强。例如，$v_{内}$（+1000）= 75，表示界内实际利润高于预期利润，且差额为1000万元新台币时产生的获得感觉为75；$v_{外}$（-1000）＝65，表示界外实际利润低于预期利润，且差额为1000万元新台币时产生损失的感觉为65。请回答下列问题。

假设界内的预期利润等于界外的预期利润，皆为6000万元新台币。当取得土地后发现实际利润皆为5000万元新台币，如下图所示。请问对于取得界内土地而言，您产生损失的感觉，以$v_{内}$（-1000）表示；以及对于取得界外土地而言，您产生损失的感觉，以$v_{外}$（-1000）表示。

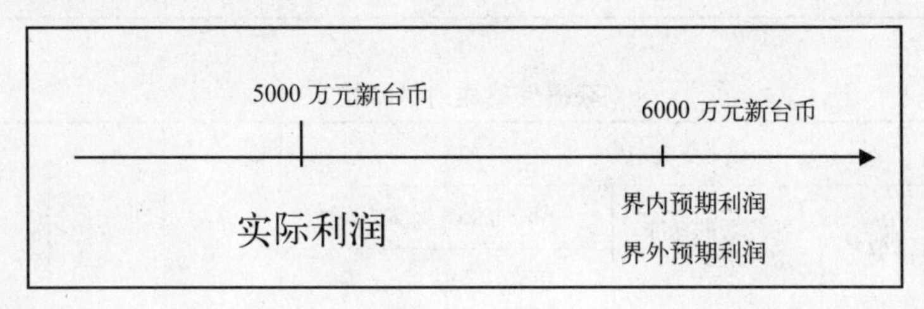

请问您

$v_{内}$（-1000）＝

$v_{外}$（-1000）＝

假设界内的预期利润等于界外的预期利润，皆为4000万元新台币。当取得土地后发现实际利润皆为5000万元新台币，如下图所示。请问对于取得界内土地而言，您产生额外获得的感觉，以$v_{内}$（+1000）表示；以及对于取得界外土地而言，您产生额外获得的感觉，以$v_{外}$（+1000）表示。

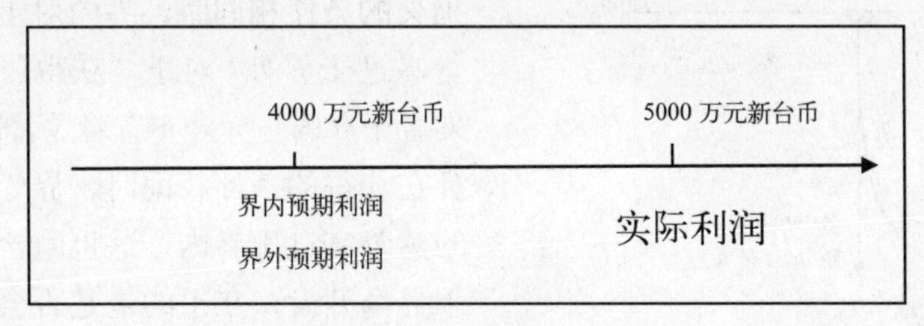

请问您

$v_{内}$（+1000）＝

$v_{外}$（+1000）＝

对于开发者心理价值，其中题4在于测试开发者对于界内及界外的“损失”感觉差异；题5则在测试开发者对于界内及界外的“获得”感觉差异。依照受测者问卷，$v_{内}$（-1000）平均数为71.01、标准偏差为14.802；$v_{外}$（-1000）平均数为59.08、标准偏差为15.206；$v_{内}$（+1000）平均数为64.15、标准偏差为17.168；$v_{外}$（+1000）平均数为70.96、标准偏差为12.425。本文利用SPSS（12版）进行

相依样本 t- 检定，在显著水平 a=0.05 下，结果如表 5-5、表 5-6 所示。

"损失"感成对样本检定 表5-5

成对变数差异					t	自由度	显著性（双尾）
平均数	标准偏差	平均数的标准误差	差异的 95% 信赖区间				
			下界	上界			
11.930	21.734	2.036	7.897	15.963	5.861	113	0.000

"获得"感成对样本检定 表5-6

成对变数差异					t	自由度	显著性（双尾）
平均数	标准偏差	平均数的标准误差	差异的 95% 信赖区间				
			下界	上界			
−6.816	18.164	1.701	−10.186	−3.445	−4.006	113	0.000

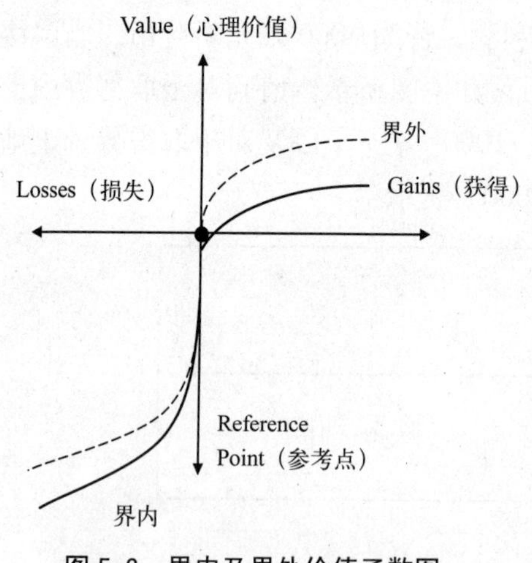

图 5-3 界内及界外价值函数图

从表 5-5 及表 5-6 可知，依据问卷的结果，在以实际利润为参考点的假设下，对于"损失"感而言，开发者于界内与界外上有着显著性的差异，而且在损失的条件相同时，界内对于损失的感觉高过于界外；对于"获得"而言，开发者于界内与界外亦有着显著性的差异，且在获得的条件相同时，界外对于获得的感觉高过于界内。这也隐含着开发者于界内开发，在乎的是是否会损失，于界外开发，则在乎的是是否会获得。亦即开发者会有动机，即获得感的满足以及损失厌恶（loss aversion），往界外寻找土地。开发者对于界内及界外心理价值的差异可用图 5-3 来表示。

题 6 及题 7（界内及界外参考点是否不同）

对于取得界内土地而言，有两种态度："达成预期利润"及"有利润就好"，请问您的态度是哪一个？

□有没有达成预期利润

□只要有利润就好

对于取得界外土地而言，有两种态度："达成预期利润"及"有利润就好"，请问您的态度是哪一个？

□有没有达成预期利润

□只要有利润就好

题2至题5皆系假设开发者是以实际利润为参考点进行测试。而题6及题7则在于测试开发者于界内及界外之参考点是否相同。依据受测结果，如表5-7所示，可知对于界内而言，主要是以预期利润为参考点，但对于界外而言，高达67%的受测者选择只要有利润就好，亦即表示参考点为0。换言之，对于界外而言，其价值函数图因参考点为0，故参考点向左平移，界内及界外之价值函数图调整为如图5-4所示。依测试结果可知，大部分的开发者对于界外之开发会产生"获得"感，与题4及题5测试之结果吻合，即于界外开发，在乎的是是否会获得，此时开发者产生动机，即获得感的满足以及界内开发损失厌恶(loss aversion)的情形发生，往界外寻找土地。

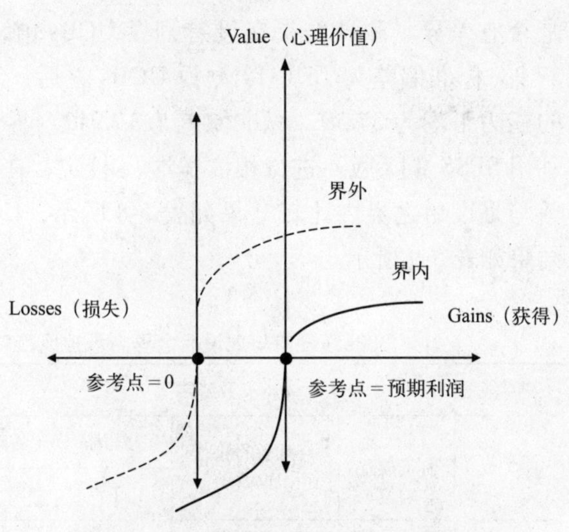

图5-4　界外价值函数图（参考点为0）

界内及界外参考点统计表　　表5-7

	界内	界外
有没有达成预期利润	102（89%）	12（11%）
只要有利润就好	38（33%）	76（67%）

题8及题9（界内及界外承担风险能力）

若没有划设都市建设边界，即没有区分"界内"及"界外"，而取得过程中存在着不确定性及风险，请问风险在多少以下，您才会考虑去取得？

风险在 % 以下，我才会考虑去取得

现在政府划设了都市建设边界，即区分“界内”及“界外”，而取得过程中存在着不确定性及风险，请问风险在多少以下，您才会考虑去取得？

“界内”风险在 % 以下

“界外”风险在 % 以下

题 8 及题 9 主要在于测试开发者于 UCBs 划设前后对于风险承担的能力是否有差异。测试结果在没有划设 UCBs 前，开发者承担风险的能力平均为 37.7，标准偏差为 16.131；划设 UCBs 之后，对于界内而言，开发者承担风险的能力平均为 37.39，标准偏差为 17.912，界外为 41.06，标准偏差为 21.257。利用 SPSS（12 版）进行相依样本 t- 检定，在显著水平 α=0.05 时，UCBs 划设前与划设后之界内比较结果如表 5-8 所示，UCBs 划设前与划设后之界外比较结果如表 5-9 所示。

UCBs划设前与划设后之界内承担风险能力成对样本检定　　表5-8

成对变数差异					t	自由度	显著性（双尾）
平均数	标准偏差	平均数的标准误差	差异的 95% 信赖区间				
			下界	上界			
0.316	14.621	1.369	−2.397	3.029	0.231	113	0.818

UCBs划设前与划设后之界外承担风险能力成对样本检定　　表5-9

成对变数差异					t	自由度	显著性（双尾）
平均数	标准偏差	平均数的标准误差	差异的 95% 信赖区间				
			下界	上界			
−3.360	13.621	1.276	−5.887	−0.832	−2.633	113	0.010

依检定结果发现，UCBs 划设前与划设后之界内承担风险能力并无显著差异，亦即划设后对于界内而言，开发者承担风险的能力并无显著改变。对于界外而言，依检定结果发现，UCBs 划设前与划设后之界外承担风险能力有着显著差异，且划设后之界外承担风险能力高于划设前。这隐含着当 UCBs 划设后，开发者对于界外开发有着更大的风险容忍度，产生风险追求（risk seeking）的情形，致使增强开发者产生向界外开发的可能。

除上述就全数问卷进行分析外，针对题 1 选择“会向界外寻找买地价较低的土地”之受测者，以及不同受测团体（台北市政府都市发展局、新北市政府城乡发展局、台北大学不动产与城乡环境规划学系）进行分析。在显著水平 α=0.05 时，题 1 选择界外者，在题 8 及题 9，发现当划设 UCBs 后，对于界内之承担风险能力小于划设前，并有着显著差异，如表 5-10 所示；而对界外之承担风险能力与全部受测者所作之结果相同，大于划设前并有着显著差异。

选择界外者于UCBs划设前后之界内承担风险能力成对样本检定　　表5-10

成对变数差异					t	自由度	显著性（双尾）
平均数	标准偏差	平均数的标准误差	差异的 95% 信赖区间				
			下界	上界			
7.453	12.958	1.780	3.881	11.024	4.187	52	0.010

对于选择界外者，于 UCBs 划设之后对于界内之承担风险能力显著变小，对于界外之承担风险能力显著变大，显示 UCBs 划设之后会让部分开发者更担心界内损失感的产生，进而产生损失厌恶的情形，使得对于界外承担风险能力变大，从而更愿意向界外去取得土地以满足获得感。

另外，就不同受测团体所作之 ANOVA 分析，如表 5-11 所示，发现在显著水平 α=0.05 时，对于划设 UCBs 后，不同受测团体仅对于界外风险的承担能力有着显著差异。进一步利用 Tukey 法进行事后比较，如表 5-12 所示。统计结果发现新北市政府城乡发展局的受测者，对于划设 UCBs 后界外的风险承担能力明显高于其他两个受测团体。本文推测可能是台北市无非都市土地，而学生则无开发实务工作经验，因此较难反映出界外开发的可能。而新北市具有非都市土地，划设 UCBs 后对于界外土地之开发较能反映出真实面。

不同受测团体之ANOVA分析　　表5-11

		平方和	自由度	平均平方和	F 检定	显著性
题 4-1	组间	768.079	2	384.040	1.777	0.174
	组内	23990.912	111	216.134		
	总和	24758.991	113			
题 4-2	组间	548.035	2	274.017	1.189	0.308
	组内	25580.255	111	230.453		
	总和	26128.289	113			

续表

		平方和	自由度	平均平方和	F 检定	显著性
题 5-1	组间	2154.528	2	1077.264	3.838	0.024
	组内	31151.937	111	280.648		
	总和	33306.465	113			
题 5-2	组间	231.616	2	115.808	0.747	0.476
	组内	17212.244	111	155.065		
	总和	17443.860	113			
题 8	组间	1353.596	2	676.798	2.678	0.073
	组内	28048.264	111	252.687		
	总和	29401.860	113			
题 9-1	组间	683.121	2	341.561	1.066	0.348
	组内	35571.896	111	320.468		
	总和	36255.018	113			
题 9-2	组间	4327.513	2	2163.756	5.139	0.007
	组内	46733.058	111	421.019		
	总和	51060.570	113			

不同受测团体对于题9-2差异之Tukey法分析　　表5-12

依变数	(I) 组别	(J) 组别	平均差异 (I-J)	标准误差	显著性	95% 信赖区间	
						下界	上界
题 9-2	北	新北	-12.544 (*)	5.061	0.039	-24.57	-0.52
		北大	1.263	4.728	0.961	-9.97	12.49
	新北	北	12.544 (*)	5.061	0.039	0.52	24.57
		北大	13.807 (*)	4.561	0.009	2.97	24.64
	北大	北	-1.263	4.728	0.961	-12.49	9.97
		新北	-13.807 (*)	4.561	0.009	-24.64	-2.97

注：“北”代表台北市政府都市发展局；“新北”代表新北市政府城乡发展局；“北大”代表台北大学不动产与城乡环境规划学系；* 指在 0.05 水平上的平均差异很显著。

六、讨论

UCBs 的划设，最主要的目的就是希望开发者能于界内开发，但从前述问卷分析结果来看，UCBs 划设后，并非如划设时所预测，全部或大部分都于界内开发。主要是因为实施 UCBs 之后，开发者对界内及界外开发问题认知的框架（frame）不同而导致开发态度的改变。而态度的改变产生了不同于所期待的于界内开发，而是部分开发者会往界外寻找土地进行开发。依照问卷结果，本文发现 UCBs 实施之后，产生部分开发者会有往界外开发之情形，原因包括：

（1）财产权追求（property right capturing）：部分开发者对于遗放于公共领域的财产权不愿意由地主获得，而转以向界外寻找额外的土地进行开发，以避免财产权的损失。

（2）界内损失厌恶（loss aversion inside the UCBs）：UCBs 划设后开发者对于界内在乎的是是否达成预期利润，致使于界内开发会产生损失厌恶的情形发生，是向界外发展的“推力”。

（3）界外风险追求（risk seeking outside the UCBs）：UCBs 划设后，由于界内损失厌恶的态度，开发者对于界外风险承担的能力提高，产生风险爱好（risk seeking）的情形，是向界外发展的“拉力”。

本文以 UCBs 进行研究发现，对于开发者而言，如能防止或降低于界内产生厌恶损失、界外风险追求的情况发生，对于 UCBs 实施之后的效果将更能有效提升。如何让开发者于界内开发时防止或降低损失厌恶的情形发生？本文认为最主要的是要让开发者不要存有既得利益的感觉，即产生不必要的禀赋效果。以台北市都市设计及土地使用开发许可审议委员会审议某建设公司于敦化南路集合住宅为例，开发者要求委员会给予全部法规所规范可获得的容积，但依该委员会第 349 次会议记录（2012），部分委员认为：……针对各基地开发量以法定容积 2 倍上限部分，是历来委员会多次讨论后之共识，且肩负都市治理及社会公平之责任，故不宜突破。这时开发商认为与其预期利润不同，财产权受到了损失并开始产生寻租行为，进而透过议会民代进行多次协调。尚且不论最终结果为何，该过程明显地使得开发者于界内开发产生损失厌恶的情形，而对于其他开发商而言，恐将重新思考是否会产生厌恶损失而转向界外开发，当然此部分仍待后续进一步的研究。值得一提的是，造成开发商损失厌恶的情形发生，最主要的就是相关法规对于容积奖励上限并无明确的规范，当开发者所谓依法申请，政府依公共利益进行把关时，这中间的嫌隙（gap）就自然而然地产生了。地方行政当局[1]与地方政府目前似乎都已发现此一问题。有效解决此一问题，应当从建立清楚的游戏规则开

---

[1] 台湾地区内政部门昨（2）日会议通过《都市计划法台湾省施行细则》修正草案，增订都市计划容积奖励上限规定，都市更新地区上限为 50%，其他地区的奖励上限为 20%，此一容积奖励的总量管控机制，将于 2014 年 1 月 1 日起实施（工商时报，2013 年 5 月 3 日）。

始，并让开发者知道世上没有不劳而获的奖励，如此开发者于评估预期利润时将更为谨慎。

如何让开发者于界外开发时防止或降低风险追求的情形发生？本文认为最重要的是政府对于界外管制开发所释放的信息是否能清楚地表达并透过法规的配合予以执行。举例来说，当政府对于界外开发的信息不够清楚时，开发者不会停止风险追求的行为，并透过寻租的过程，要求政府松绑界外开发的限制，以使得开发者能获取额外的财产权。以台北市为例，台北市土地使用分区管制自治条例于 2005 年将保护区农舍可开发强度从 7 米以下二层楼放宽至 10.5 米以下三层楼，这些其实都是假农舍真豪宅。这些结果，显示政府对于开发者于界外追求风险并透过寻租过程的无力感。台北市都市计划委员会第 581 次会议记录（2008）：……有关本市保护区的发展政策，市府表示目前将不再针对保护区进行通盘检讨……以及地方行政当局对于假农舍真豪宅的处理[1]，则显示政府已开始正视界外开发的问题。

另外，从部分国外的文献来看（Richardson 及 Gordon，2001；Cox，2001；Jun，2004），UGBs 实施之后的结果确实不如预期。这也隐含着计划拟定之初，往往并未针对计划进行有效的评估，尤其是非预期效果的评估。以 UGBs 划设为例，政府拟定并实施此政策时，即期待开发者皆能于 UGBs 内寻找土地并进行开发，殊不知划设 UGBs 的同时将产生开发者行为的改变，而此改变正与计划目标不同。

有些计划需要透过法规来执行，例如土地开发就需透过拟定如土地使用分区管制等法规来落实，当拟订计划者无法清楚了解计划本身的效果为何时，将使得法规拟定过程时将计划本身之影响忽略，而最终导致法规与计划目标产生落差。另从文献上来看，对于台湾岛内计划效果的评估的研究，屈指可数，规划者似乎应加以检讨，作了那么多计划，但却对它们对都市发展的影响所知有限。因此，如果能对于计划的作用或影响，如计划对于开发者行为及态度的改变多所了解，对于都市规划者于法规拟定或者执行上将有正面的帮助，这也应成为未来规划研究的主题。

另外，值得一提的是，本文主要在了解计划对于开发者态度改变之影响，然而除开发者之外，计划亦会对于其他相关利益团体产生影响，尤其是居民行为或态度的改变，然而计划拟定时，却往往予以有意或无意的省略或忽略。举例来说，

---

[1] “假农舍、真豪宅”愈来愈常见，有关部门昨（13）日表示，近日将与农委会及其他机关研议管理制度，同时加强违规惩处、建退场机制，未来只有“真农夫”才能建农舍（经济日报，2010 年 10 月 14 日）。

依照台北市政府年鉴（2009）：为了以崭新的国际都会风貌迎接“2010 台北国际花卉博览会”的来临，台北市政府特别研提“台北好好看系列计划”，经 2009 年 4 月 1 日召开记者会后正式启动。“台北好好看系列计划”共有 8 项系列行动计划和 3 项整合计划，借由整合台北市政府现有资源，综整改善城市风貌最具效能项目之相关计划与诱导民间参与及投入绿化工作，促进公私部门共同努力改善台北市的市容景观。

需要特别一提的是，除台北市政府以少数公部门相关预算投入之直接工程计划外，对于私有建筑基地及建筑物部分，也会借由经费补助、容积奖励、简化行政程序及提供行政协助，带动民间广大参与意愿及投资效应，达到扩散效果，于短时间内提升台北市的国际形象，并培养市民对都市外部环境空间改善的热情。其中，所谓系列二，即“北市环境更新，减少废弃建物”计划：透过建筑物存记、容积奖励等方式，鼓励市民主动申请拆除粗陋之合法建筑物、违章建筑或杂项工作物等，将基地腾空、绿化美化或兴建停车场，提升整体景观视觉效益，以及提供市民休憩场所。从政策目标来看，透过基地腾空并予以绿化美化确实有助于城市景观的提升。

尚不论将容积奖励当成政策工具是否符合公平与正义[1]，开发者付出一年半的时间维护管理绿地后，即可获得不等的容积奖励，而附近居民在此时间又可以得到一个“短暂”使用的开放空间，看起来似乎政府、开发者及居民都取得一定的利益，是个多赢的政策。然而详细分析，政策实施后之结果并非政策拟定之初所预期的。

对于居民而言，附近短暂地增加了一个开放空间，理应持支持的态度，但毕竟开放空间是短暂的，因此，当开发者准备进行开发时就出现了一些态度的改变。少了一个开放空间，居民认知的财产权将受到侵害，产生损失厌恶的情形。其主要原因在于纵使是短暂的开放空间，也已然产生了禀赋效应，这时居民就将短暂的开放空间转化成假公园、真图利建商的说法[2]，并要求政府介入留下这些短暂的开放空间，以确保他们认为已获得的财产权。再者，系列二系透过容积奖励来促使开发商先行提供开放空间，未来开发商所获得的开发强度将较附近其他地区为高，这时居民将可能认为将对其采光、通风甚至景观权造成影响，对其财产权造成损失而极力反对。这些都是政策拟定时未详予评估所产生的后遗症。

---

[1] “台北好好看系列北二计划”有适法性问题，监察公务人员程仁宏、刘玉山提出两个调查意见函请台北市政府确实检讨改进（台湾地区监察部门，2012 年 6 月 7 日）。

[2] “市府于花博期间送给台北市民仅 18 个月的 70 个假公园，却送给地主建商 200 亿元新台币的大礼。”（自由时报，绿地换容积图利建商花博假公园绿地金光党，2011 年 4 月 17 日）。

另外，一般人都将计划（plan）与法规或管制（regulation）混为一谈，其实不然。前者是意图的展现，而后者是权利的界定。计划透过信息的释放来影响其他人的行为，法规则透过警察权等强制性地影响其他人的决策选项（霍普金斯，2009）。本文主要在检视 UCBs 之计划效果，但计划往往伴随着法规或管制，很难抽离出计划产生的效果，抑或是法规或管制产生的效果。因此，设计问卷上，虽尽可能将模拟情境清楚阐明，但因受测者认知，仍可能产生误差。另外，实证之结果亦无法排除管制所造成的影响。而且，问卷的受测对象，理论上应以实际从事开发工作之人员较为适当，但受限于开发者接受问卷之意愿，以及是否客观表达其行为及态度，本文以具有土地开发训练背景的政府机关及学校学生为受测对象。这是后续研究上必须加以克服的地方。

七、结论

本文从财产权之观点切入，针对 UCBs 对于开发者之影响提出理论性的解释，并透过问卷实验，证明本文假说：UCBs 可能会造成 UCBs 外土地的发展，而非制止它的存在。UCBs 实施之后，产生部分开发者会有往界外开发之情形，原因可能是开发者对界内及界外开发问题认知的框架（frame）不同而导致财产权追求、界内损失厌恶及界外风险追求，使得开发者态度产生改变。

本文并非规范性（normative）的研究，后续若能在基本假说下提出评估 UCBs 效率的量化指标，并选取适当的区域或城市进行实证，将会取得更有价值的进展。

参考文献

[1] Porter D. R. Growth Management Keeping on Target[z]? Washington，D. C.：Urban Land Institute and Lincoln Institute of Land Policy，1986.

[2] DeGrove J. M.，D. A. Miness. The New Frontier for Land Policy：Planning and Growth Management in the States [R]. Cambridge：Lincoln Institute of Land Policy，1992.

[3] Stein J. M. Growth Management：The Planning Challenge of the 1990s [M]. Newbury Park：Sage Publications，1993.

[4] Nelson A. C.，J. B. Duncan. Growth Management Principles and Practices [M]. Chicago：Planners Press，1995.

[5] Urban Land Institute. Smart Growth Economy，Community，Environment [R]. Washington，D. C：Urban Land Institute，1998.

[6] Porter D. R.，R. T. Dunphy，D. Salvesen. Making Smart Growth Work [R]. Washington，D. C.：Urban Land Institute，2002.

[7] Szold T. S.，A. Carbonell. Smart Growth：Form and Consequences [R]. Cambridge：Lincoln Institute of Land Policy，2002.

[8] Bengston D. N.，J. O. Fletcher，K. C. Nelson. Public Policies for Managing Urban Growth and Protecting Open Space：Policy Instruments and Lessons Learned in the United States [J]. Landscape and Urban Planning，2004，69（2-3）：271-286.

[9] Barnett J.Smart Growth in a Changing World [M]. Chicago：Planners Press，2007.

[10] Bengston D. N.，Y. C. Youn. Urban Containment Policies and the Protection of Natural Areas：the Case of Seoul's Greenbelt [J]. Ecology and Society，2006，11（1）.

[11] Couch C.，J. Karecha.Controlling Urban Sprawl：Some Experiences from Liverpool [J]. Cities，2006，23（5）：353-363.

[12] Millward H.Urban Containment Strategies：A Case-Study Appraisal of Plans and Policies in Japanese，British，and Canadian Cities [J]. Land Use Policy，2006，23（4）：473-485.

[13] Pendall R.，J. Martin，W. Fulton. Holding the Line：Urban Containment in the United States [R]. Washington，D. C：The Brookings Institution Center on Urban and Metropolitan Policy，2002.

[14] 金家禾 . 都市成长界线对地价与公共服务成本之影响 [R]. 台北：台湾地区科学委员会专题研究计划成果报告，1997.

[15] 台北市政府都市发展局 . 台北市都市发展年报 [R]. 台北：台北市政府都市发展局，2012.

[16] Gennaio M. P.，A. M. Hersperge，M. Burgi.Containing Urban Sprawl—Evaluating Effectiveness of Urban Growth Boundaries Set by the Swiss Land Use Plan [J]. Land Use Policy，2009，26（2）：224-232.

[17] Patterson J. Urban Growth Boundary Impacts on Sprawl and Redevelopment in Portland，Oregon [A]. Working Paper，University of Wisconsin-Whitewater，1999.

[18] Nelson A. C.，T. Moore. Assessing Urban Growth Management：The Case of Portland，Oregon，the USA's Largest Urban Growth Boundary [J]. Land Use Policy，1993，10：293-302.

[19] Kline J.，R. Alig. Does Land Use Planning Slow the Conversion of Forest and Farm lands [J]. Growth and Change，1999，30：3-22.

[20] Richardson H. W.，P. Gordon. Portland and Los Angeles：Beauty and the Beast [A]. Portland：

Paper Presented at the 17th Pacific Regional Science Conference，2001.

[21] Cox W. American Dream Boundaries：Urban Containment and Its Consequences [A]. Published by the Georgia Public Policy Foundation，2001.

[22] Jun M. J. The Effects of Portland’s Urban Growth Boundry on Urban Development Patterns and Commuting [J]. Urban Studies，2004，41（7）：1333-1348.

[23] Knapp G. J.，L. D. Hopkins，K. P. Donaghy.Do Plans Matter? A Game-Theoretic Model for Examining the Logic and Effects of Land Use Planning [J]. Journal of Planning Education and Research，1998，18. 25-34.

[24] Gore T.，D. Nicholson. Models of the Land-Development Process：A Critical Review [J]. Environment and Planning A，1991，23：705-730.

[25] Schaeffer P. V.，L. D. Hopkins.Behavior of Land Developers：Planning and the Economics of Information [J]. Environment and Planning A，1987，19：1221-1232.

[26] Barzel Y. Economic Analysis of Property Right [M]. New York：Cambridge University Press，1991.

[27] 汪礼国，赖世刚 . 复杂科学与都市发展理论：回顾与展望 [J]. 台湾公共工程学刊，2008，4（3）：1-11.

[28] von Neumann J.，O. Morgenstern. Theory of Games and Behavioral Research [M]. Cambridge：Cambridge University Press，1994.

[29] Kahneman D.，A. Tversky.Prospect Theory：An Analysis of Decision under Risk [J]. Econometrica，1979，47：263-291.

[30] Simon H. A.On a Class of Skew Distribution Functions [J].Biometrika，1955，52：425-440.

[31] Baerwald T. The Site Selection Process of Suburban Residential Builders [J]. Urban Geography，1981，2（4）：339-357.

[32] Leung L.Developer Behavior and Development Control [J]. Land Development Studies，1987，4：17-34.

[33] Lucy W. H.，D.L.Phillips. Confronting Suburban Decline：Strategic Planning for Metropolitan Renewal [M]. Washington，DC：Island Press，2000.

[34] Berke P. R.，D. R. Godschalk，E. J. Kaiser. Urban Land Use Planning [M]. 5th ed. Urbana：University of Illinois Press，2006.

[35] Mohamed R. The Psychology of Residential Developers：Lessons from Behavioral Economics and Additional Explanations for Satisficing [J].Journal of Planning Education and Research，2006，26：28-37.

[36] Kahneman D.，J. Knetsch，R. Thaler. Anomalies：The Endowment Effect，Loss Aversion，

and Status-Quo Bias [J]. Journal of Economic Perspectives，1991，5（1）：193-206.

[37] Samuelson W.，R. Zeckhauser.Status Quo Bias in Decision Making [J]. Journal of Risk and Uncertainty，1988，1：7-59.

[38] Thaler R. Toward a Positive Theory of Consumer Choice [J].Journal of Economic Behavior and Organization，1980，1：39-60.

[39] 谢明瑞 . 行为经济学理论的探讨 [J]. 空大商学学报，2007（15）：253-298.

[40] Phillips J.，E. Goodstein.Growth Management and Housing Prices：The Case of Portland，Oregon [J]. Contemporary Economic Policy，2000，18：334-344.

[41] Cho S. H.，J. J. Wu，W. G. Boggess.Measuring Interactions among Urban Development，Land Use Regulations，and Public Finance [J]. American Journal of Agricultural Economics，2003，85：988-999.

[42] Cho S. H.，Z. Chen，S. T. Yen. Urban Growth Boundary and Housing Prices：The Case of Knox County，Tennessee [J]. The Review of Regional Studies，2008，38（1）：29-44.

[43] O'Sullivan.Urban Economics [M]. 6th ed. New York：McGraw-Hill Press，2007.

[44] 方世荣 . 基础统计学 [M]. 第二版，台北：华泰文化事业公司，2002.

[45] 王保进 . 中文窗口版 SPSS 与行为科学研究 [M]. 台北：心理出版社，2012.

[46] 台北市都市设计及土地开发许可审议委员会 . 台北市都市设计及土地开发许可审议委员会第 349 次会议记录 [Z]. 台北：台北市政府都市发展局，2012.

[47] 台北市都市计划委员会 . 台北市都市计划委员会第 581 次会记录 [Z]. 台北：台北市都市计划委员会，2008.

[48] 台北市政府 . 台北市年鉴 [M]. 台北：台北市政府，2009.

[49] 霍普金斯著 . 都市发展——制定计划的逻辑 [M]. 赖世刚译 . 北京：商务印书馆，2009.

附件 UCBs对于开发者态度影响之研究问卷

您好，感谢您参与本次问卷，在开始作答之前，请您先阅读下列说明。

一、问卷目的

土地开发的过程通常可分为四个阶段：取得（acquisition）、核准（approval）、建造（construction）、转让（letting）。由于每个决策都会影响之后的决策，因此本问卷将关注在土地开发的第一阶段，也就是土地的取得，其他阶段则非本问卷研究的范围。而本问卷之主要目的在于了解开发者于划设都市建设边界前后之土地取得态度差异。

二、名词定义

(1) 都市成长边界（Urban Growth Boundaries, UGBs）：都市容控政策（urban containment policy）（亦有学者翻译为都市围堵政策）下的一种形式，借由划设都市成长界线作为管理都市成长，并期待引导都市成为紧密的形态（compact forms）。在台湾，都市发展用地与非都市发展用地之界线，都市建设边界（Urban Construction Boundaries，UCBs）即相当接近于都市成长边界的概念。

(2) “界内”：都市建设边界内部，即都市发展用地，包括住宅区、商业区、工业区等建筑用地。

(3) “界外”：都市建设边界外部，即非都市发展用地，包括都市计划区内之农业区、保护区及非都市土地。

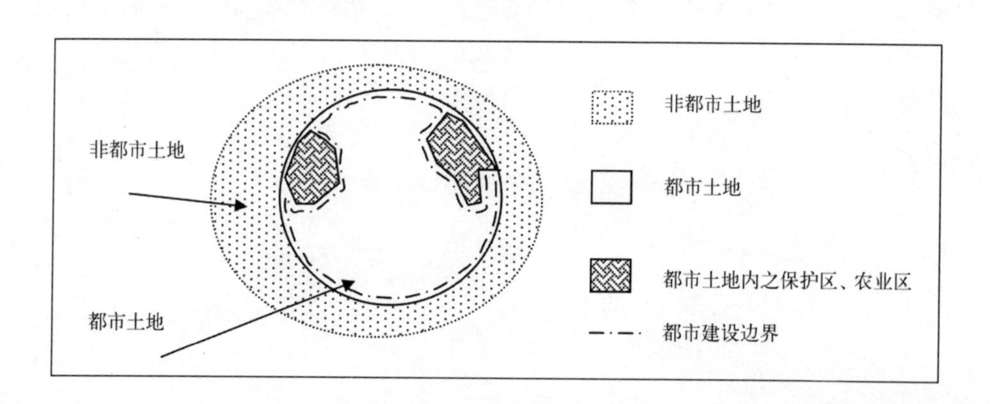

(4) 不确定性与风险：土地取得阶段皆存在不确定性，可用机率来表示并称之为风险。

(5) 预期利润：开发者事前评估取得土地，并扣除相关可能之交易成本后所预期获得之利润。

(6) 实际利润：开发者事后开发土地，并扣除实际交易成本后实际获得之利润。

三、都市建设边界内、外之情境差异

(1) 地价：因为都市建设边界的划设，造成土地供给减少，"界内"相对于"界外"而言，地价较高。省内外相关文献皆已揭露（金家禾，1997；Phillips 及 Goodstein，2000；Cho，Wu，及 Boggess，2003；Cho，Chen，及 Yen，2008）。

(2) 政府的态度：希望引导开发者于"界内"开发。

(3) 公共设施："界内"完善度高于"界外"。

(4) 信息："界内"相对于"界外"有较多的信息。

(5) 开发强度：假设"界内"及"界外"开发强度相同。

四、情境说明

试想您是一位开发公司的决策者，政府已划设一条都市建设边界，希望引导开发商于该界线内进行开发，而您正想取得一块用地进行开发。现有两块地，分别位于"界内"及"界外"，且面积都是 2000 坪。

请您以感觉回答下列问题（共 9 题），并勿用任何数学计算方式，例如期望值。

1. 假设没有划设都市建设边界前，透过市场机制，市场均衡的地价是每坪 50 万元新台币。

当划设建设边界后，界内供给量减少且固定，界内地价依需求程度来决定；在一定供给量下，界内土地地主愿意卖的价钱是每坪 25 万元新台币，但因开发者（您）需求的关系，实际成交价上涨为每坪 100 万元新台币。亦即若您愿意买界内土地的话，将产生每坪 75 万元新台币的差价，并由地主拿走。

请问您（开发者）会不会愿意以每坪 100 万元新台币买界内土地，或是会向界外寻找买地价较低的土地？

□愿意以每坪 100 万元新台币买界内土地

□会向界外寻找买地价较低的土地

2. 假设界内的预期利润大于界外的预期利润，界内为 6000 万元新台币，界外为 4000 万元新台币。当取得土地后发现实际利润皆为 5000 万元新台币，如下图所示。请问对于取得界内土地而言，您产生损失的感觉，以 $v_{内}$（−1000）表示；

以及对于取得界外土地而言，您产生额外获得的感觉，以 $v_{外}$ (+1000) 表示，下列何种与您的感觉相同？

□ $v_{内}$ (−1000) ≥ $v_{外}$ (+1000)，即界内损失感强于或等于界外获得感。

□ $v_{内}$ (−1000) ≤ $v_{外}$ (+1000)，即界内损失感弱于或等于界外获得感。

5000 万元新台币
4000 万元新台币
$v_{外}$(+1000)
$v_{内}$(−1000)
6000 万元新台币
界外预期利润
实际利润
界内预期利润

3. 假设界内的预期利润小于界外的预期利润，界内为 4000 万元新台币，界外为 6000 万元新台币。当取得土地后发现实际利润皆为 5000 万元新台币，如下图所示。请问对于取得界内土地而言，您产生额外获得的感觉，以 $v_{内}$ (+1000) 表示；以及对于取得界外土地而言，您产生损失的感觉，以 $v_{外}$ (−1000) 表示，下列何种与您的感觉相同？

□ $v_{内}$ (+1000) ≥ $v_{外}$ (−1000)，即界内获得感强于或等于界外损失感。

□ $v_{内}$ (+1000) ≤ $v_{外}$ (−1000)，即界内获得感弱于或等于界外损失感。

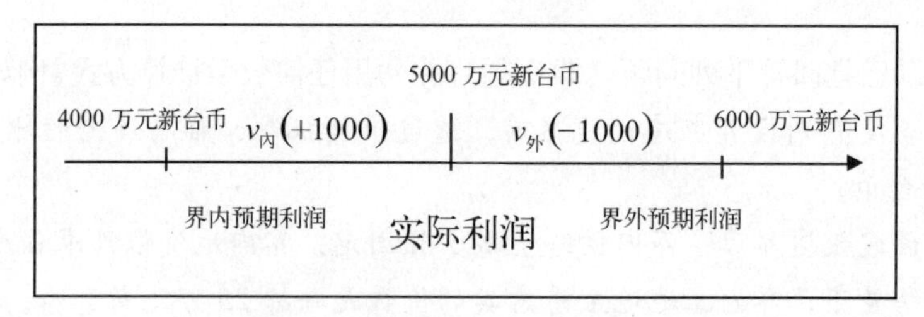

假设损失与获得皆可用 0 ～ 100 的数字来代表。数字愈小表示损失或获得的感觉欲弱，反之愈强。例如 $v_{内}$ (+1000) ＝ 75，表示界内实际利润高于预期利润，且差额为 1000 万元新台币时产生的获得感觉为 75；$v_{外}$ (−1000) ＝ 65，表示界外实际利润低于预期利润，且差额为 1000 万元新台币时产生损失的感觉为 65。根据以上设定，请回答下列问题。

4. 假设界内的预期利润等于界外的预期利润，皆为 6000 万元新台币。当取得土地后发现实际利润皆为 5000 万元新台币，如下图所示。请问对于取得界内土地而言，您产生损失的感觉，以 $v_{内}$ (−1000) 表示；以及对于取得界外土地而言，您产生损失的感觉，以 $v_{外}$ (−1000) 表示。

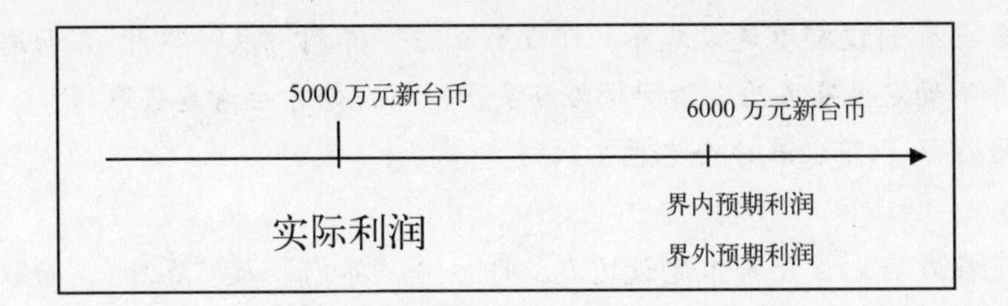

请问您

$v_{内}$ (−1000) ＝

$v_{外}$ (−1000) ＝

5. 假设界内的预期利润等于界外的预期利润，皆为 4000 万元新台币。当取得土地后发现实际利润皆为 5000 万元新台币，如下图所示。请问对于取得界内土地而言，您产生额外获得的感觉，以 $v_{内}$ (+1000) 表示；以及对于取得界外土地而言，您产生额外获得的感觉，以 $v_{外}$ (+1000) 表示。

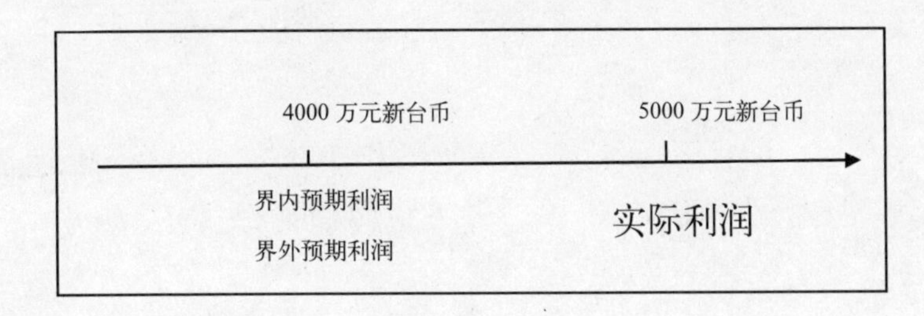

请问您

$v_{内}$ (+1000) ＝

$v_{外}$ (+1000) ＝

6. 对于取得界内土地而言，有两种态度："达成预期利润"及"有利润就好"，请问您的态度是哪一个？

□有没有达成预期利润

□只要有利润就好

7. 对于取得界外土地而言，有两种态度："达成预期利润"及"有利润就好"，请问您的态度是哪一个？

□有没有达成预期利润

□只要有利润就好

8. 若没有划设都市建设边界，即没有区分“界内”及“界外”，而取得过程中存在着不确定性及风险，请问风险在多少以下，您才会考虑去取得？

风险在 % 以下，我才会考虑去取得

9. 现在政府划设了都市建设边界，即区分“界内”及“界外”，而取得过程中存在着不确定性及风险，请问风险在多少以下，您才会考虑去取得？

“界内”风险在 % 以下

“界外”风险在 % 以下

第六章　空间垃圾桶模式的实证验证

【摘　要】空间垃圾桶模型（spatial garbage-can model）视都市动态系统为一组在空间中随机游走互动之元素之间交互作用之下的结果，包括决策者（decision makers）、选择机会（choice opportunities）、问题（problems）、解决方案（solutions）以及区位（locations）。其中，决策者、问题及解决方案以不可预测的方式相互碰撞，丢入在特定区位的选择机会或垃圾桶中而产生模拟都市发展的结果（Lai，2006）。本文尝试从地区个案资料的分析来检验空间垃圾桶模型。具体而言，采用多重个案研究的再现策略，搜集西门町、信义计划区与新北投等三个地方的相关资料，透过 ANOVA 统计检定分析，探讨四种要素结构对系统能量值的影响关系，试图验证相关计算机仿真研究（Lai，2006；王昱智，2009）的结果，并进一步计算结构的熵值以观察这三个地方的都市活动是否具有自我组织（self-organization）的系统特性，且佐以网络科学方法，探讨这些都市活动的空间分布特性。分析结果发现与计算机仿真文献不一样的结果：①问题与选择机会之间的关系对系统能量的影响并无显著的支配能力；②与空间结构相比决策结构反而显现出较佳的自我组织特性；③都市活动网络并未呈现出明显的小世界（small-world）特征。然而，研究结果并不违反“制度设计比空间设计对都市发展的影响更为有效”这一观点。

【关键词】空间垃圾桶模型，都市活动系统，自我组织，小世界网络

一、引言

各种不同的决策理论常被都市规划者运用，透过决策创造出许多不同的都市发展形态。在现实中，经常会有草率的决策情形发生，不论是个人或组织都会面临“做与不做”或“如何做”等相关的选择与决定，因此“决策”（decision）乃成为个人或组织活动中不可或缺的重要议题（孙本初及黄新福，1995）。决策的定义是组织或个人在面临问题之际，依据组织目的研拟各种解决方案，就各种可行的方案中作一选择，产生决定以有效解决问题的过程（徐昌义，2000）。

垃圾桶模型（Garbage Can Model,GCM）将组织的决策视为一个混乱的过程，这一决策的思考模式并不采用传统的逻辑步骤，换句话说，并非先界定问题，再行探究可能的解决方案，而是评估各种方案的利弊得失，然后选择一个最佳的方案成为决策。当问题、解决方案和参与者都同时出现，决策也同时形成，此时决策与措施间产生矛盾，在GCM中是很正常的，因为组织的目标是模糊的，目标之间是互相冲突的，达成目标的方法也具有不确定性。当决策所要追求的目标愈清晰，决策手段和目的之间的关系联结就愈清楚，各种变通方案可能导致的后果也愈明确，且相关信息愈充足，容许作决策的时间愈宽裕的情境下，就愈能采取理性的决策模式；而当与上述几个条件相反的不利情况发生时，采取非理性决策模式——“垃圾桶模型”的可能性就愈高。

都市的空间发展过程由至少两个以上有相互关系的空间决策所组成，投入的工具以及人们的活动会造成都市设施的产生（Lai，2006）。此外，将一些制度上的限制，诸如法律以及相关规定，包含正式的与非正式的，空间的以及非空间的等，把所有考虑的限制加在组织决策中，会有许多相互关联的因素相互影响而产生出决策。在都市聚集的动能中，借由公部门与私部门产生许多相互关联的发展决策，这些决策在地理上及制度上有相互关系的作用，产生出形形色色不同的活动，造就了都市的形成；活动的区位及其密度也影响了都市的发展形态，除了时间和地点，它们也影响了其他决策的制定与选择。

空间发展决策之间的互动相当复杂，Lai（2006）为了简化都市发展的过程，模拟一个动态的都市空间发展，以传统的GCM为基础衍生出“空间垃圾桶模型”（Spatial Garbage-can Model，SGCM）。根据该模式的决策过程，视都市动态系统为一组在空间中随机游走互动的元素，这些元素包括问题（problems）、解决方案（solutions）、决策者（decision makers）、选择机会（choice opportunities）以及区位（locations），其中决策者、问题与解决方案以不可预测的方式相互碰撞，丢入在特定区位上的选择机会中，而产生模拟都市发展的结果（Lai，2006）。延伸 GCM 到空间向度，并不是叙述模型本身的规划决策行为，而是借由决策行为来描述都市发展的过程。在此，有两个假设分别支撑着两个不同的理论基础：简单说来，SGCM 对都市空间的动态发展过程进行描述性的表现，而规划理论被狭隘地想成一个如何去作相关决策或是计划行为的理论。根据这样简单的区分，我们可以用 SGCM 提供理论基础来检验不同的理论效力，运用该模式分解都市体系成为个别行动者以及相关要素来模拟真实世界的情形（Lai，2006）。具体而言，SGCM 所采用的是个体基础模型过程（agent-based modeling）来模拟都市的发展现象。

基于前述的想法与模式概念，本文从都市演化观点对 SGCM 提出质疑：是否在都市发展的过程中都能运用 SGCM 来提出决策方针？并且，都市演化所形成的都市空间分布是否也是根据此模式基础所形成的？目前，国内对于 SGCM 的检验研究相当有限，基于这个动机，本文试图应用个案研究的策略，建立一个能检测 SGCM 外在效度的实证研究模式对其进行检验，检视其解释实际都市现象的能力，进一步强化该模式的理论基础，或用作理论修正建议之参考。

二、空间垃圾桶模型

由 Cohen、March 及 Olsen 等（1972）设计的垃圾桶模型（GCM），运用计算机仿真来描述组织的决策行为。由于决策制订的背景系处于目标模糊、决策技术不明确以及决策者偏好不稳定的模糊情境，与决策相关的要素相互混杂且难以通过明确的规律来界定它们之间的相关性，因而将决策做成的情境视为一个垃圾桶。决策过程是问题、解决方案、决策者以及选择机会等这些要素近似于随机碰撞下的结果：决策者借由参与选择机会，采用解决方案来解决问题，但问题与可将之解决的方案未必能够在适当的时机被同时提出讨论并获得处理，因此经常有无意义的决定或是未作出任何决定的情况发生。Lai（2006）的空间垃圾桶模型（SGCM）加入空间的概念，除了原 GCM 中的四种要素之外，新增区位（locations）此一新的决策要素，视都市动态系统为一组随机游走的要素，交互作用、互相汇合进而产生决策或有活动发生。不同于传统的空间模拟方法，在 SGCM 的模拟中，认为决策发生的场所（即区位）是种充满活力的机会川流并与其他元素相互作用。

在 SGCM 当中，选择机会（或称决策处境）与其他要素的结合必然影响到某种区位决策，而决策也会影响该区位内所从事的投资和活动。区位以此概念附加在 SGCM 中，与其他要素以同样的方式流动，也可以看成是区位在寻找合适的决策处境与方案、问题和决策者相互配合。更具体地说明 SGCM，包含有下列四种要素间对应的关系：

（1）决策结构（decision structure）定义为决策者与选择机会之间的关系矩阵；

（2）管道结构（access structure）定义为问题与选择机会之间的关系矩阵；

（3）解决方案结构（solution struction）定义为解决方案与问题之间的关系矩阵；

（4）空间结构（spatial structure）定义为选择机会与区位之间的关系矩阵。

这些要素间的对应关系结构表达为矩阵的形式，以管道结构为例，不同的问题元素排列于矩阵的列，不同的选择机会元素排列于矩阵的行，而其中的元素值若为“1”，则表示该列的问题可以进入该行的选择机会以进行处理，“0”则代表该选择机会没有办法解决该问题。

都市是复杂的空间系统，有许多的行动者在空间里互动，SGCM 将此系统视为一个许多独立之川流要素聚集的模式，这些要素以随机和不可预测的方式互动。为使这个概念更加具体，运用格状系统来表现模型中五种要素的相互流动与混合（图 6-1）。系统中有议题（IS，即问题）、决策者（DM）、解决方案（SO）、选择机会（CH）及区位（LO）等要素，在每个时间步骤中，每个要素的突现（emerge）都会随机地坐落在方格系统里，随机地往四个不同方向流动。当决策者、解决方案与区位所提供的能量超过问题与选择机会所需要的能量时，特定的区位以及特定的选择机会同时出现，决策就此而产生；如果问题所相关联的选择机会与所需求的标准能量被满足，这些问题就被解决了。

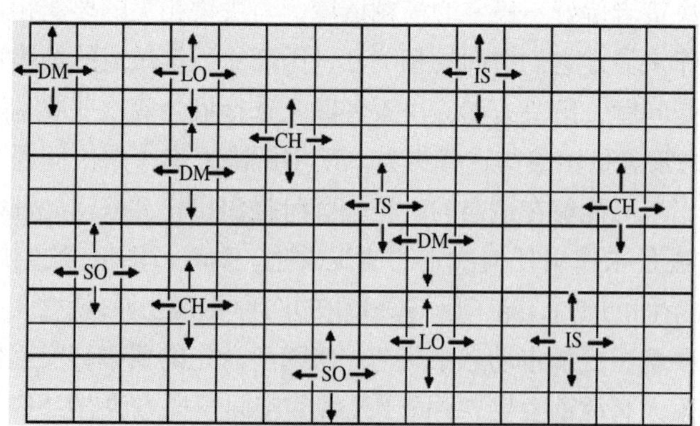

图 6-1 空间垃圾桶模型概念示意图

（资料来源：Lai，2006）

从系统总净能量的时间变化中，可发现所有模拟的变化趋势都呈现出 V 字型曲线，且在早期的时间步骤中都快速地下降，在后期缓慢地上升。此现象主要源自于要素流入系统的时间形态：大量的问题与选择机会在早期大量进入，产生相当大的能量需求，而在后期有越多的决策被制订与越多的问题被解决，能量需求逐渐减少，系统就恢复了它自身的总净能量。结构的限制影响着能量变化的形态，限制程度较大的结构使得系统比较没有能力去适应流入要素的骚动：越严格的结构限制，越会减少要素之间互相碰撞的机会，从而降低了作决策以及解决问题的机率，使整个系统变得比较迟缓。

Lai（2006）设计了一个希腊拉丁方阵（Graeco-Latin square）的模拟，能透过 ANOVA 来计算这个设计（表 6-1）。根据检定结果，在信赖水平 $p < 0.05$ 时管道结构对系统总净能量之影响有显著的效应，其他三种结构则没有，可推论出问题与选择机会之间的关联在系统行为中是最重要的因素。这结果很可能起因于问题与选择机会是仅有的两种能量需求者，并且有相关联的结构介于两者之间。因此，管道结构扮演了一个重要角色，在特定的机会选择中作决策，所相关联的问题就会解决，进而减少系统的能量需求，增加总净能量。

空间垃圾桶模型计算机仿真的ANOVA统计结果　　表6-1

Source	Sun of squares	自由度	Mean square	F
管道结构	1062967500	3	354322500	12.1420*
空间结构	43093200	3	14364400	0.6139
解决方案结构	233988500	3	77996167	3.3333
决策结构	87632700	3	29210900	1.2483
误差	70199800	3	23399933	
总和	1497881700	15		

* Significant at $p<0.05$

原始 GCM 是组织决策的设定，这跟过去传统的决策理论大不相同，模型本身的论点来自于决策的有限理性而不是完全理性，它试图将杂乱无章的决策过程集中成为一个有组织的设定，当中混乱的要素并非全然随机，而是有一套架构可供依循使得要素之间有机会互动，称为管道结构与决策结构。管道结构规范的是问题可以进入哪些决策情境被讨论，决策结构则规范决策者可以参与哪些决策情境来作决策，这两种结构都可以视为制度结构，分配权力给决策者使之有权利在某些决策情境下解决出现在该情境中的问题。因此，决策者在系统里并非任意地处理任何解决方案或是出现在任何选择机会当中，决策者本身会谨慎小心地作决策，因为很多的选择机会是受到外在压迫的（Lai，2006）。

延伸GCM到空间的概念，SGCM可视为一种叙述的性质来表现都市空间的动态如何发展，而规划理论则是如何作相互依赖之决策的行为理论，Lai（2006）认为可以使用SGCM来提供一个理论基础，借以检验不同的规划理论，这个模型将聚焦在有限理性的行为模式之上，打破传统规划理论完全理性的框架，使公部门的研究者能让计划更为有用，并且更有效地解决都市问题。传统的规划理论倾向于认定所有行动者都是同质的，描述性的都市现象则是以有限理性为基础，认为每个行动者的偏好都不同，对科学技术认知不清，没有完整的选择机会；更进一步地说，SGCM系由个体选择模式的概念发展而成，在理解都市现象上与传统都市发展模式有相当大的差别。

规划比作决策更具有挑战性，因为要处理拿不定主意的计划、价值观的差异以及相冲突的目标，比作决策更加复杂。就影响SGCM系统的表征而论，至少有两种方式可以提供规划者制订计划。一方面，规划者参与可能存在的选择机会，在行动之前安排时间与空间，也就是制订计划，决策者甚至可以创造其他决策处境，像是适当的预算时间选择，假如有需要可用来支应急迫性的议题，透过说服政府官员、市民及发展者，共同合作依序地解决问题，如此一来可在深思熟虑的情形下解决两个以上的问题。另一方面，规划者可以改变制度架构，为的是再分配权力来限制活动，渐进地影响都市发展过程；改变制度结构相对于有形的空间设计更有效率，人们可透过权力的公平分配来发展个人所需求的活动。此一观点主要延伸自模拟结果，空间议题，像是交通和土地使用的问题，都可透过制度结构之设计来使得规划更有效率。透过不同类型的结构限制，制度结构之应用在仿真中不会完全呈现真实的情境，它们被设计出来主要是运用来区分不同的结构以及测试结构效应在系统中发展结果的重要性。SGCM提供了一个新的观点来看待与解释都市空间的发展过程，模拟结果指出，制度限制可以支配最终结果，相对于目前注重空间设计的都市规划，必须重新思考制度结构如何对真实环境更有帮助。

三、都市发展的网络科学

都市发展过程以及规划的研究相当注重空间结构的处理与分析，而在处理空间元素的研究方法当中，图论的应用是一种数量化方式，将空间表达为点与线的组成，形成一个联结许多节点（node）的网络，可借许多不同意义的参数分析个体在网络中所占据的位置，以及整体网络表现出来的特性。

（一）空间句法法则（Space Syntax）

空间是一种形态的展现，就空间的静态表现而言，空间句法法则（Space Syntax）是最佳的分析方法。空间型构法则最早由 Hillier 教授在 1996 年提出，希望透过量化方式把空间形态具体化，并透过数字的运算来了解空间组成，最初被使用来分析建筑物内部的空间概念，而后渐渐地延伸应用于都市空间，特别是在都市系统上的分析；它也提供了描述都市空间结构的叙述架构，试图从空间结构的观点去解释人们的行为与社会活动。

空间型构法则分解空间的方式系以“点”来代表空间领域单元，以“线”代表点的连接来构成空间结构图，将空间转化成联结图后，便可使用网络分析的方法来探讨这些空间单元之间的关系，以及它们的组成形态。空间型构法则提供了一些空间属性的参数，用作空间分布形态的分析（表 6-2）。

空间型构法则的空间参数公式　　表6-2

参数名称（简称）	中译名称	计算公式	数值意义
Connectivity（CN）	邻接个数值	$C_i = k$　(6-1) k 为与点 i 直接连接之点的数目	系统中每一组空间元素所邻接之元素个数值
Control Value（CV）	相对控制值	$\mathrm{ctrl}_i = \sum_{j=1}^{k} \frac{1}{C_j}$　(6-2) 所有邻接元素的倒数之和	表示该点对于邻接元素之控制程度
Dept（D）	总深度	$D_i = \sum_{j=1}^{n} d_{ij}$　(6-3) 表示 i 点到 j 点的最短路径	表示该点所居位置之便捷度
Mean Dept（MD）	平均相对深度	$MD_i = \frac{\sum_{j=1}^{n} d_{ij}}{n-1}$　(6-4)	表示该点所居位置之便捷度的比较值
Relative Asymmetry（RA）	不对称性值	$RA_i = \frac{2(MD_i-1)}{n-2}$　(6-5)	表示该点居于整体性系统中之便捷程度

资料来源：谢子良，1998.

（二）小世界网络（small-world network）

过去探讨网络关联性的拓扑学，皆假设网络不是完全规律就是完全随机的，而 Watts 及 Strogatz（1998）则认为，大部分生物、科技与社会的网络都呈现这两种极端之间的状态。他们增加些少量的无秩序进入规律的网络之中，发现这样的系统可以是高度聚集的，同时又具有很低的分隔度，他们称这种同时具有规律与随机两种特性的高效率链接系统为“小世界网络”。

Watts 及 Strogatz 定义了“特征路径长度”（characteristic path length）与“群聚系数”（clustering coefficient）两个图形的属性。前者测定了网络中连接任两节点的平均距离（路径长度），是为衡量网络链接效率的整体属性；而后者测定每个节点与其相邻者的平均链接数量，是为衡量网络中节点聚集程度的局部属性。从完全规律的网络开始，Watts 及 Strogatz 发现随着重接线机率 p 的增加，有个区间具有高群聚系数（C）与低特征路径长度（L）的网络链接特性。如图 6-2 所示，在标准化两个属性值之后，绘出不同机率下的两个属性值，约莫于 $p = 0.001$ 至 $p = 0.1$ 处，网络同时呈现了规律与随机两种极端形态的特征。Watts 与 Strogatz 称此形态的网络为“小世界”网络。

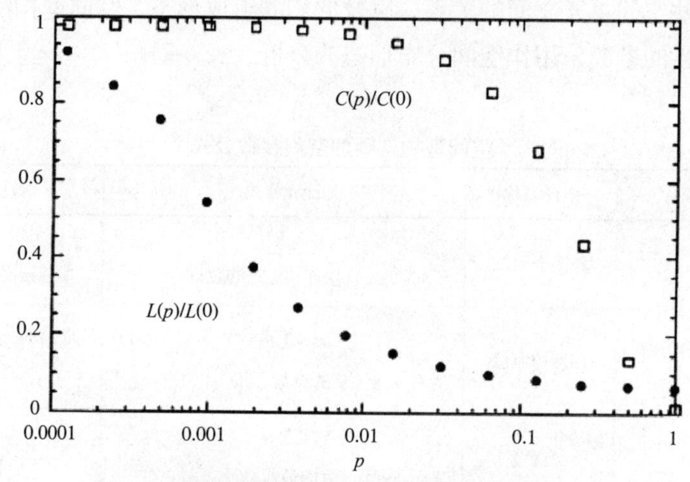

图 6-2 不同重接线机率下的网络属性值变化趋势

（资料来源：Watts & Strogatz，1998：441）

“小世界”网络发生在仍具有高的群聚系数，但特征路径长度快速下降的阶段。此特征显示，小世界仍以规律性的网络为基础，拥有大多数节点多与其相邻者联结的高度群集现象，然而经由少数几条与远程节点的联结，即可大幅降低整体网络的分隔度，迅速提高网络的链接效率。

此外，Davis、Yoo 及 Baker（2003）提出小世界商值（Small Worlds Quotient，SWQ）的概念，借以衡量网络倾向小世界结构的程度，他们将群聚系数 C 与特征路径长度 L，结合成特征值比例 C/L，再进一步将所衡量网络与随机网络的 C/L 比值相比，结合成如下公式：

$$(C_{actual}/L_{actual})\ /\ (C_{random}/L_{random}) > 1 \tag{6-6}$$

其中，C_{actual} 与 L_{actual} 分别为所衡量网络的群聚系数与特征路径长度，C_{random}

与 L_{random} 分别为随机网络的群聚系数与特征路径长度。小世界具有高的 C 值与低的 L 值，故商值公式左侧的复合比例值必然大于 1；若商值明显地大于 1 许多，表示所衡量网络具有愈加明显的小世界结构，反之则无。群聚系数与特征路径长度的详细计算方式可参考原文（Watts 及 Strogatz，1998），本文利用社会科学网络软件 UCINET 第 6.232 版进行上述三项小世界特征值的运算。

四、研究个案地区

本文以台北市都市活动在空间上的分布形态作为 SGCM 的验证案例，分别选定西门町、信义计划区与新北投等三个地区作为旧市区、新市区和郊区等三种都市地区类型的代表。

（1）西门町：东以中华路为界，西以康定路为界，南以成都路为界，北以汉口街为界。

（2）信义计划区：东以松仁路为界，西以基隆路为界，南以信义路为界，北以忠孝东路为界。

（3）新北投：东北以中和街为界，西北以永兴路为界，东南以光明路为界，西南以中央北路为界。

透过土地使用分区图将此三个地区的街廓呈现出来，按空间句法法则的空间单元原理界定出区域内的每个街廓单元，并将每个单元都标上编号，以西门町个案的街廓单元编号图为例，如图 6-3 所示。

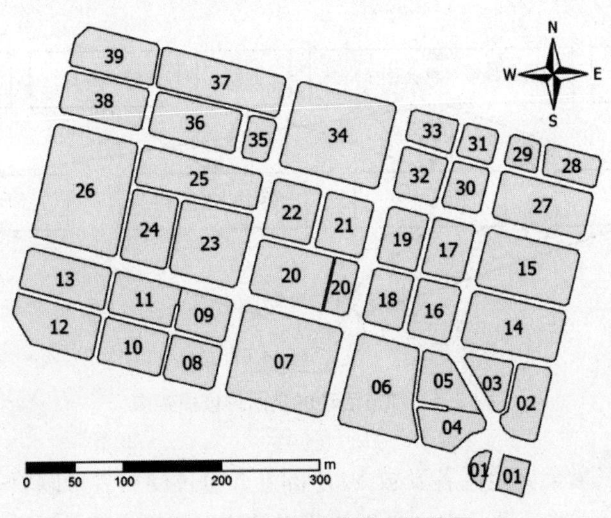

图 6-3　西门町街廓单元编号图

五、研究设计

（一）个案研究策略

本文以个案研究的策略来进行 SGCM 的实证，为了探索 SGCM 的外在效度，检验描述都市发展过程的模式，必须进行多重个案研究，原因在于科学事实很少建立于单一实验上，通常是依据多组实验，在各种不同的状况中重复了同样的现象，此过程称为“再现”或者是“概化”。个案研究是一种非常完整的研究策略，采用一组预先指定的步骤来探究与分析实证主题，并且包含研究设计及其逻辑在内的独立研究策略（尚荣安译，2001）。从个案研究推论至理论，也就是研究结果可以产生概化的层级，通常使用多重个案研究来进行；多重个案研究策略应被视为多重研究的实证，如果两个或者两个以上的个案显示出相同理论，就可以宣称有再现的现象产生。

（二）问卷调查

SGCM 包含五个要素及其对应关系的四种结构，并延续原始 GCM 具有的“模糊的目标”、“不明确的方法”与“流动性的参与”等三个特征（Cohen、March 及 Olsen，1972）。本文的研究对象为都市中进行的活动，这些活动由众多的个体决策所产生，而决策做成以 SGCM 的五个要素为基础，并受制于要素之间的对应结构（每两个要素形成一种结构），从而可说都市活动是经由受结构限制之五种要素的互动而突现（图 6-4）。

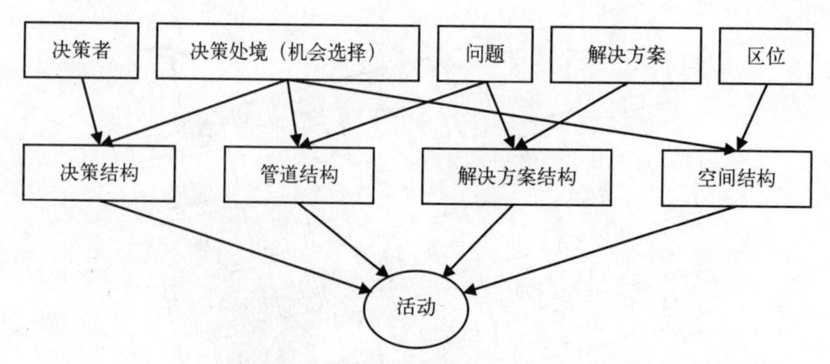

图 6-4 都市活动的空间垃圾桶架构

本研究于三个个案地区各发放 50 份问卷，每位受访者可以填答超过一项的都市活动项目，这些活动是本文分析的基本单位，即样本数量采以该地区所有受访者填答的数量，而非受访者数量。问卷内容试图得出个别活动在四种结构矩阵中分别占据的位置，且由于所建立的要素对应结构为5×5的二维矩阵，因此所有与要素相关的问题及受访者响应的数据必须转化成五个选项，无论其具阶层性与否，用以形成结构矩阵的其中一个维度。

（三）都市活动类型

本文将问卷中所示的十数种都市活动类型进一步归纳为五大面向，分别为娱乐、经济、社会、文化与教育，形成本研究SGCM里的“决策情境”（选择机会）要素，并作为决策结构、管道结构以及空间结构等矩阵的横轴。

（四）决策者阶层

决策者提供正能量予都市活动系统，投入能量越高的决策者有越佳的能力影响都市活动系统的运作，通常而言也具有越多的机会参与决策情境，本研究据以定义决策者的位阶。操作方式上，借由决策者从事活动所投入的金钱及时间来衡量其贡献能量之多寡：假设所有决策者的时间成本相同，并定为每小时100元新台币，时间转换为金钱数量后加上活动所投入的金钱即为决策者所投入的能量。接着，于投入能量最高与最低者的数值之间平均划分为五个相等的级距，进而确定出每个决策者所属的位阶，此即决策者要素的五个阶层，作为决策结构矩阵中的纵轴。

（五）区位便捷度

本文定义两个相邻的街廓具有联结关系，如此整个范围内的所有街廓相互联结成一个连通网络，即网络中的任何一对节点都至少存在一条路径（path）。至于街廓相邻与否的判断标准，除了同一条道路两边的街廓具相邻关系外，本文亦定义位于十字路口中斜对角的两个街廓之间亦具有相邻关系。街廓单元于整体网络中的便捷度，按空间型构法则的参数公式（6-5），采用“不对称性值”作为每个街廓节点在网络中便捷程度的比较值。计算出每个街廓节点的不对称性值之后，于最高与最低者的数值之间平均划分为五个相等的级距，进而确定出每个街廓所属的便捷度阶级。此即区位要素的五个阶层，作为空间结构矩阵中的纵轴。

（六）要素结构的熵值

最早研究熵值的学者为Hartley（1928），经由Shannon（1949）加以修改而成（叶季栩，2004）。熵值用以衡量一个系统的无秩序程度：若系统的混乱度越大（秩序性低），则熵值越大。复杂系统的自我组织现象是一种从混乱到秩序的过程，依熵值的概念，展现出自我组织过程的系统其熵值应会在这个过程中逐渐降低，同一系统的自我组织程度于是可借由熵值之高低来相互比较。据此，本文使用熵值来衡量管道结构、决策结构、解决方案结构与空间结构等四种结构的混乱程度，观察这些结构是否产生自我组织的现象，比较这些结构之间相对秩序性的高低。计算熵值的公式如下：

$$H(X) \equiv \sum_{x=1}^{n} P(x)\log_2[P(x)] \tag{6-7}$$

根据数学公式的定义：假设 x 代表随机变量 X 的一个可能发生的状态，状态的总个数为 n，且各个状态发生的机率为 P（x），则变量 X 的熵值为 H（X）。对应至 SGCM 中的要素结构，每个活动样本发生在结构矩阵中的不同位置，相对于汇总所有样本而成的要素结构（所有活动样本之结构矩阵的和）而言，结构中不同位置的发生机率因而不尽相同。若视整个要素结构 X 可能发生的状态 x 为每个样本发生在结构中的某个位置，则结构中不同位置的发生机率即为 P（x），该要素结构的熵值为 H（X）。

（七）都市活动区位分布的小世界特征

本文应用前述小世界理论中的群聚系数、特征途径长度以及小世界商值等小世界特征值，来衡量答卷者在街廓网络中活动的区位分布是否符合小世界网络的特性。操作方法上，系结合所有答卷者绘出的路线图，对照所填答的活动地点以及行经路线上的各个街廓，抽离出这些行动者进行活动的街廓单元，保留这些节点在原有整体网络中的链接关系，接着计算此活动区位分布网络的小世界特征值，观察它们是否具备小世界网络的特征及其程度。如图 6-5 示例，左上图为西门町所有街廓的相邻关系，假设所有样本总共有两名行动者，其活动路线所经过的街廓如右上图及左下图，取两者的联集如右下图，则此图即为研究所要分析的活动街廓链接网络。

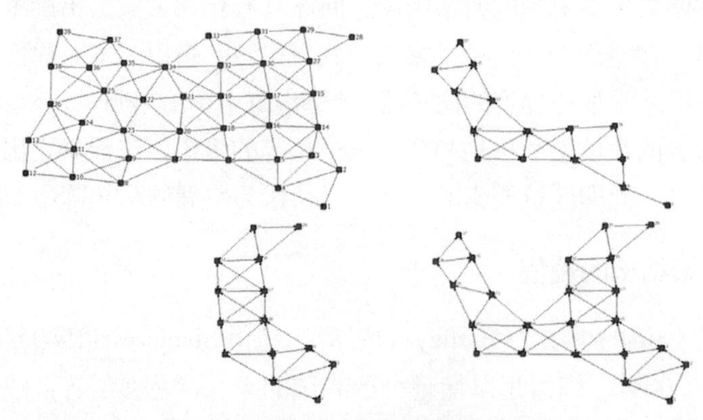

图 6-5 都市活动区位网络建立示例

六、研究结果

（一）西门町个案

1. 要素结构分析

汇整西门町四种结构矩阵的数值如表 6-3 所示，并计算这些结构的熵值如表 6-4 所示。要素结构的矩阵表中，由左至右分别是决策结构、管道结构、解决方案结构与空间结构；后述两个案之要素结构矩阵的排列顺序亦同。

西门町都市活动的结构矩阵　　表6-3

3	0	0	0	0	1	0	0	0	0	0	1	0	0	0	0	0	0	0	0
0	0	0	0	0	6	2	0	0	2	3	5	3	1	0	7	0	1	0	0
3	2	0	0	0	28	0	0	5	2	6	14	11	4	1	28	0	1	6	1
7	0	1	2	2	31	1	1	3	1	17	12	2	2	0	30	2	0	3	4
60	1	1	7	3	7	0	1	1	0	7	2	0	1	0	7	2	0	0	0

西门町要素结构熵值　　表6-4

决策结构	管道结构	解决方案结构	空间结构
1.576056	2.765825	3.543738	2.682472

西门町的四个要素结构呈现出一定的秩序，意即这些都市活动有集中于结构里的某一部位发生之情形。而在所有的结构中决策结构的熵值最低，相对于其他三者，决策结构的自我组织能力最强，代表决策结构呈现出较高的秩序性。秩序性越佳使得研究者或规划者可以预测都市系统中的决策者在未来可能作的决策有哪些。与王昱智（2009）的研究中空间结构之熵值较决策结构为低的仿真结果相比，本研究之实证呈现出相反的情形。不过两者所设定的背景条件不尽相同，无法完全相提并论。

2. 都市活动网络分析

使用 UCINET 软件计算出西门町活动路径街廓网的小世界特征值，包含群聚系数（*C*）、特征路径长度（*L*）与小世界商值（*SWQ*），并列出相同链接数量下秩序网络与随机网络的群聚系数与特征路径长度值，以兹比较（表 6-5）。

西门町活动路径街廓网络小世界特征值　　表6-5

节点数（n）	39	联结数	110	平均链接数（K）	5.641
	秩序网络	西门町活动路径	随机网络		
群聚系数（C）	0.677	0.547	0.145		
特征路径长度（L）	3.457	3.072	2.118		
西门町活动路径街廓网络小世界商值	2.606835				

西门町研究范围内的所有街廓都被50位答卷者所停留或经过，从而整个范围内全部街廓的相邻关系即为这些都市活动所建构出的路径街廓网络。与秩序网络和随机网络相互比较，可发现西门町真实活动网络的群聚系数是比较接近于秩序网络的，局部上的聚集程度呈现偏高态势，而相对于局部聚集程度来说，真实网络的特征路径长度并不像小世界网络那般偏向于随机网络的低数值，因此结合两项数值而成的小世界商值并不会太大。整体而言，西门町活动路径街廓网络的真实分布情形，是倾向于秩序形态网络的。

（二）信义计划区个案

1. 要素结构分析

汇整信义计划区四种结构矩阵的数值如表6-6所示，并计算这些结构的熵值如表6-7所示。信义计划区的四种结构当中，决策结构的熵值依然是最低的，表示决策结构最具有秩序性，自我组织的能力最强。此现象与西门町相同，显示出在这两处从事活动的个体，于活动之前已经针对自己本身所面临的问题进行了初步的规划。另外，信义计划区的空间结构有一定程度的秩序性，略高于决策结构，可以说信义计划区的土地使用情形较有秩序；同样地，呈现出与王昱智（2009）的计算机仿真研究相反的情形。

信义计划区都市活动的结构矩阵　　表6-6

1	1	0	0	0	4	0	0	0	0	3	0	1	0	0	0	0	0	0	0
0	0	0	0	0	3	0	0	0	0	2	1	1	0	0	0	0	0	0	0
0	0	0	0	0	23	1	4	0	1	15	7	5	0	0	6	0	1	1	0
9	0	0	0	0	38	0	2	1	0	23	18	1	0	0	45	0	1	0	1
80	0	6	2	1	22	0	0	1	0	16	4	3	0	0	39	1	4	1	0

信义计划区要素结构熵值　　表6-7

决策结构	管道结构	解决方案结构	空间结构
1.125923	2.400601	3.119108	1.876118

2. 都市活动网络分析

信义计划区活动路径街廓网络小世界特征值　　表6-8

节点数（n）	27	联结数	75	平均链接数（K）	5.556

	秩序网络	信义计划区活动路径	随机网络
群聚系数（C）	0.676	0.530	0.206
特征路径长度（L）	2.430	2.427	1.922

信义计划区活动路径街廓网络小世界商值	2.039835

信义计划区活动路径街廓网的小世界特征值如表 6-8 所示。信义计划区范围内的街廓，除了编号为 7 的街廓单元以外，其余的街廓都被 50 位答卷者所停留或经过。与秩序网络和随机网络相互比较，信义计划区之都市活动空间所形成的真实网络，其群聚系数与特征路径长度也是比较接近于秩序网络的，与小世界网络的高群聚系数特征约略相符，但也不至于非常高；反而相对于聚集程度而言，在联结效率上并不如小世界网络那般偏向于随机网络的低特征路径长度，因此也没有太大的小世界商值。

（三）新北投个案

1. 要素结构分析

汇整新北投四种结构矩阵的数值如表 6-9 所示，并计算这些结构的熵值如表 6-10 所示。

新北投都市活动的结构矩阵　　表6-9

1	0	0	0	0	0	0	0	0	0	0	0	0	0	0	1	0	1	0	0
1	0	3	0	3	0	0	0	0	2	2	0	0	0	0	5	0	2	0	0
0	0	6	0	0	0	0	4	0	1	4	0	1	0	0	12	0	11	6	16
0	0	4	1	1	3	0	5	1	1	7	1	2	0	0	1	0	2	0	0
18	0	3	6	15	17	0	7	6	15	34	9	2	0	0	1	0	0	1	3

新北投要素结构熵值　　表6-10

决策结构	管道结构	解决方案结构	空间结构
2.938935	2.895873	2.161381	3.035687

不同于西门町以及信义计划区，在新北投的四种结构当中熵值最低者为解决方案结构，其较佳的秩序性代表活动者大多使用特定类型的方案集中解决特定类型的问题；而熵值最高者是空间结构，表示在新北投空间的秩序性较差，或许是当地的空间规划较为无秩序，连带地影响活动者的区位分布。此外，虽然决策结构的熵值仍低于空间结构，但是差距极为微小。综合这些情况，新北投的要素结构与西门町和信义计划区相较下有很明显的差异。

2. 都市活动网络分析

新北投活动路径街廓网络小世界特征值　　表6-11

节点数（n）	23	联结数	54	平均链接数（K）	4.696

	秩序网络	新北投活动路径	随机网络
群聚系数（C）	0.661	0.519	0.204
特征路径长度（L）	2.449	2.486	2.027

新北投活动路径街廓网络小世界商值	2.073079

新北投活动路径街廓网的小世界特征值如表6-11所示。新北投范围内的街廓，除了编号为8与22的街廓单元以外，其余的街廓都被50位答卷者所停留或经过。同西门町与信义计划区，在与秩序网络和随机网络的相互比较下，新北投之都市活动空间所形成的真实网络，其群聚系数与特征路径长度也同样比较接近秩序网络：局部聚集程度呈现出略高的态势，接近于小世界或是秩序网络的高群聚系数特征，而在链接效率上亦不如小世界或是随机网络那样具有低的特征路径长度值。

（四）个案地区比较

1. 要素结构分析

新北投的管道结构与解决方案结构跟西门町以及信义计划区有很大的差异，在决策结构与空间结构的显现上也略有不同，本文认为是由于土地使用现况或规划上的不同而造成的差异，西门町与信义计划区都属于商业性质相当浓厚的地区，而新北投则偏向于住商混合，因此造成结构矩阵数值上的差距。加总三个个案地区四种结构矩阵的数值如表 6-12 所示，并计算这些结构的熵值如表 6-13 所示。

综合个案地区都市活动的结构矩阵　　表6-12

5	1	0	0	0	5	0	0	0	0	3	1	1	0	0	1	0	1	0	0
1	0	3	0	3	9	2	0	0	4	7	6	4	1	0	12	0	3	0	0
3	2	6	0	0	51	1	8	5	4	25	21	17	4	1	46	0	13	13	17
16	0	5	3	3	72	1	8	5	2	47	31	5	2	0	76	2	3	3	5
158	1	10	15	19	46	0	8	8	15	57	15	5	1	0	47	3	4	2	3

综合个案地区要素结构熵值　　表6-13

决策结构	管道结构	解决方案结构	空间结构
2.225723	3.259238	3.403326	3.082803

汇总三个个案地区之后的四个结构，在熵值的表现上与西门町以及信义计划区相同，与新北投则在管道结构和解决方案结构上相反，显示出因地区性质不同，个体所接触到的问题、选择机会以及解决方案的使用上也有不同，在新北投是因为商业气息没有另外两个地区来得浓厚。从问卷所收集到的资料来看，个体于新北投所从事的活动在性质上较为单纯，或者是一些较为简单的活动。

此外，本研究应用 ANOVA 检定，针对四种结构的差异对于系统总能量之影响是否显著来进行分析（表 6-14）。分析结果显示，在信赖水平 $p < 0.05$ 时，四个结构对于整个系统之总能量都没有显著的影响，与 Lai（2006）的研究中透过计算机仿真的结果不同，其差异在于计算机仿真中管道结构对于系统能量的影响是显著的。究其原因，可能是因为抽样地区的性质过于类似、活动类型过于集中，也有可能是受访者受到问卷设计上的影响。这部分是值得去探讨的。

要素结构对系统能量影响效应之ANOVA表　　表6-14

	SS	*df*	*MS*	*F*
决策结构	1.782356	2	0.891178	1.475646
管道结构	0.131865	2	0.065933	0.109174
方案结构	1.002821	2	0.501411	0.830255
空间结构	0.706523	2	0.353262	0.588362
误差	1.811773	3	0.603924	
总和	5.435338	11		

2. 都市活动网络分析

个案地区小世界特征值之比较 表6-15

个案地区	西门町	信义计划区	新北投
节点数	39	27	23
联结数	110	75	54
平均链接数	5.641	5.556	4.696
群聚系数（*C*）	0.547	0.530	0.519
特征路径长度（*L*）	3.072	2.427	2.486
小世界商值（*SWQ*）	2.607	2.040	2.073

汇整此三个个案地区的小世界特征值如表 6-15 所示。在本研究所划定的范围内，三者的所有街廓数量及其间的联结数量本就不一致，从而就网络密度而言，有意义的比较是在平均链接数，而非绝对数值上的联结数。总的来说，观察受访者从事都市活动的街廓网络，西门町与信义计划区平均每个街廓节点与超过 5 个的其他街廓相邻，而新北投仅在 4 个到 5 个之间。

三个研究个案地区的群聚系数值都在 0.50 ~ 0.55 之间，就整体平均而言，与某街廓相邻接的其他所有街廓，它们之间相邻关系的数量约占最大可能数量的一半以上，显示这三个地区的都市活动街廓网络的局部聚集程度并不低。

观察活动路径的节点数量与特征路径长度之间的相对趋势，发现它们大致呈现出正向关系。在三个研究范围中，整体的街廓网络与受访者从事活动的路径网络其实差异都不大，从信义计划区与新北投中所移除的三个不被活动者经过或停留的街廓单元，都位于研究范围的边缘，对整体联结效率的影响应不大。此外，虽然新北投的节点数较信义计划区为少，但前者的特征路径长度却些微地略高于后者，本研究推测应是新北投本身的路网与街廓形状较为不整齐的关系，使得某些路径得经由较多的街廓单元以达成两节点之间的联络。

与其他存在于现实生活中的小世界网络相较，本研究三个案例地区的都市活动显得相当接近于秩序形态的链接网络。以吕正中（2009）以飞机航线与机场据点为基础来针对全球城市网络链接特性所作的研究为例，全球城市联结网的小世界商值为 27.2，而本研究三个案例地区的小世界商值皆仅介于 2.0 ~ 3.0 之间，相较之下数值相当小。这三个活动网络相对地表现出大的局部聚集程度与小的整体联结效率。

七、讨论

从本文实证资料的分析中发现，这些个案地区决策结构的熵值低于空间结构，意即决策结构的自我组织能力较空间结构为佳。倘若较高的结构秩序意味着决策者或规划者对于未来的掌握上有较佳的预测能力，则我们可借由秩序性较高的结构着手，以较佳的效率对系统进行影响。例如，由于在决策结构上面临较低的不确定性，投入于决策者与选择机会之间的安排，针对不同的选择机会进行设计，取得较佳的系统掌控能力，减少系统能量消耗。决策者或是规划者可以就高秩序的结构为重点，透过仿真方法对未来的都市发展进行预测，从中获得的信息可以减少在规划与执行的过程中所投入资源的浪费，使得都市的发展更有效率。

管道结构可说是规范着问题可于何处被讨论的议程制度，而决策结构则规范着决策者有何权力参与哪些决策情境的权力分配制度，此两种结构都可经由人为编排以达到制度设计的目的，进而影响都市中的各种活动。本研究有关四种要素结构对系统总能量之影响的结果，显示管道结构在统计上未达显著，但决策结构的自我组织性要比空间结构来得高，也就是具有高秩序性的制度结构较空间形态更容易掌握。如果这是真实世界中的现象，则制度设计亦应比空间设计易于对都市发展形成规划者所欲诱发的影响，换言之，在引导都市发展上，制度变更的投入具有较佳的效率。

在都市活动的链接网络方面，本文就小世界理论的观点讨论都市活动的空间分布形态。群聚系数与特征路径长度不同，它是可以直接用来与其他网络相互比较的数值，不需经过标准化程序，即可如实反映出局部的聚集程度。所以可以大胆推测，个案地区偏高的群聚系数值，有一部分原因来自于棋盘状的街道系统形态与大致上整齐方正的街廓形状：因为这些地理空间上的限制，相邻接的街廓之间多也彼此邻接（可借十字路口加以想象），从而局部上的聚集程度会呈现偏高的态势。

至于特征路径长度，此特征值表现出来的是整体网络的链接效率，著名的“六度分隔”假说和连锁信实验（Milgram，1967）所要描述与揭露的是真实社会关系网络中链接的路径长度究竟如何发挥惊人的效率，其应用的就是特征路径长度的概念。在本文的个案中，因为街廓网络的链接定义在于它们的相邻关系，经由受访者从事都市活动路径所撷取出来的网络也是建立在这个相邻关系的基础上，要形成跨越远距离的相邻关系较为不可能，从而整体上的联结效率不高。此外，由于局部聚集程度偏高的链接形态（如前段所述），受到地理空间限制的影响，特征路径长度自然也会随着网络结点数量增加；换言之，整体活动街廓网络的链接效率随着网络规模的扩大而降低。

现今，大多数规划行为发生在复杂的环境中，形成信息流通的复杂网络，也使得决策者面临不确定性或不完整的信息（汪礼国，1997）。根据由上而下（top down）的方法而建立的都市演变模式，忽略局部的互动，隐喻着规划亦以类似的方式进行，例如中央集权的组织形态、综合性的过程，以及土地开发的概略性决策。然而，都市的实质环境是由许多发展决策相互作用而成，都市变迁实际上很难以传统的规划方式予以适当地调整与控制，反而是由复杂相关联的空间决策所造成（Batty，1995）。因此，在都市空间模式下建立的方法需要有所转变，从由上而下来看都市发展变迁的整体均衡状态，转为由下而上（bottom up）来看表面上稳定的都市形态，其实是从部分行动之间的互动过程衍生而成（Batty，1995）。所谓由下而上的方法，指的是从活动个体的观点，以实际身体经验所体现的使用参与和地方认同，来了解各种都市活动决策之间的部分互动如何影响都市变迁的整体趋势。Jane Jacobs（1961）也主张由下而上的更新方式，强调混合使用，而不是截然划分的住宅区或商业区，并且强调从既有的邻里当中，汲取人性的活力，而非规划手段。

在多元变迁的现代社会中，决策的情境瞬息万变，必须实行权变观点来面对问题。GCM 提供一个看待决策过程的模式；而 SGCM 来自于 GCM 与个体选择模式的结合，透过个体的决策观点，来探讨都市空间系统的突现与突现的过程，可作为空间发展决策时的参考。此两种模式皆融入了有限理性的概念，对于决策情境的不确定性有较佳的解释；缺点则是理论基础薄弱，且实际上要素之间并非完全独立，以及没有考虑决策者的能力等。无论如何，SGCM 仍有正面且实用的一面，虽然模式的假设并非完美，但它确实能给政府部门提供在都市规划上另一个方向的思考。

八、结论与建议

本文的研究设计重点是针对 Lai（2006）与王昱智（2009）等关于 SGCM 之计算机仿真研究的主要结论，以实证数据尝试去与计算机仿真进行比较，验证真实世界的现象是否符合其研究结果，作为 SGCM 的外在效度检验。结果却发现实际都市活动情况与计算机仿真所描述者有所出入，显见的差异点在于要素结构对系统总能量之影响的显著性，以及要素结构呈现出来的秩序性。研究的主要结论罗列如下。

（一）要素之间的四种关联结构对总能量的影响皆不显著

本研究问卷搜集来的资料经由 ANOVA 方法的统计检定之后，发现在这些个案地区中四种要素之间的关联结构皆对系统的总能量没有显著的影响（信赖水平 $p < 0.05$），这与 Lai（2006）所作的计算机仿真，其管道结构的影响是显著的结果不同。推测其原因，可能是研究范围偏小，且抽样地区的同构型偏高，无以从种类更广泛、内涵更多元的都市活动中进行观察与探究。

（二）决策结构的熵值较空间结构为低

经过四种要素结构熵值的计算后发现，三个研究个案的决策结构熵值皆较空间结构来得低，其中西门町和信义计划区的个别状况，以及三者数据综合后的决策结构熵值是四种结构中最低的，这与王昱智（2009）的计算机仿真实验结果大相径庭。如果结构的自我组织性可借由熵值所表示的秩序程度来衡量，则本文的调查结果显示决策结构具有较佳的自我组织性，也就是相较于空间而言，制度的结构反而显得较有秩序、比较容易预测。

（三）三个个案地区的结构之间互有差异

空间垃圾桶要素之间的关联结构，在三个研究个案地区之间反映出不同的差异，其中西门町与信义计划区四个结构的熵值呈现出类似的形态，新北投则与这两者有很明显的差异，其管道结构与解决方案结构的熵值较其他两者为低，西门町与信义计划区则相反；此外，前项所述决策结构熵值较空间结构为低的情况在新北投也较不明显，这两种结构在新北投地区呈现出相近的自我组织程度。这些不同结构自我组织性差异的现象，本文认为是都市规划上土地使用形态的不同使然。

（四）都市活动网络未呈现明显的小世界特征

有关于都市活动在空间上的分布形态，本文以受访者从事活动所经过的路径来表现，以空间上的相邻关系定义出这些街廓单元的链接网络。计算其小世界特征值的结果发现，这三个地区的都市活动街廓网络未呈现明显的小世界特征，它们虽有较高的群聚系数，但整体的联结效率相对上却没有达到相对应的低水平。究其原因，部分来自于建立在相邻关系上的联结定义，从而受到地理空间上的限制。

本文不同于透过计算机仿真的方式展现 SGCM，采取以实际的生活体验来显示 SGCM 的四种结构，虽然与计算机仿真的情形略有不同，但是有助于未来如何将 SGCM 运用于现实世界当中，并且透过该模式了解区域特性、分析区域结构以提供都市规划与土地使用计划之对策，避免形成于计划完成与营运之后缺乏都市活动力的窘境以及造成政府建设资源的浪费，并适时提供都市发展足够的能量。

本研究在资料收集方面，遗憾之处在于不能对都市活动进行追踪调查，即长时间地调查活动的发展过程，了解活动本身的决策过程与解决方案之执行，只能透过问卷调查的方式作点状数据的收集。以稍微深入的方式对答卷者进行简单的访问，都会由于数据收集困难以及受访者意愿不足而无法进行（本研究的问卷调查拒访率大约五成）。期望未来能有更合宜的方式或者运用科学调查工具，能够对活动进行长时间的数据收集与解析。此外，本研究在范围的设定上较为狭小，或许将研究范围增大可能会有不同的结果。另外，在活动者的活动路线上并未针对交通工具进行个别的分析，建议未来的相关研究可以加强此设计，借以解释或提出该地区的交通与都市活动相关联的运作方式，了解都市与街道之间的关系。

SGCM 受人质疑的地方在于理论基础略显薄弱，但在复杂系统中确实是相当不错的解释工具。它能够显示都市系统的复杂形态，并间接证实都市是非常动态的地方。最后，究竟四种要素结构中何者对 SGCM 的系统总能量影响最为显著，仍须在后续研究中进行更多、更严谨的分析。

参考文献

[1] 王昱智 . 以 Agent-based model 重现空间垃圾桶模型——都市自组织的探讨 [D]. 成功大学都市计划研究所硕士论文，2009.

[2] 吕正中 . 从小世界与无尺度角度探讨全球城市网络之联结特性——以飞机航线及其机场据点城市为例 [D]. 成功大学都市计划研究所硕士论文，2009.

[3] 汪礼国 . 细胞自动体模式与都市空间演化 [D]. 中兴大学都市计划研究所硕士论文，1997.

[4] Robert K. Yin 著 . 个案研究 [M]. 尚荣安译 . 台北：弘智文化，2001.

[5] 孙本初，黄新福 . 决策模式的权变运用与整合 [J]. 中国行政，1995（57）：47-66.

[6] 徐昌义 . 垃圾桶模式在教育行政上之应用 [J]. 教育社会学通讯，2000（36）：5-9.

[7] 叶季栩 . 复杂系统中规划的作用——以细胞自动体理路为基础的解释 [D]. 台北大学都市计划研究所硕士论文，2004.

[8] Batty M. New Ways of Looking at Cities[J]. Editorial in Nature，1995，337：574.

[9] Cohen M. D.，March J. G.，Olsen J. P. A Garbage Can Model of Organizational Choice[J]. Administrative Science Quarterly，1972，17（1）：1-25.

[10] Davis G. F.，Yoo M.，Baker W. E. The Small World of the American Corporate Elite，1982-2001[J]. Strategic Organization，2003：301-326.

[11] Hiller B. Space Is the Machine[M]. Cambrige：Cambrige University Press，1996.

[12] Jane J. The Death and Life of Great American Cities[M]. New York：The Random House Ballantine Trade Publishing Group，1961.

[13] Lai S. K. A Spatial Garbage-Can Model[J]. Environment and Planning B：Planning and Design，2006，33（1）：141-156.

[14] Milgram S. The Small-World Problem[J]. Psychology Today，1967，1：60-67.

[15] Watts D. J.，Strogatz S. H. Collective Dynamics of “Small-World” Networks[J]. Nature，1998，393：440-442.

第七章　应用社会选择机制于环境治理之实验研究

【摘　要】 环境政策的执行影响民众的相关权益甚深，但现阶段政府对于环境治理议题多以各主管行政机关作为政策制订及监督管理的施政机关，往往偏重技术层面，未实质采纳民众的意见来检讨修正政策内容。在民主政治下，政策的制订及执行应反映民意，使符合民主原则。而社会选择是从集体角度出发，用以制订公共财货等相关决策，不仅能解决环境议题，且决策结果为多数人所偏好，隐含民意基础在内。Haefele（1973）提出代议政府换票制度为可用以解决环境议题的社会选择机制，建议由代议士代表民众制订环境议题等相关决策并允许换票，在多数决规则下，能达成与直接民主相同的结果。本文参考 Haefele（1973）的社会选择机制，并应用于台湾地区环境治理上，由实验方法检视得知该决策机制具操作可行性，且重复检验发现代议士采取换票手段与民众集会决策的投票结果相同，可补足 Haefele 以举例证明该论点的缺失。

【关键词】 环境治理，社会选择，换票

一、引言

环境资源属于共有资源（Common Pool Resources，CPR），而共有资源所面对的共同课题是共享资源的悲剧（The Tragedy of the Commons）。简单地说，共享资源的悲剧指的是，当资源是有限的情况下，如果众多使用者追求自我利益的最大化，无限制地使用该项资源，则该项资源最终将消耗殆尽。最近的全球暖化议题便是一个明显的例子。全球大气二氧化碳排放的容受量是一有限的共有资源，然而在各个国家追求经济发展的自我利益最大化的前提下，各自无限制排放二氧化碳至大气层中，因而导致全球大气二氧化碳排放的容受量锐减，形成了全球暖化的现象。此外，其他环境资源，如水及空气的污染，也面对共享资源悲剧的问题。

目前，对于解决共享资源悲剧的方式，学界尚未有一共识，而且相关的研究亦正在发展。从实务及理论上来探讨，所提出的解决方式不外乎政府控制以及财产权私有化两种（Ostrom，1990）。政府控制指的是政府以强制的手段，将共有资源分派给使用者，以达到该项资源的有效利用。例如，都市土地的使用分区管制便是一例。财产权私有化则是将共有资源的所有权分割售予使用者，使得使用者在所属财产权下的共有资源，能达到有效的利用。不论以政府控制或以财产权私有化的方式处理共享资源悲剧的议题，都有其困难。例如，若是以政府控制的方式为之，在信息充分的条件下，虽可达到柏拉图均衡解，但是政府必须付出庞大的行政成本，包括准确地衡量共有资源的容受力以及不断地监控使用者是否违规等。在信息不充分的条件下，政府控制的治理方式，又有可能使得最后所得到的均衡解不属于柏拉图最优解。此外，以共有资源财产权私有化的治理方式处理共享资源悲剧的问题，在实务操作上将面临财产权划分的技术问题，因为即使在理论上，财产权也是难以描绘清楚的（Barzel，1997）。

基于前述的环境治理的困境，本文赞同 Ostrom（1990）的论点，认为有效解决共享资源悲剧的问题，其症结在于制度的设计，包括集体行动的逻辑以及用户契约的内生订定等。由于各国、地区所面临的环境治理问题因民情文化的不同，会采取不同的契约订定方式，本文将重点放在民主政体下，环境治理集体行动逻辑的制度设计上。原因在于，台湾地区为民主法治地区，因此了解民意与探询民意是政策制订过程中不可忽略的步骤（余致力，2000），此乃因政策制订的最大效益必须符合最多数人的政策主张，追求最大多数人的最大幸福（张世贤及陈恒钧，2001)，可见民意在政策制订过程中占举足轻重的地位。且近几年来，民众参与❶的声浪逐渐抬头，许多国家和地区纷纷强调在政策制订过程中建立民众参与的机制，赋予民众表达公共政策意见的机会（丘昌泰，2000)，希望政府制订的政策计划不与民众期望脱节。

本文拟从社会选择的基本概念，强调“偏好整合”，即以个人偏好为基础，整合为集体或全体的偏好，最后选择的结果为多数人所偏好，并隐含民意基础在内。因此，集体选择是以个人角度出发，在理性自利的前提下，所形成的决策能同时考虑多数人的权益，而社会选择❷（social choice）所表现的正是偏好整合内涵。故社会选择整合理性个人的偏好，为环境资源等公共财货提供有别于政府控管的治理方式，治理结果隐含多数民意在内。但 Arrow 不可能定理（Arrow's impossibility theorem）指出没有一个社会选择机制能合理存在。为此，Haefele（1973）指出两党体制的代议政府，在允许投票者换票时，应用多数决则能形成直接民主的结果；并通过操作合理的社会选择机制，即由狭义的民众参与一代议民主，来代表民众作决策以符合民众期望。

本文不拟重新检视社会选择理论，而是将重点放在以实验的方式，检视 Haefele（1973）所提出的环境治理的社会选择机制。该机制认为在两党政治的运作下，代议政体所作出的集体选择，在允许换票的行为情况下，等同直接民主的集体选择。简言之，本文拟透过实验设计来测知 Haefele（1973）之决策机制的实验效果，借由模拟实际投票过程来检视投票结果是否与理论相符。若 Haefele 提出的决策机制可行，则应用于台湾地区的环境治理决策上，应能摆脱以往行政人员独断决策，未善加考虑民意的窠臼；且决策结果能反映民意，并符合民主政治的本质，以匡正台湾地区现行专断独裁的决策机制。本文第二节探讨相关理论与文献；第三节说明实验设计；第四节分析实验结果；第五节讨论相关课题及结论。

二、文献回顾

本文首先探讨环境治理与集体选择的内涵，其次整理 Arrow 对社会选择理论

---

❶ 民众参与是由民众共同分享决策的行动，自发性地参与公共政策的形成。狭义的民众参与是间接民主制或代议民主制，指目前代议政治的投票选举，局限于对民意代表、政务官员的人事任命权；广义的民众参与是直接民主制或参与式民主制，民众转换成为政治活动的主导角色，由民众自己来决定自己的命运与公共事务等，例如公民投票等（丘昌泰，2000；许文杰，2000)。

❷ 社会选择表现出“偏好整合”的意涵，将个人偏好整合转换为社会偏好 (Arrow, 1963)。例如，n 位投票者从 k 个选择中排列出最好到最差的选择，可以整合出这 n 位投票者的整体偏好排序，偏好排序最高的选择即为社会偏好的选择。

的见解以作为本研究的理论基础，其提出的不可能定理是所有社会选择机制欲克服的限制。最后探讨 Haefele（1973）提出的代议政府换票机制，以为后续研究设计的基准框架。

（一）集体选择与环境治理

集体选择经常被表示为个人偏好的整合函数（Schwartz，1986），其中个人偏好是指该过程中参与者的偏好，不一定局限于个人，亦包含团体在内。集体选择是个人偏好关系的函数集合，将每个人的偏好关系投入一个函数规则，转换得出的结果为集体选择的结果。民主社会中，集体选择机制即为投票规则，但找出一个合理的投票规则是集体选择理论长久以来面临的最大问题（Schwartz，1986）。此外，个人虽是偏好整合的基础，但个人意见不一致却常使民主的投票结果产生矛盾冲突，例如投票矛盾[1]。

环境治理的目的在于维护环境资源、提升环境质量等共同利益，可将该共同利益视为一项财货，但这项财货不具有法定或经济财产权，也没有市场存在以决定其分配与价值。此外，环境治理的成果不为特定人享受，而是全体共同享受，因此环境治理的结果属于公共财。由于公共财的共享性[2]及无排他性[3]的特征，常使这类财货遭逢搭便车问题、囚犯困境、共享资源的悲剧（Hopkins，2001；萧代基，1998），因而往往仰赖政府介入管理。但如前言所述，Ostrom（1990）认为环境治理除了政府控管之外，尚有财产权私有化及共有资源自治管理等方式。台湾地区目前对环境治理即采取政府控管的方式，分由行政及立法两部分切入管理，一旦无法有效掌握信息，并客观公正制订决策，则资源运用将无效率并产生政府失灵的问题。而财产权私有化的方式虽能解决市场失灵，却因私有产权系统的建立及执行成本过高而不易实行。折中调和下，衍生出共有资源自治管理方式，由具有共同利益者或受到影响者(以权益相关者称之)自行建立制度，例如委员会、合议制、集体选择或社会选择等，并构成组织来参与决策并监督，透过自治管理的方式，共同决定资源的管理及使用状况。权益相关者即为各方利益团体，若由这些利益团体自行形成组织，在其共同制订的章程制度下，进行决策管理与监督，则能摆脱以各种手段管道或政治伎俩来游说政府，解决政府失灵的问题。而本文

---

[1] 所谓投票矛盾，指多数规则产生循环性的社会偏好排序，例如 x 优于 y，y 优于 z，z 优于 x。Hopkins(2001) 认为发生投票矛盾的原因在于个人偏好排序为非单峰偏好（意指最偏好的选择方案数不止一个），因而产生循环性社会偏好，违反递移性公理的要求。

[2] 共享性是指某人增加对某财货的消费量并不会减少其他人的消费量。

[3] 无排他性是指某人对某财货没有单独拥有权，任何一位消费者均可以享有同一财货或服务，且均无法排除其他人享受该财货或服务。

所探讨的集体选择或社会选择机制即为共有资源自治管理的方式，由个人或团体形成组织，组织的规模或大小则视权益相关者的多寡来决定，再由该自治组织进行各项共有资源的决策与监督。此外，Haefele（1973）认为透过集体选择的方式能有效地解决环境治理问题。故以集体选择来进行环境治理的相关决策是可行的。

（二）社会选择理论

如何在坚持个人理性假设与尊重个人价值偏好的基础上，解决个人理性与集体理性的矛盾与冲突，建立一种社会偏好与社会选择标准，以作为社会决策与行为选择的依据，即为社会选择理论的研究内容。所谓社会选择，在数学表达上为一种建立在所有个人偏好上的函数（即社会选择函数）（Arrow，1963；Ordeshook，1986）。

Arrow（1963）将社会选择理论以公理方式予以演绎，发现基于民主理念，若每个人依各自的偏好及判断为前提，无法决定出整个社会的偏好，即个人的理性计算无法形成集体结果。在两个公理的基础上，即个人或集体选择的合理性都必须满足联结性（connectedness）与递移性（transitivity）。Arrow（1963）认为社会选择机制必须满足下列五个条件：

（1）非限制范围（Unrestricted domain）：满足联结性与递移性公理的每一个人偏好关系都是可接受的。

（2）社会与个人价值的正面相关（Positive association of social and individual values），即 Pareto 原则：如果对每个人而言，方案 x 优于方案 y，则此两方案的社会偏好亦为 x 优于 y。

（3）无关方案的独立性（Independence of irrelevant alternatives）：任何环境下的社会选择完全取决于个人对该环境中选择方案的偏好。

（4）公民主权的条件（The condition of citizens’ sovereignty）：社会福利函数不应该是强制的（imposed）。

（5）非独裁性（Nondictatorship）：个人的偏好无法无视于其他人的偏好而自动成为社会整体的偏好。

Arrow 不可能定理是指没有一个社会福利函数能同时满足五个条件，因此没有一个合理的社会选择机制存在。

Arrow 的社会选择理论探讨民主政治下社会福利函数是否存在，系将个人偏好转换为集体偏好，偏好排序最高的选择方案即为社会整体的偏好结果，或社会福利极大。而环境治理的各项决策影响不同层面的个人或团体，若能民主地整合各影响者、利害关系者的价值偏好，则可决定出社会或集体最偏好的环境质量水平。但应用社会选择机制于环境治理的相关决策则面临Arrow不可能定理的困境，面对此限制，Haefele（1973）提出代议政府理论并允许换票的决策机制以寻求改善方式，于后说明之。

（三）代议政府换票制度

Haefele（1973）的见解是将代议政府理论应用于环境管理上，并将环境质量问题纳入社会选择范畴中，认为空气、水、土、林等共同财产资源应以集体的管理手段来决定环境质量水平，与Ostrom（1990）提出的共有资源自治管理方式的理念相近，这类须由集体作选择的议题即为社会选择的议题。

若能建立合理的社会选择机制，则个人与集体理性的价值冲突应能获得解决。为克服不可能定理，Haefele（1973）的论点是当允许投票者换票[1]时，代议政府在两党体系下，可以提供从个人选择到社会选择的方法，亦即在个人（或投票者）偏好的基础上形成集体或社会选择（如公共政策的选择或候选人间的选择），以使两位或多位不同立场的投票者形成一致的决策结果，并符合Arrow提出的条件，操作理想的社会选择机制。Arrow（1963）证明多数决规则应用到两个方案能满足其所提出的五个条件，即"两个方案可能定理[2]"在某种意义上是英美两党体系的逻辑基础，故Haefele将Arrow提出的两个方案延伸为两个政党，两个方案的可能定理为两党政治的主要依据。

Haefele（1973）根据他所建立的代议政府效用理论（Haefele，1971），也提出治理共同财产资源的一个方式，在民主社会两党政治背景下，利用代议士或团体，代表不同结构的民众，在共同场所（如立法院、地方议会）建立一定的议事规则，达到互利的目标。由于Haefele的理论建立了代议民主政体治理的良好基础，该理论系立基于社会选择理论，意图突破Arrow的不可能定理，而设计一套代议政治的可操作程序，至今仍在公共选择理论领域中被讨论（例如，Tansey，1998；Philipson及Snyder，1996；Stratmann，1992）。此外，Haefele（1973）于

[1] 所谓换票，意指两位或多位投票者之间同意互相支持、利益交换，即使其中有些投票者必须违背其真正的偏好去投与他偏好相反的议案。换票发生在彼此互相受惠时，本质在于放弃一项议题以获得另一项价值更高的议题，因此投票者倾向以较不偏好的议案来交换他最偏好的议案通过或不通过，故原本投票立场为反对票则转换为赞成票，或赞成票转换为反对票，最后换票产生的结果将是双方或多方交换者期望的结果。Miller(1977) 对于换票的前提假设是交换的议案是两个 (dichotomous) 且交换者对于议案的偏好是可分离的 (separable)，并须满足以下条件：①必须有两个交换者（即投票者）；②至少有两项议案；③交换者对于两项议案的投票立场是持相反态度；④每个交换者必定与多数人赞成一项议案，与少数人赞成另一项议案；⑤每个交换者对于少数人支持的议案的偏好必定高于对多数人支持的议案的偏好；⑥每个交换者在多数人中均占有重要地位。

[2] 假如选择情况的总数为二，多数决方法（majority rule，又译为多数决定原则）可以满足条件二到条件五，且整合每个个人排序集合将产生两种情况之社会排序的社会福利函数。

其专著中以举例证明的方式得出在允许换票条件的前提下，制订决策的两种方法(即由民众组成集会自行作选择，或民众选出代议士代表其作选择)，能达成相同的决策结果。故两党体系的代议制度，在多数决规则下，如果所有投票者均能采取换票时，则代议士能与民众直接投票产生一致的决策结果。其中，民众将选出与其投票立场相近的代议士来作决策，亦即代议士作选择的基础是依据其辖区内民众对议题的投票与偏好矩阵，而不是依其个人意愿。Haefele 虽以举例证明的方式得出其主要论点，却未辅以数理推导或实证研究强化证明，因此其论点有检验的必要，本文探讨的重点即以实验方法重复检验其论点是否与预期相符。

三、实验设计与说明

Haefele（1973）的主要论点在于若允许换票的前提下，代议士能达成与直接民主相同的结果，故本实验的重点在于检验代议士采取换票的投票结果是否与民众集会投票的结果相同，并以Haefele的理论基础为实验架构。实验细节说明如下。

（一）实验议题设计

本实验的目的在于验证 Haefele (1973) 提出的理论，当多数决为决策规则时，两党体系的代议政府其投票结果与直接民主的结果相同。为避免受试者因实验议题过多而造成混乱，因此简化实验议题为两项议题，以便于受试者能清楚判断两项议题的优劣；其次，实验议题的设计应使受试者对于议题的偏好独立分离，以满足换票的基本条件。此外，为了检视允许换票对于投票结果的影响，因此两项方案的设计应该清楚单纯，避免受试者考虑其他层面的因素，而忽视环境政策带来的影响。虽然现实情况的环境议题要复杂、多变化，有些环境政策甚至具有连贯性或包裹性，如赞成或反对、补偿因素与课税因素等。但考虑实验设计此研究方法的性质，必须在可控制的实验情境下操作某些变量，无法全盘地将各种变量纳入考虑，本文不拟从各决策层面一一探讨受试者的喜好，暂不考虑补偿回馈及课税等其他决策面。议题说明详见附件一。由于相关决策者包含受损民众及一般社会大众，根据实验议题所涉及的行政区范围，分配受试者的行政辖区为坪林乡、新店市（均为受损民众）及乌来乡（为一般社会大众)，并平均分配人数。

（二）受试者的选定

依据 Haefele（1973）的论点理应将所有受到环境政策影响的居民、使用者、其他利害关系者及地方代表均纳入实验对象，或随机抽取实验对象。由于可能的受试对象过于庞大，碍于研究时限的压力、金钱成本的不足及抽取对象是否具高配合度等，本实验不选取真实的民众及代议士，改以征求学生为受试者。因学生受试者相较于社会大众要单纯且同构型高，能避免过多的社会背景因素，如受试者选择、成熟、历史等影响（许天威，2003），以降低实验误差。且文献上类似的实验方法亦多以学生作为受试者，显示此种做法有其优点。

实验征求54位台北大学不动产与城乡环境规划学系学生为受试者，并酌予报酬（每人参加费300元新台币），随机抽取分配为两组群体——一般民众（30人）与代议士候选人（24人），分别施予不同的实验处理，以观测各个受试者在个别实验处理中的行为表现并记录投票结果。本研究认为，给予参与者300元的实验费将有助于受试者认真依照实验者的指示进行实验，并慎重考虑投票行为，以贴近真实情况。而每位参与者除了等待时间外，实际考虑并进行投票的行为不超过30分，故应不会因实验时间过长而产生疲劳，影响了实验的结果。

（三）实验变量控制与安排

实验处理为实验研究中所要运用的某种行为策略，并观察该行为策略对于目标行为的影响或效果（洪兰及曾志朗译，1989）。本实验为三因子实验设计，从影响投票结果的各项变量中，选择投票者身份、是否换票及是否施予诱因三个控制变量。诱因是由若直接投票结果与代议士本身立场一致时，给予300元的奖励。此控制变量的设计，目的在模拟在真实情况下，代议士的决议行为往往希望能代表真实的民意。投票者包含一般民众与代议士两种水平，一般民众不施予任何实验处理，仅单纯检视民众投票的结果，因其形成的决策结果为本次实验投票结果的标准。代议士则分别操作换票及诱因变数。为使当选代议士与民众偏好一致，并避免练习效果[1]，分别赋予能否换票及是否施予诱因的条件，如表7-1所示。在T1～T4四个实验处理下，可以得出代议士在不同制度安排下的投票结果差异，包含组内差异与组间差异。

代议士的实验处理　　表7-1

	不允许换票	允许换票
不给诱因	T1	T2
给予诱因	T3	T4

[1] 受试者因某类实验作业的经验愈来愈多而引起的行为改变，称之为练习效果（洪兰、曾志朗译，1989）。

参与实验的受试者因身份不同而有民众与代议士之分，民众的人数规模应大于代议士，以贴近现实状况。故每项实验处理，均有 15 位民众参与，代议士候选人不论是否允许换票均有 6 位参加实验，如图 7-1 所示。民众在实验进行过程中，负有投票决策的责任及选举出代议士的义务；代议士则必须在有无诱因及能否采取换票的游戏规则下，负有为民代表决策的职责。

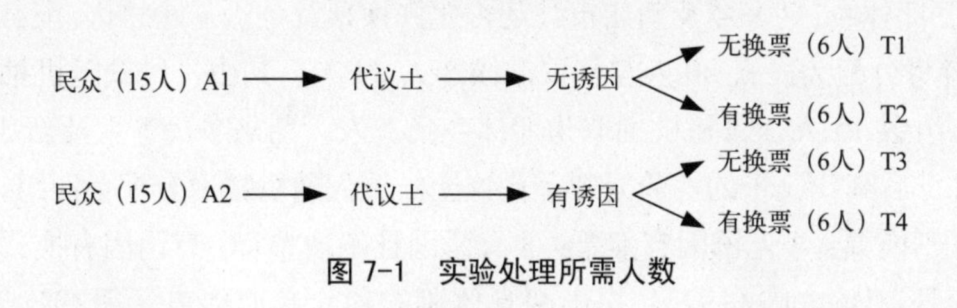

图 7-1　实验处理所需人数

（四）实验情境安排

因实验室可以严格控制研究变项，故实验情境应以实验室情境为佳。本研究希望验证投票者的换票行为所产生的决策效果，因此实验情境的安排将模拟议会场所，分别于能否采取换票及是否施予诱因的实验处理，向受试者提出政策方案，换票实验处理容许受试者进行讨论、交换意见，其他相关环境变量则须控制妥当。实验地点为台北大学教学大楼 311 室及 313 室，平面配置图如图 7-2 所示。

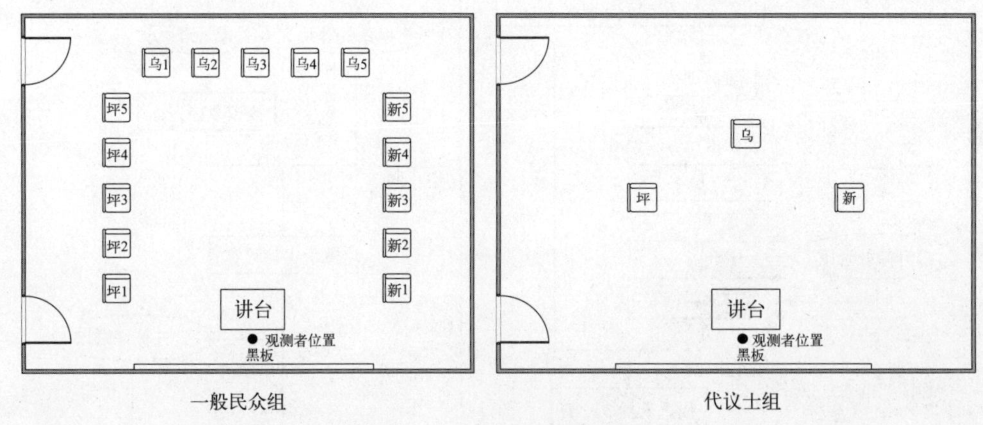

图 7-2　实验室平面配置图

附注：一般民众组的受试者实验身份分别有坪林乡民众五位（以坪 1 ~ 坪 5 表示之），乌来乡民众五位（以乌 1 ~ 乌 5 表示之）及新店市民众五位（以新 1 ~ 新 5 表示之）；代议士组的受试者实验身份包含代表坪林乡、乌来乡及新店市民众的代议士（分别以坪、乌、新表示之）。

（五）实验程序

实验过程除了必须符合真实投票情境之外，尚须配合 Haefele 提出的论点，由民众选出代议士来代表其作决策。故实验进行的步骤是先由一般民众组作选择，其后由民众选出代议士，再由获胜代议士代表民众作选择，其流程如图 7-3 所示。

在实验开始之前，先由受试者随机抽取其身份别（民众与代议士候选人）、代表行政区（坪林乡、乌来乡及新店市）、是否允许换票及是否施予诱因。配合图 7-1，54 位受试者将分配为民众 30 人与代议士候选人 24 人。其中，民众随机抽取分配为两组，每组各 15 人，再随机抽取为坪林乡民 5 人、乌来乡民 5 人及新店市民 5 人，以利进行后续代议士的实验处理。代议士候选人随机抽取分配为四组，包含：①无诱因且不换票；②无诱因有换票；③有诱因且不换票；④有诱因有换票，每组各 6 人。此外，Haefele（1973）提出两党体制的代议政府能表示所有政治立场，为简化实验，故将每组候选人分配为坪林乡 2 人、乌来乡 2 人及新店市 2 人，每一行政辖区各有两位候选人，代表两党立场。Haefele（1973）认为两党体系能完全表示所有议题的立场或政纲，例如一党赞成，一党反对，或两党同时赞成或同时反对等。本实验在此简化两党的意涵，由两位代议士候选人来代表两个政党。

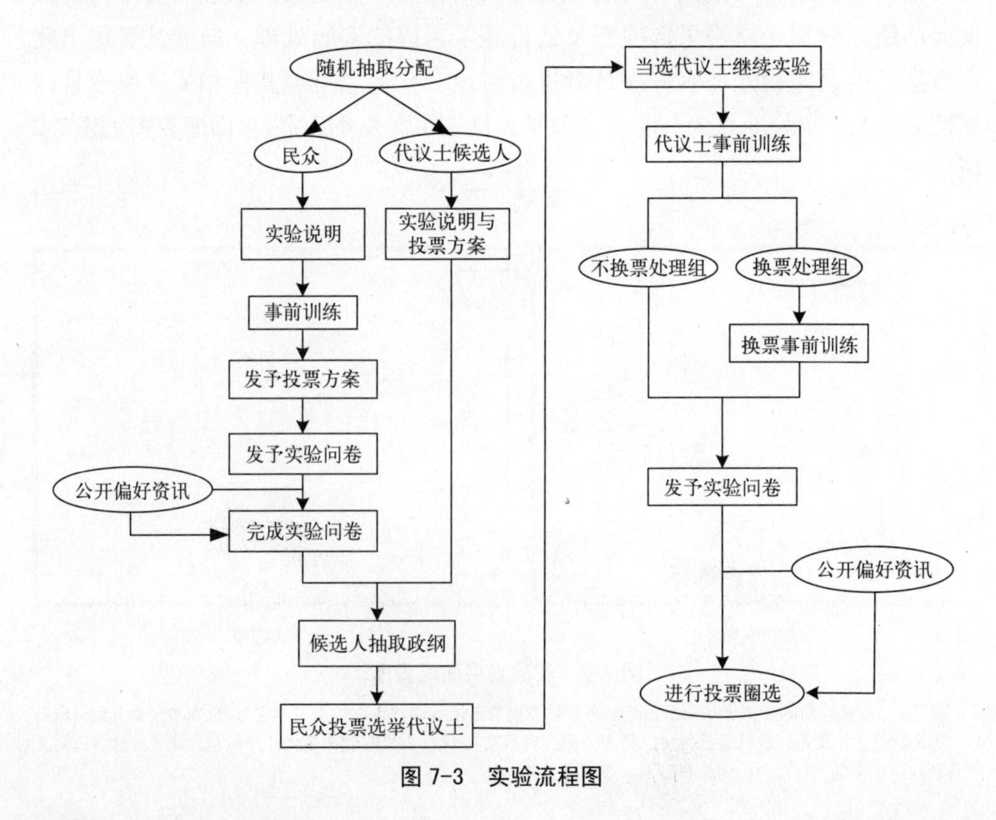

图 7-3 实验流程图

随机抽取分配完成后，实验者先给予民众受试者实验说明，并给予代议士候选人实验说明（其中，施予诱因组，在其实验说明中加入奖励诱因，以鼓励代议士达成辖区内民众最偏好期望的结果）及投票议题资料。实验说明详见附件二。实验者应口头说明实验内容并给予受试者固定时间阅读。待实验说明阅毕，实验者给予民众受试者换票训练[1]，使民众获知换票的意义、好处及技巧，以导引受试者透过换票来达成期望结果。事前训练详见附件三。事前训练的目的是让受试者熟悉投票的技巧，以贴近实际代议政治的运作。换票训练结束，给予民众受试者投票方案的资料，同样实验者应予口头说明各个政策方案的目标及内容以供受试者了解。其后，实验者再发予民众受试者实验问卷以填答相关问题，包含各个受试者对于方案的投票立场与偏好排序，及最后希望的投票结果。实验问卷详见附件四。在民众受试者回答实验问卷的过程中，实验者应亲自调查每位受试者对议题的偏好信息，包含投票立场及偏好顺序，随后公开偏好信息[2]，包含受试者对议题的偏好类型及各类型的受试者编号；并容许受试者之间彼此讨论沟通，以进行交换协商。若实验过程中，有出现换票行为的受试者，必须举手告知观测者以便于记录换票时间、互相交换的受试者、换票的理由及其所交换的方案。待实验问卷填答完毕，实验者应计算各方案的得票数，并依据相对多数决来获知投票结果。

另外，实验议题的假设前提是15位民众受试者中，分别各有5位受试者的辖区范围在新店市、坪林乡及乌来乡境内。当一般民众组完成议题的决策后，尚须选出其辖区内的代议士，在两党政治体系的前提下，假设每个辖区均有两位候选人参与竞选。为避免代议士的政纲与民众偏好不一致，及两位代议士的政纲相同使民众无从投票之虞，因此将之前实验者调查的民众偏好信息，由代议士候选人抽选出民众最偏好及次偏好的投票信息作为其政纲。再由民众进行投票选举，选出代表其辖区的代议士。理论上，抽到民众最偏好政纲的代议士，当选的机率愈高，因为最多人偏好相同的立场，若依相对多数来决定，则更可能获胜。因此，三个辖区各有一位代议士代表作决策。

最后，由当选的代议士继续进行实验，先发予代议士事前训练，导引代议士受试者的行为心态符合代议士为民服务的精神。另外，换票实验组尚需进行事前训练。事前训练完毕后，发予实验问卷以测知代议士的投票立场及最终选

---

[1] 一般民主社会，民众可依其喜好，自由选择方案进行投票，并不限制民众的投票行为，因此民众相互之间有可能基于达成彼此互惠的特定结果，而产生交易行为，即换票，故有使民众得知换票相关信息的必要。

[2] Eckel 和 Holt(1989) 提出只透过讨论不足以诱发产生换票行为，认为必须经由投票者先前对一连串相似议题的投票经验或公开投票者的量化偏好信息或偏好分配的方式，始有助于投票者之间策略投票行为的出现。又由于受试者先前并无同一集会投票的经验，故采取公开偏好信息方式以利换票行为出现。

择方案，选出的代议士在回答实验问卷时应依据之前所抽取的政纲来作选择。同样换票实验组应调查各代议士的偏好信息，然后公开，以便于受试者讨论协商，以产生换票。实验完毕后，受试者将填写事后测定问卷（详见附件五），借以评估实验的质量。

四、实验结果与分析

本实验共征求54位受试者，其中12位为民众淘汰的代议士候选人，故实际回答问卷者总计42位。针对实验问卷所获得的信息，本文先描述整理实验问卷所得到的数据，再针对问卷数据进行统计检定分析。为了解一般民众与代议士的投票效果是否有显著差异，可采用无母数统计中的Wilcoxon顺位和检定[1]进行数据分析。

（一）受试者对问题的了解

受试者对问题的了解，可由其投票立场得知。整理实验问卷如表7-2所示，关于水源保护区及废弃物掩埋场两项议题，两组民众受试者的立场有些微差异。对于水议题均系赞成立场多于反对立场，并以乌来及新店民众赞成居多，坪林民众则多持反对立场，主要与坪林乡民众的土地将被划设为水源保护区而禁止使用有关。对于废弃物议题，A1民众多持赞成立场，A2民众则是反对立场多于赞成立场，并以坪林及乌来民众赞成居多，新店市民则多持反对立场，主要与新店市为设置废弃物掩埋场的地点有关。关于这两组民众受试者其实验处理相同，但对于两项议题却有不同的投票立场，即不同个人在理性自利的考虑下，会有不同的偏好立场产生，显示个人行为复杂多变，难以预测。

至于四项不同处理的代议士，依据辖区内民众的偏好信息进行决策。通常坪林民众反对划设水源保护区，新店市民反对设置废弃物掩埋场，此与其行政区范围内为政策执行地点有关；乌来民众则多赞成划设水源保护区并设置废弃物掩埋场，因政策的实施与其地缘关系不大。故代议士的立场依坪林、乌来及新店的不同分别为$\begin{bmatrix} N \\ Y \end{bmatrix}$、$\begin{bmatrix} Y \\ Y \end{bmatrix}$及$\begin{bmatrix} Y \\ N \end{bmatrix}$，四组代议士受试者对于两项议题均有两张赞成票，一张反对票，表示代议士依据民众的偏好形成的投票结果将是赞成划设水源保护区并设置废弃物掩埋场。

---

[1] Wilcoxon顺位和检定适用于两个独立样本的差异检定，三个样本以上则可利用Krusual-Wallis检定。

受试者对于两项议题的投票立场　　表7-2

处理组别		投票议题	赞成票	反对票
无诱因	民众 A1	水议题	10 (66.7%)	5 (33.3%)
		废弃物议题	10 (66.7%)	5 (33.3%)
	代议士无换票 T1	水议题	2 (66.7%)	1 (33.3%)
		废弃物议题	2 (66.7%)	1 (33.3%)
	代议士有换票 T2	水议题	2 (66.7%)	1 (33.3%)
		废弃物议题	2 (66.7%)	1 (33.3%)
有诱因	民众 A2	水议题	12 (80.0%)	3 (20.0%)
		废弃物议题	7 (46.7%)	8 (53.3%)
	代议士无换票 T3	水议题	2 (66.7%)	1 (33.3%)
		废弃物议题	2 (66.7%)	1 (33.3%)
	代议士有换票 T4	水议题	2 (66.7%)	1 (33.3%)
		废弃物议题	2 (66.7%)	1 (33.3%)

将受试者对两项议题所有可能的投票立场（$\begin{bmatrix}Y & Y & N & N\\ Y & N & Y & N\end{bmatrix}$），编码为$\begin{bmatrix}Y\\ Y\end{bmatrix}$=1，$\begin{bmatrix}Y\\ N\end{bmatrix}$=2，$\begin{bmatrix}N\\ Y\end{bmatrix}$=3，$\begin{bmatrix}N\\ N\end{bmatrix}$=4，并整理各处理受试者的投票立场如图 7-4 所示。由图可知，各组受试者的投票立场包含$\begin{bmatrix}Y\\ Y\end{bmatrix}$、$\begin{bmatrix}Y\\ N\end{bmatrix}$及$\begin{bmatrix}N\\ Y\end{bmatrix}$，其中 A1、T1、T2、T3 及 T4 的受试者对于此三种投票立场，所占比例相同，为 33.3%。仅 A2 民众对于$\begin{bmatrix}Y\\ N\end{bmatrix}$所持的比例较高，占 53.3%，由问卷资料可知部分坪林及乌来乡民赞成划设水源保护区，反对设置废弃物掩埋场，故$\begin{bmatrix}Y\\ N\end{bmatrix}$比例相对较高。由受试者对投票立场的表达，可推测本实验的问题说明已能使得受试者充分了解实验问题，进而作出合理的投票决定。

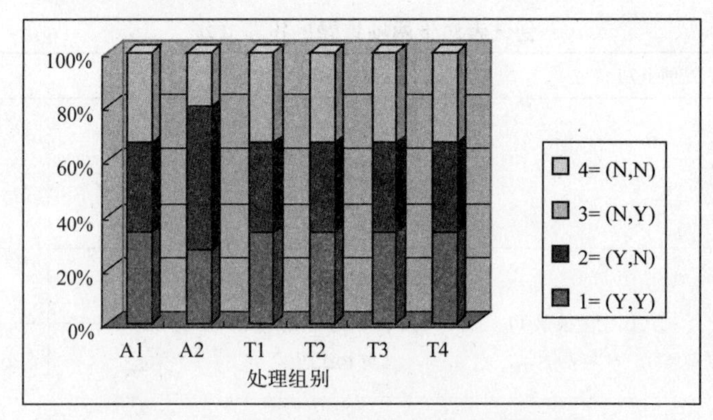

图 7-4　受试者对于两项议题的投票立场

（二）问卷数据分析

本实验欲检视直接民主的投票结果是否与代议士代表民众并允许换票的决策结果相同。在实验过程中，并未限制民众是否出现换票行为，至于代议士则有是否允许换票的实验处理，因此可出现换票行为的组别为 A1、A2、T2 及 T4。整理本次实验过程中各组出现换票的次数如图 7-5 所示。A1 民众出现 3 次换票，A2 民众出现 2 次换票，T2 代议士出现 1 次换票，T4 代议士没有换票[1]。

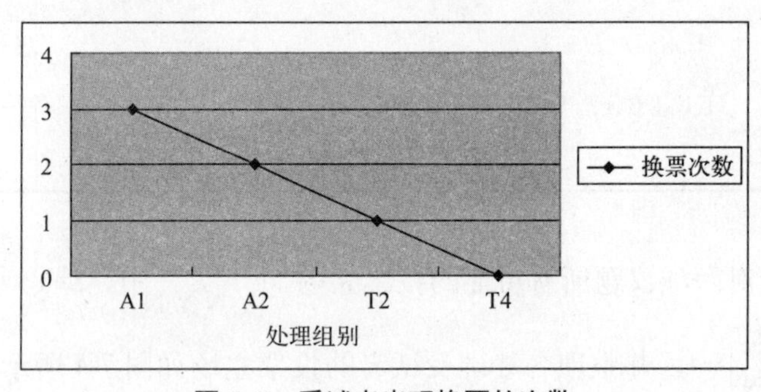

图 7-5　受试者出现换票的次数

又将 42 位受试者可能形成的所有投票结果（$\begin{bmatrix} P\,P\,F\,F \\ P\,F\,P\,F \end{bmatrix}$），编码为 $\begin{bmatrix} P \\ P \end{bmatrix}$=1，$\begin{bmatrix} P \\ F \end{bmatrix}$=2，$\begin{bmatrix} F \\ P \end{bmatrix}$=3，及 $\begin{bmatrix} F \\ F \end{bmatrix}$=4，其中 P 代表通过或赞成而 F 代表不通过或反对，且第一

[1] T4 代议士依据辖区内民众的偏好信息（$\begin{bmatrix} N_1\,Y_1\,Y_1 \\ Y_2\,Y_2\,N_2 \end{bmatrix}$）形成的决策结果为两项议题均通过，并不符合坪林乡民对水议题的期望及新店市民对废弃物议题的期望，理论上坪林乡与新店市代议士应有换票动机。但新店代议士不愿换票，理由是换票后将使新店市民众原本最期望的水议题不通过，故不愿采取换票行为。

列代表第一方案的投票结果或立场，第二列代表第二方案的投票结果或立场。由图 7-6 可知，本次实验的 A1 民众选择$\begin{bmatrix}F\\F\end{bmatrix}$者占 46.7%，最终投票结果为$\begin{bmatrix}F\\F\end{bmatrix}$，两项议题均不通过；A2 民众选择$\begin{bmatrix}P\\P\end{bmatrix}$者占 53.3%，最终结果为$\begin{bmatrix}P\\P\end{bmatrix}$，两项议题均通过；T1、T3 及 T4 代议士选择$\begin{bmatrix}P\\P\end{bmatrix}$、$\begin{bmatrix}P\\F\end{bmatrix}$及$\begin{bmatrix}F\\P\end{bmatrix}$的比例相同，均为 33.3%，最终投票结果为$\begin{bmatrix}P\\P\end{bmatrix}$，两项议题均通过；T2 代议士选择者$\begin{bmatrix}F\\F\end{bmatrix}$占 66.7%，最终投票结果为$\begin{bmatrix}F\\F\end{bmatrix}$，两项议题均不通过。将各组投票结果以表 7-3 示之，对于不施予诱因的民众与换票代议士受试者，民众与代议士在实验过程中均出现换票，换票后的结果发现民众与代议士的决策结果相同，两项议题均不通过，符合 Haefele（1973）的论点。关于施予诱因的民众及换票代议士受试者，原本民众的投票立场为赞成水议题，反对废弃物议题，但出现换票行为后，反而两项议题均通过。由问卷中的换票理由说明得知，该组坪林乡民众的环保意识较高，认为水与废弃物议题均系维护环境的必要手段，因此均赞成通过，即使会丧失其使用及开发土地的权益。至于 T1 与 T2 代议士的投票结果不相同的原因在于 T2 代议士出现换票行为。T3 与 T4 代议士形成相同的投票结果在于 T4 代议士未产生换票行为，因代议士考虑民众偏好后，发现即使换票仍无法达成原辖区内民众最偏好期望的结果，在无换票诱因的情况下，故未采取换票。虽然 T4 代议士未出现换票行为，但其决策结果仍与民众集会的结果相同，希望两项议题均通过。由上述，不施予诱因时，民众与代议士形成合理的结果为$\begin{bmatrix}F\\F\end{bmatrix}$，但在有诱因情况时则为$\begin{bmatrix}P\\P\end{bmatrix}$，除了与民众的偏好信息相关外，本研究推论诱因的变量排除代理问题，而影响代议士的投票行为，促使代议士真正地表现出民众偏好，作出民众喜爱的决策，但仍应以统计结果为准。

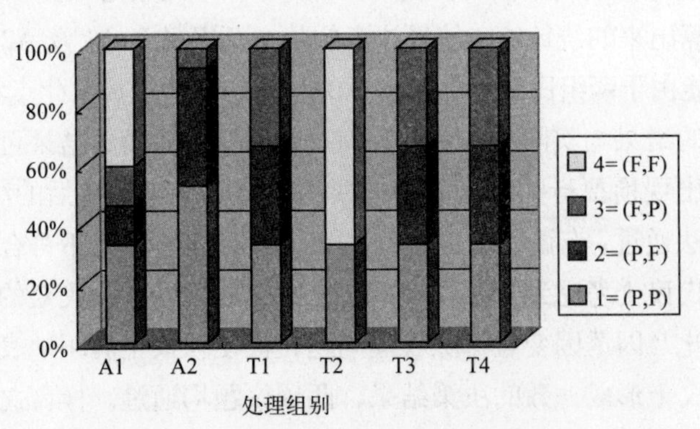

图 7-6　受试者对两项议题的投票选择

受试者对两项议题的投票结果 表7-3

处理组别		投票议题	通过票数	不通过票数	投票结果
无诱因	民众 A1	水议题	7	8	F
		废弃物议题	7	8	F
	代议士无换票 T1	水议题	2	1	P
		废弃物议题	2	1	P
	代议士有换票 T2	水议题	1	2	F
		废弃物议题	1	2	F
有诱因	民众 A2	水议题	14	1	P
		废弃物议题	9	6	P
	代议士无换票 T3	水议题	2	1	P
		废弃物议题	2	1	P
	代议士有换票 T4	水议题	2	1	P
		废弃物议题	2	1	P

（三）实验结果分析

实验目的在于检视民众集会的决策结果是否与代议士可允许换票的决策结果相同。建立假说如下：

H0：代议士换票处理与民众直接投票的结果无差异。

将实验结果细分为所有30位民众与所有换票的6位代议士、无诱因情况下的15位民众与3位换票代议士，及有诱因情况下15位民众与3位换票代议士三种。由表7-4可知，P值均未达0.05的显著水平，故无法拒绝H0。即“代议士允许换票所形成的决策结果与民众集会的结果无差异”的说法成立，故假说一成立，代议士换票的结果与直接民主相同。表7-4中的等级平均数是根据Wilcoxon顺位和检定方式所计算出来的统计值。值得注意的是，两组民众A1及A2的投票行为有显著不同，可能由于两组民众对环保意识的认知不同所造成，此点将在下节讨论。

统计检定的结果与实际问卷资料相符，由表7-4的投票结果可知，无诱因情况下的民众，出现换票行为后形成的投票结果与代议士换票后的决策结果一致，两项议题均无法通过；有诱因情况下的民众，虽其换票行为不符合换票的基本条件，但实际上代议士考虑到若采取换票将无法达成原辖区内民众的偏好期望而不愿采取换票（此乃因诱因变量排除代理问题，促使代议士真正地表现主人偏好）。因此民众与代议士形成一致的决策结果，两项议题均通过。换言之，当代理问题不存在时，代议士不为私利，真正表达出公众的权益，则无论是否采取换票均能达成直接民主的结果。

由于本实验设计中每位代议士所代表的民意均相同，即其管辖范围内的民众人数均相同，因而得到代议士与民众集会决策的结果相同的实验效果。当代理问题不存在时，对个人代议士而言，或许能达成与民众相同的决策结果，但对于集体的代议士，则受到各个代议士所代表的民众人数或民意多寡的影响，而无法明确断言集体代议士代表民众作决策能形成与直接民主相同的决策结果。建议后续研究能将民意多寡的因素纳入考虑，以使研究结果更精确。本文在检定结果与实际观测数据互相佐证下，推论 Haefele（1973）提出的社会选择机制能使代议士达成与直接民主相同的结果，符合民众期望，故将该决策机制应用到现实情况是可行的。

民众与换票代议士之投票结果的检定值　　表7-4

处理组别		个数	等级平均数	精确显著性
不考虑是否施予诱因	民众 A1+A2	30	18.03	0.576
	换票代议士 T2+T4	6	20.83	
不施予诱因	民众 A1	15	9.70	0.738
	换票代议士 T2	3	8.50	
施予诱因	民众 A2	15	9.03	0.426
	换票代议士 T4	3	11.83	

五、换票行为分析

（一）换票行为

换票的目的在于使双方或多方的投票者能达成其期望的结果。在本次实验过程中，未限制民众是否出现换票行为，至于代议士则有是否允许换票的实验处理，因此可出现换票行为的组别为 A1、A2、T2 及 T4。整理本次实验过程中各组出现换票的次数如图 7-5 所示。A1 民众出现 3 次换票，A2 民众出现 2 次换票，T2 代议士出现 1 次换票，T4 代议士没有换票[1]，换票细节分别整理如表 7-5 ～表 7-10 所示。至于不允许换票处理的 T1 与 T3 代议士其投票矩阵亦整理如表 7-9 及表 7-11 所示。

---

[1] T4 代议士依据辖区内民众的偏好信息（$\begin{bmatrix} N_1 & Y_1 & Y_1 \\ Y_2 & Y_2 & N_2 \end{bmatrix}$）形成的决策结果为两项议题均通过，并不符合坪林乡民对水议题的期望及新店市民对废弃物议题的期望，理论上坪林乡与新店市代议士应有换票动机。但新店代议士不愿换票，理由是换票后将使新店市民众原本最期望的水议题不通过，故不愿采取换票行为。

由表 7-5 可知原本 15 位受试者的期望结果为水及废弃物议题均通过。但该结果不符合坪林乡 2、4 及 5 三位投票者的期望，因其最不想划设的水源保护区将会划设通过，此外亦不符合新店市 3、4 及 5 三位投票者的期望，因其最不想设置的废弃物掩埋场将设置通过。因此，这六位投票者产生换票动机，分别寻找适合的换票对象，坪 2 放弃废弃物的赞成立场改投反对立场来换取新 4 放弃水源保护区的赞成立场改投反对立场；坪 4 放弃废弃物的赞成立场改投反对立场来换取新 5 放弃水源保护区的赞成立场改投反对立场；坪 5 放弃废弃物的赞成立场改投反对立场来换取新 3 放弃水源保护区的赞成立场改投反对立场，如表 7-6 所示。换票后，水议题的反对票大于赞成票，废弃物的反对票大于赞成票，两项议题均不通过，能达成换票者期望的结果。且此六位受试者的换票行为符合 Miller（1977）提出的换票条件。

A1民众换票前的投票矩阵（包含立场与偏好） **表7-5**

	投票者															合计票数	
议题	坪 1	坪 2	坪 3	坪 4	坪 5	乌 1	乌 2	乌 3	乌 4	乌 5	新 1	新 2	新 3	新 4	新 5	Y	N
水	N_2	N_1	N_2	N_1	N_1	Y_1	Y_1	Y_1	Y_1	Y_1	Y_1	Y_1	Y_2	Y_2	Y_2	10	5
废弃物	Y_1	Y_2	Y_1	Y_2	Y_2	Y_2	Y_2	Y_2	Y_2	N_2	N_2	Y_2	N_1	N_1	N_1	10	5

A1民众换票后的投票矩阵 **表7-6**

	投票者															合计票数	
议题	坪 1	坪 2	坪 3	坪 4	坪 5	乌 1	乌 2	乌 3	乌 4	乌 5	新 1	新 2	新 3	新 4	新 5	Y	N
水	N_2	N_1	N_2	N_1	N_1	Y_1	Y_1	Y_1	Y_1	Y_1	Y_1	Y_1	N_2	N_2	N_2	7	8
废弃物	Y_1	N_2	Y_1	N_2	N_2	Y_2	Y_2	Y_2	Y_2	N_2	N_2	Y_2	N_1	N_1	N_1	7	8

由表 7-7 可知，原本 15 位受试者的期望结果为水议题通过，废弃物议题不通过。在该次实验过程中，新店市受试者并无换票动机出现，因其所期望划设水源保护区及不设置废弃物掩埋场的结果均能达成。坪林乡受试者期望不划设水源保护区并设置废弃物掩埋场的结果则无法达成。虽然实验过程中，坪林乡民众出现换票行为，如表 7-8 所示，坪 1 放弃水议题的反对票改投赞成票来换取坪 2 放弃废弃物议题的反对票改投赞成票；坪 5 放弃水议题的反对票改投赞成票来换取坪 4 放弃废弃物议题的反对票改投赞成票。A2 民众的坪 1 及坪 5 两位受试者一

反初衷，为维护水资源的洁净安全，采取换票，放弃其土地的经济开发权益，同意划设水源保护区；坪 2 及坪 4 两位受试者原先即赞成划设水源保护区，反对设置废弃物掩埋场，但为维护环境清洁并有效清运废弃物，采取换票，同意设置废弃物掩埋场。换票后的结果系两项议题的赞成票均大于反对票。其中，坪 1 及坪 5 两位受试者的换票行为并不符合 Miller（1977）提出的换票条件，因其交换并放弃的议题是原本最偏好议题；坪 2 及坪 4 两位受试者无须采取换票即能完全达成其原期望的结果。对于 A2 民众的换票行为，推论受试者的环保意识比较高涨，愿意为了维护环境的目标，放弃个人私我利益。

A2民众换票前的投票矩阵　　表7-7

	投票者															合计票数	
议题	坪 1	坪 2	坪 3	坪 4	坪 5	乌 1	乌 2	乌 3	乌 4	乌 5	新 1	新 2	新 3	新 4	新 5	Y	N
水	N_1	Y_1	N_1	Y_1	N_1	Y_1	Y_1	Y_2	Y_1	Y_1	Y_2	Y_1	Y_1	Y_2	Y_1	12	3
废弃物	Y_2	N_2	Y_2	N_2	Y_2	N_2	Y_2	N_1	Y_2	Y_2	N_1	Y_2	N_2	N_1	N_2	7	8

A2民众换票后的投票矩阵　　表7-8

	投票者															合计票数	
议题	坪 1	坪 2	坪 3	坪 4	坪 5	乌 1	乌 2	乌 3	乌 4	乌 5	新 1	新 2	新 3	新 4	新 5	Y	N
水	Y_1	Y_1	N_1	Y_1	Y_1	Y_1	Y_1	Y_2	Y_1	Y_1	Y_2	Y_1	Y_1	Y_2	Y_1	14	1
废弃物	Y_2	Y_2	Y_2	Y_2	Y_2	N_2	Y_2	N_1	Y_2	Y_2	N_1	Y_2	N_2	N_1	N_2	9	6

表 7-9 为无诱因下，不允许换票处理的代议士所形成的投票矩阵，与表 7-10 中 T2 代议士在换票前的投票矩阵相同，因这两组代议士受试者均是由 A1 民众投票选出，其偏好信息相同。又表 7-10 为 T2 代议士在换票处理前后的投票矩阵，三位代议士代表辖区民众作决策的原先结果为两项议题均通过，由于该结果不符合坪林乡民众不划设水源保护区的期望，亦不符合新店市民众不设置废弃物掩埋场的期望。因而坪林乡与新店市代议士产生换票动机，坪林代议士放弃废弃物议题的赞成立场改投反对票，来换取新店代议士放弃水议题的赞成立场改投反对票，其换票行为符合 Miller（1977）提出的换票条件。换票后，两项议题的反对票均大于赞成票，因此两项议题均不通过，符合坪林乡及新店市民众的期望。

T1代议士的投票矩阵 表7-9

	投票者			合计票数	
议题	坪	乌	新	Y	N
水	N_1	Y_1	Y_2	2	1
废弃物	Y_2	Y_2	N_1	2	1

T2代议士换票前、后的投票矩阵 表7-10

换票前	投票者			合计票数		换票后	投票者			合计票数	
议题	坪	乌	新	Y	N	议题	坪	乌	新	Y	N
水	N_1	Y_1	Y_2	2	1	水	N_1	Y_1	N_2	1	2
废弃物	Y_2	Y_2	N_1	2	1	废弃物	N_2	Y_2	N_1	1	2

表7-11为有诱因情况下，不允许换票处理的T3代议士形成的投票矩阵，与表7-12中T4代议士换票前的投票矩阵相同。因此两组代议士受试者均由A2民众投票选出，故偏好信息相同。又表7-12为T4代议士在施予换票处理前后的投票矩阵。由于T4代议士考虑民众偏好期望后，发现无采取换票的动机，故未出现换票行为，因此换票前后的投票矩阵相同，水与废弃物议题均可通过。

T3代议士的投票矩阵 表7-11

	投票者			合计票数	
议题	坪	乌	新	Y	N
水	N_1	Y_1	Y_1	2	1
废弃物	Y_2	Y_2	N_2	2	1

T4代议士换票前、后的投票矩阵 表7-12

换票前	投票者			合计票数		换票后	投票者			合计票数	
议题	坪	乌	新	Y	N	议题	坪	乌	新	Y	N
水	N_1	Y_1	Y_1	2	1	水	N_1	Y_1	Y_1	2	1
废弃物	Y_2	Y_2	N_2	2	1	废弃物	Y_2	Y_2	N_2	2	1

（二）受试者的偏好向量

由受试者的投票立场与偏好顺序可形成投票矩阵，依据各组受试者的投票矩阵及原始可能的投票结果又可转换为各组每位受试者的偏好向量，以表现其对议题的正负偏好强度，包含 -1、0 及 1。-1 指愿意牺牲该议题的得票来换取其他议题的得票；0 指不管议题获胜或失败，均不愿意进行换票或放弃原本获胜议题；1 指愿意牺牲其他议题的得票来换取该议题的得票。因此，偏好强度为负表示某议题对受试者而言比较不重要，偏好强度为正表示某议题对受试者而言相当重要。对于最重视或最重要的议题，受试者愿意透过换票来争取议题的获胜。故投票者通常愿意放弃偏好向量为 -1 的议题以换取偏好向量为 1 的议题的得票。整理各组受试者的偏好向量如表 7-13 ～表 7-18 所示。

由偏好向量亦可看出受试者的换票行为，如表 7-13 及表 7-16 的受试者，互相以偏好向量为 -1 的议题进行换票，目的是希望能使偏好向量为 1 的议题符合其期望结果。表 7-15 的受试者虽亦有偏好向量为 -1，但由于其实验处理是不允许换票，自然未出现换票行为。又表 7-14、表 7-17 及表 7-18 的偏好向量均为 0 及 1，表示对受试者而言，通常议题能符合期望且无可换票的议题，因此要出现换票行为的机会近乎于零。

A1民众的偏好向量　　表7-13

	投票者														
议题	坪 1	坪 2	坪 3	坪 4	坪 5	乌 1	乌 2	乌 3	乌 4	乌 5	新 1	新 2	新 3	新 4	新 5
水	1	1	1	1	1	0	0	0	0	0	0	0	−1	−1	−1
废弃物	0	−1	0	−1	−1	0	0	0	0	1	1	0	1	1	1

A2民众的偏好向量　　表7-14

	投票者														
议题	坪 1	坪 2	坪 3	坪 4	坪 5	乌 1	乌 2	乌 3	乌 4	乌 5	新 1	新 2	新 3	新 4	新 5
水	1	0	1	0	1	0	0	0	0	0	0	0	0	0	0
废弃物	1	0	1	0	1	0	1	0	1	1	0	1	0	0	0

T1代议士的偏好向量 表7-15

议题	投票者		
	坪	乌	新
水	1	0	−1
废弃物	−1	0	1

T2代议士的偏好向量 表7-16

议题	投票者		
	坪	乌	新
水	1	0	−1
废弃物	−1	0	1

T3代议士的偏好向量 表7-17

议题	投票者		
	坪	乌	新
水	1	0	0
废弃物	0	0	1

T4代议士的偏好向量 表7-18

议题	投票者		
	坪	乌	新
水	1	0	0
废弃物	0	0	1

六、结论

本文采取实验方法重复检验 Haefele（1973）的论点，并以无母数检定验证实验结果是否与理论预期相符，期望将 Haefele 提出的社会选择机制应用于环境治理上。在实验进行过程中，实验者简化代议士的政纲选择，期使实验流程进行顺畅，并能避免代议士候选人与民众意见相左的情形产生。此外，实验设计能获知受试者对于议题的投票立场、偏好顺序、有无进行换票及最终选择的结果，并依相对多数决整理出决策结果。该决策结果具有多数人偏好的基础，隐含民意，体现出集体决策的意涵。

在检定结果的验证下，本实验获得最重要的实验结果，即由代议士进行决策，并允许换票条件下，当采用多数决规则时，代议士形成的决策结果系与直接民主相同。由于本实验的受试者均为学生，其单纯并同质的特性可能排除现实民众与代议士两者于决策能力及信息掌握能力等方面的差异，因此形成相同决策结果的可能性极高。

关于实验结果的另一项发现为两组民众受试者对于议题的考虑层面并不相同。由于社会选择系以个人偏好为基础，个人在理性自利的基础上对于议题的考虑层次具多样化，偏好形态无法完全预测。因此，本实验的无诱因民众比较重视自身的相关权益，为避免土地被划设为保护区使其产权禁止使用，并严防废弃物对住家周围环境造成影响，透过互相换票的方式来避免不期望的结果形成，以达成其所期望的特定结果。反观有诱因情况的民众，其实验处理与无诱因民众完全相同，即使新店市民与坪林乡民众没有互相换票的诱因，坪林乡民众大可维持原立场，以确保其偏好期望结果能获胜。但坪林乡民众宁愿划设水源保护区，并设置废弃物掩埋场，以确切落实环境维护的目标，隐含该组民众比较重视环境保护，具有较高的环境意识。由于诱因的真实性与设计，牵涉到其对投票行为的实质影响，而本实验的主要目的在于代议政治与直接民主的比较，故诱因的探讨将留待未来的后续研究加以讨论。

本实验所考虑的环境议题主要牵涉到当今世代之环境冲突与治理问题。至于下世代之环境需求与价值正义之代言，虽然无法以目前实验设计及议题加以反映，但是如果能将代议者的职权扩充，以代表未来世代人们的发言权，并修正环境议题以包含未来环境需求及价值观，根据本实验设计的精神，亦可进行探讨。

本实验之操作过程虽称严谨，但在实验设计上，仍有两点值得改进。首先，受限于经费以及实验操作的成本，实验样本数（即受测者人数）恐过少，以致在实验结果的代表性以及统计检定的显著性上，略显不足。例如，实验假想情境中三个乡镇的代表分别仅有五人，且必须从中选出三个民意代表，进行投票与换票，此与真实的情况不免有落差。其次，本实验诱因的设计，系为了诱导出参与者的真正投票偏好，以及确保民意代表与民众的偏好一致。然而，此牵涉到投票诱因与代理人等的复杂议题，绝非仅以 300 元的实验费与奖励费所能操控。因此，未来在进行类似的实验或重复验证此实验结果时，这两点皆有改善空间。

本实验的政策意涵主要体现在以下两个方面。首先，就环境治理而言，本实验结果暗示，举凡牵涉到公共财的环境议题，可透过积极的社会选择治理机制加以考虑。以台北市翡翠水库水源保护区的划定为例，与其由缺乏民意的地方政府片面地划定其范围并消极地补偿区内居民因开发管制所造成的损失，该水源保护区范围的划定可由受波及的居民选出乡镇代表，并与地方政府以及主管机构等共同组成管理委员会，就该集水区内一般性环境管理议题，包括水源保护区范围的划定，进行讨论与决议。本实验结果意味着，在适当的集体决策机制设计下，代议议事的决定与民众的直接民主决定是一致的，这可以避免因非正式管道民众过度参与及协商（如街头抗争），所造成的庞大社会成本。其次，就民主体制而言，本实验结果的意涵，说明了两党政治的优越性，亦即，在两党政治体制的运作下，允许换票的代议政体，在理论与实证上与直接民主无异，并能克服 Arrow（1963）的不可能定理。此论点将可作为台湾地区实施民主代议制度的一个参考方向。❶

参考文献

[1] 丘昌泰．公共政策：基础篇 [M]. 高雄：复文出版社，2000.

[2] 余致力．民意与公共政策：表达方式的厘清与因果关系的探究 [J]. 中国行政评论，2000，9（4）：81-110.

[3] 洪兰，曾志朗译．心理学实验研究法 [M]. 台北：远流出版社，1989.

[4] 许文杰．“公民参与”的理论论述与“公民性政府”的形成 [J]. 政大公共行政学报，2000，4：65-97.

[5] 许天威．个案实验研究法 [M]. 台北：五南出版社，2003.

[6] 张世贤，陈恒钧．公共政策——政府与市场的观点 [J]. 商鼎，2001.

[7] 萧代基．环境经济与政策 [M]// 于幼华编．环境与人．台北：远流出版社，1998：321-350.

[8] Arrow K. J. Social Choice and Individual Values[M]. New York：Wiley，1963.

[9] Barzel Y. Economic Analysis of Property Rights[M]. New York：Cambridge University Press，1997.

[10] Eckel C.，C. A. Holt.Strategic Voting in Agenda-Controlled Committee Experiments[J]. The American Economic Review，1989，79（4）：763-773.

❶ 本研究为台湾地区科学委员会计划“水资源永续利用与社会正义——子计划四：水源保护区范围划定社会选择机制之研拟”（计划编号：NSC 93-2621-Z-305-004，NSC94-2621-Z-305-003）之部分成果。作者感谢台湾地区科学委员会的经费补助以及两位匿名审查者的宝贵意见。

[11] Haefele E. T. A Utility Theory of Representative Government[J].American Economic Review，1971，61：350-365.

[12] Haefele E. T. Representative Government and Environmental Management[M]. London：The John Hopkins University Press，1973.

[13] Hopkins L. D. Urban Development：The Logic of Making Plans[M].Washington D. C.：Island Press，2001.

[14] Miller N. R.Logrolling，Vote Trading，and the Paradox of Voting：A Game-Theoretical Overview[J].Public Choice，1977，30（1）：51-75.

[15] Ordeshook P. C. Game Theory and Political Theory：An Introduction[M].New York：Cambridge University Press，1986.

[16] Ostrom E. Governing the Commons：The Evolution of Institutions for Collective Action[M]. New York：Cambridge University Press，1990.

[17] Philipson T. J.，J. M. Snyder.Equilibrium and Efficiency in an Organized Vote Market[J]. Public Choice，1996，89（3-4）：245-265.

[18] Schwartz T.The Logic of Collective Choice[M].New York：Columbia University Press，1986.

[19] Stratmann T. The Effects of Logrolling on Congressional Voting[J].American Economic Review，1992，82（5）：1162-1176.

[20] Tansey M. M. How Delegating Authority Biases Social Choices[J].Contemporary Economic Policy，1998，16（4）：511-518.

附件一 实验议题

假如政府欲进行下列环境政策之制订，试问您的投票立场（赞成或反对）与喜好是什么：

政策a：保护用水需求

（前提假设：本次参与投票的坪林乡民众均有土地产权位于坪林乡境内，并经营工厂）

坪林乡、石碇乡及双溪乡均位于新店溪支流北势溪上，由于这三个行政区均坐落于集水区范围内，又为保障大台北地区（包含台北县（2010年改名为台北市）、台北市）的自来水需求，将此三个区域划为自来水水源水质水量保护区。为确保该保护区范围内的水质不受污染以达到水源的洁净充足，因此被划为保护区的土地不能有任何破坏水源洁净安全的经济发展行为，例如经营工厂、经营餐饮业、饲养家禽家畜、盖违章建筑、发展观光休闲设施等，以避免家庭污水、事业废污水、养殖废水、餐饮业废水等流入河川，污染水质。

政策b：改善环境卫生

（前提假设：本次参与投票的新店市民众的住所离废弃物掩埋场的距离在5km内）

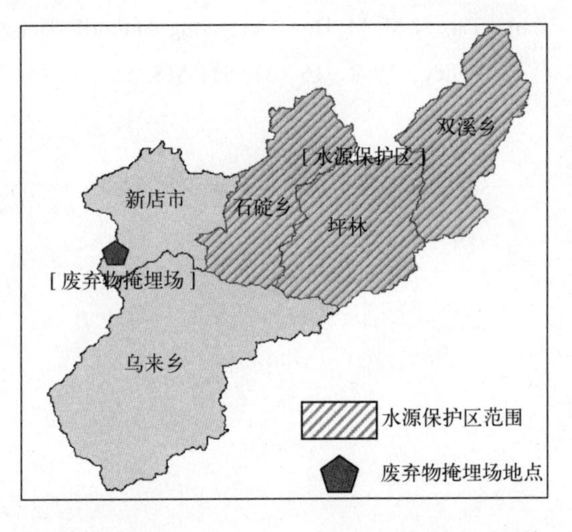

废弃物是人类日常生活及各种产业活动无法避免的产物，随着人口成长及经济发展，无法再利用的废弃物愈趋增加，造成废弃物清理的负担日益严重。为了解决废弃物处理的问题，政府除了积极推动垃圾减量、资源回收等工作，同时还规划兴建所需的处理设施。因此，为有效清运处理台北县的废弃物，将在新店市郊增设废弃物卫生掩埋场，以妥善处理废弃物，维护生活环境清洁。但目前废弃物掩埋场的最大问题在于操作管理上。若未妥善经营管理，而产生二次污染（如废水、废气、噪声等），致使废污水渗出至邻近公共水域或地下水，恐造成邻近居民遭受恶臭及蚊虫侵扰，且周围的水、土、空气等容受力亦会降低。

附件二 实验说明

一、实验说明——民众

本实验主要在于观察投票者对于环境政策方案的投票行为。本次投票参与者总计有15位，分别有5位居住于台北县坪林乡、新店市及乌来乡。您所居住的地区于坪林乡（或乌来乡、新店市），之后将发放一份投票方案的数据，您必须对两个方案进行投票。为了维护您的权益，请避免投废票，并请您对于每个投票方案审慎评估后，作出自己的喜好选择，包括您对于两个方案所持的投票意愿（含立场、态度），及最后投票的结果。本次实验的决策规则是依据相对多数决，以得票数最多者为优胜。在实验过程中，对不解之处，可以随时向实验者发问。

本实验的结果仅供研究之用，不会影响您的相关权益，但务必请您模拟真实情况。在实验开始前，请您填写以下简短的个人资料。

性别：

年龄：

有过几次正式投票经验：

二、实验说明——代议士（不施予诱因）

本实验主要在于观察投票者对于环境管理政策方案的投票行为，投票者为民选的代议士（即民意代表）。本次参与竞选的代议士候选人总计有六位，分别代表的辖区为台北县坪林乡、新店市及乌来乡，预计将由民众选出三位代议士，并代表民众作投票决策。您的竞选辖区位于坪林乡（或新店市、乌来乡）。附上投票方案的数据，请您仔细评估两个政策方案对于您辖区内民众的权益是否造成影响，后续将由实验者调查民众偏好，并请您抽选出民众的偏好作为代表的政纲，再由民众投票选出代议士。当选的代议士请依抽选的政纲作决策，以代表人民心声。在实验过程中，对不解之处，可以随时向实验者发问。

本实验的结果仅供研究之用，不会影响您的相关权益，但务必请您模拟真实情况。在实验开始前，请您回答以下问题。

性别：

年龄：

有过几次正式投票经验：

三、实验说明——代议士（施予诱因）

本实验主要在于观察投票者对于环境管理政策方案的投票行为，投票者为民选的代议士（即民意代表）。本次参与竞选的代议士候选人总计有六位，分别代表的辖区为台北县坪林乡、新店市及乌来乡，预计将由民众选出三位代议士，并代表民众作投票决策。您的竞选辖区位于坪林乡（或新店市、乌来乡）。附上投票方案的数据，请您仔细评估两个政策方案对于您辖区内民众的权益是否造成影响，后续将由实验者调查民众偏好，并请您抽选出民众的偏好作为代表的政纲，再由民众投票选出代议士。当选的代议士请依抽选的政纲作决策，以代表人民心声。此外，依据代议士投票决策的最终结果与您辖区内民众最偏好期望结果的相符程度，给予额外奖励，若完全符合民众期望则给予最高奖金200元新台币。在实验过程中，对不解之处，可以随时向实验者发问。

本实验的结果仅供研究之用，不会影响您的相关权益，但务必请您模拟真实情况。在实验开始前，请您回答以下问题。

性别：

年龄：

有过几次正式投票经验：

附件三　事前训练

一、代议士训练

身为代议士，为民喉舌的您，必须有以下的基本知识：

代议士为民选代表，举凡民意代表、县议员、市议员、乡镇长、里长等民意代表均具有民意基础。其职责在反映民意，代表民众发声，为地方民众提供服务，不断地为地方发展与人民的福利作出贡献。因此，代议士必须回到群众当中，不能只做名义上的代议士，对于任何地方活动都必须积极参与，关心任何民生与地方发展的问题，以使地方民众的生活素质水平得到改善、提升。因此，举凡所有政治议题、经济议题、社会议题、环境议题、文化教育议题等，代议士基于其职责应该考虑民众的权益，在民众福祉为依归的前提下，给予关心、争取并改革。

然而代议士不单只反映民意，更应就不同政策取向之间的联系、冲突、轻重、优劣，在议会里进行公开、集体和互动的思辨，透过辩论和演说为社会提供多方的参考面向，以使错综复杂、多元割裂的民意，得以整合融合，然后转化为具体的、全面性的并符合社会整体利益的施政蓝图。

当然，代议士也会受到民众的监督审判，如果民众对代议士不满，可以透过定期改选，选出别的代议士；或者，在还没有到达改选日之前，实在对某个代议士难以容忍，可以发动罢免，撤换不称职的代议士，以防止代议士玩忽职守，漠视人民的权利福祉。

二、换票训练

换票为策略性投票行为之一，投票者透过歪曲他的真实偏好来操作投票结果。所谓换票，意指两位或多位投票者之间同意互相支持、利益交换，即使其中有些投票者必须违背其真正的偏好去投与他偏好相反的议案。换票的技巧在于各个投票者以其较不偏好的议案来交换他最偏好的议案通过或不通过，最后换票所产生的结果将是投票者期望的结果。

举例说明之，三位投票者对于环境保育及国家安全两项政策的投票立场如表1所示，多数规则下的决策结果是两项议题均不通过。但投票者1希望通过环境保育政策，投票者2希望通过国家安全政策，因此双方互相交换选票，1将愿意改变国家安全的反对票交换2改变环境保育的反对票，因此1对于国家安全将改持赞成立场，2对于环境保育亦改持赞成立场。因此，这三位投票者对于政策的投票立场改变如表2所示。换票后的结果是环境保育及国家安全政策均通过，并且符合1与2的期望。

表1

议题	1	2	3	结果
环境保育	Y_1	N_2	N_1	F
国家安全	N_2	Y_1	N_2	F

注：Y表示赞成，N表示反对，下标符号的1、2表示对政策选择的偏好顺序，F表示议题不通过，P表示议题通过

表2

议题	1	2	3	结果
环境保育	Y_1	Y_2	N_1	F
国家安全	Y_2	Y_1	N_2	F

注：Y表示赞成，N表示反对，下标符号的1、2表示对政策选择的偏好顺序，F表示议题不通过，P表示议题通过

附件四　实验问卷

编号：A1

实验问卷（民众）

您好，之前所发放的两项投票议题中，请依据您个人的喜好回答下列问题：

1. 请问您对于上述的两个议题的投票立场各为何？请勾选赞成或反对。

	赞成	反对
划设水源保护区	○	○
设置垃圾掩埋场	○	○

2. 请问您对于上述两个议题的重视程度（即重要性）为何？请勾选 1 或 2。（1 表示最重视的议题，2 表示其次重视的议题）

	1	2
划设水源保护区	○	○
设置垃圾掩埋场	○	○

3. 若与其他投票者换票，能达成您所期望的投票结果，请问您将会与哪些投票者换票，互相交换的议题分别为什么？请您自行记录下来。

换票发生的时间：

发生换票的受试者编号：

您以哪个议题与对方交换：

对方投票者以哪个议题与您交换：

您交换选票的理由是什么：

4. 若您未采取换票，请问您不采取换票的理由是什么：

（下一题请等候实验者的指示再作答，谢谢！）

5. 请问您最后希望的投票结果如何？请勾选通过或不通过。

	通过	不通过
划设水源保护区	○	○
设置垃圾掩埋场	○	○

编号：B1

实验问卷（代议士不换票）

您好，之前所发放的两项投票方案中，请您依据辖区内民众的偏好回答下列问题：

1. 请问您对于上述的两个议题的投票立场各为何？请勾选赞成或反对。

	赞成	反对
划设水源保护区	○	○
设置垃圾掩埋场	○	○

2. 请问您对于上述两个议题的重视程度（即重要性）为何？请勾选 1 或 2。（1 表示最重视的议题，2 表示其次重视的议题）

	1	2
划设水源保护区	○	○
设置垃圾掩埋场	○	○

（下一题请等候实验者的指示再作答，谢谢！）

3. 请问您最后希望的投票结果如何？请勾选通过或不通过。

	通过	不通过
划设水源保护区	○	○
设置垃圾掩埋场	○	○

编号：B2

实验问卷（代议士换票）

您好，之前所发放的两项投票议题中，请您依据辖区内民众的偏好回答下列问题：

1. 请问您对于上述的两个议题的投票立场各为何？请勾选赞成或反对。

	赞成	反对
划设水源保护区	○	○
设置垃圾掩埋场	○	○

2. 请问您对于上述两个议题的重视程度（即重要性）为何？请勾选 1 或 2。（1 表示最重视的议题，2 表示其次重视的议题）

	1	2
划设水源保护区	○	○
设置垃圾掩埋场	○	○

3. 若允许您与其他投票者换票，以达成您所期望的投票结果，请问您将会与哪些投票者换票，互相交换的议题分别为什么？请您自行记录下来。

换票发生的时间：

发生换票的受试者编号:
您以哪个议题与对方交换:
对方投票者以哪个议题与您交换:
您想要换票的理由是什么:
4. 若您未采取换票，请问您不采取换票的理由是什么:

（下一题请等候实验者的指示再作答，谢谢！）
5. 请问您最后希望的投票结果如何？请勾选通过或不通过。

	通过	不通过
划设水源保护区	○	○
设置垃圾掩埋场	○	○

附件五　事后测定问卷

编号：A2

实验问卷——事后测定（民众）

在投票的实验过程中，请您依序回答下列问题：

1. 您认为由代议士代表作决策的投票结果能否代表您的期望：

○能完全代表○不完全代表○无法代表

2. 请问代议士的代表性高低是否会影响您对于代议士所做成决策结果的满意程度：

○是○否

3. 在本次投票过程中，您是否有与其他投票者互相换票：

○是○否

4. 在投票过程中，若有人互相换票，您认为是否会影响投票结果：

○是○否

5. 您认为采取换票能否达成您希望（期望）的投票结果：

○能○不能

6. 若有下次投票选举，请问您是否有换票意愿来达成预期结果：

○是○否

7. 请问您对于本次投票的实验过程或程序等的满意度如何：

○非常满意○满意○无意见○不满意○非常不满意

理由：

编号：B3

实验问卷——事后测定（代议士不换票）

在投票的实验过程中，请您依序回答下列问题：

1. 如果达成民众期望的决策结果则提供奖励（例如给予绩效奖金），是否会影响您代表民众偏好的程度：

○是○否

2. 在本次实验过程中，请问您代表民众偏好作决策的程度如何：

□0　□1　□2　□3　□4　□5　□6　□7　□8　□9　□10

（数值愈高表示代表意愿愈高）

3. 若给予额外奖励诱因，是否会提高您代表民众的意愿：

○是○否

4. 若提高额外奖励诱因，是否会影响您代表民众意愿的程度:

○是○否

5. 请问您对于本次投票的实验过程或程序等的满意度如何:

○非常满意○满意○无意见○不满意○非常不满意

理由:

编号: B4

实验问卷——事后测定（代议士换票）

在投票的实验过程中，请您依序回答下列问题:

1. 如果达成民众期望的决策结果则提供奖励（例如给予绩效奖金），是否会影响您代表民众偏好的程度:

○是○否

2. 在本次实验过程中，请问您代表民众偏好作决策的程度如何:

□0　□1　□2　□3　□4　□5　□6　□7　□8　□9　□10

（数值愈高表示代表意愿愈高）

3. 若给予额外奖励诱因，是否会提高您代表民众的意愿:

○是○否

4. 若提高额外奖励诱因，是否会影响您代表民众偏好的程度:

○是○否

5. 在本次投票过程中，您是否有与其他投票者互相换票:

○是○否

6. 在投票过程中，若有人互相换票，您认为是否会影响投票结果:

○是○否

7. 您认为采取换票能否达成预期的投票结果:

○能○不能

8. 您是否愿意采取换票来达到民众期望的结果:

○是○否

9. 若提供额外奖励诱因，是否会影响您采取换票的意愿:

○是○否

10. 请问您对于本次投票的实验过程或程序等的满意度如何:

○非常满意○满意○无意见○不满意○非常不满意

理由:

第八章　环境治理机制之初探：以台北水源特定区范围划定为例

【摘　要】 水源保护区治理因其关乎着多目标使用、公共利益以及民众权益问题，故常面临没有人愿意为公共利益而牺牲之窘境，然水源保护区不同的利害关系人对于水资源有着不同的偏好，如何建立整合个人偏好成为社会偏好的社会选择机制，使得水源保护区治理可以兼顾多元价值并符合民主程序，将成为本文主要探讨的重点。本研究试图以水源保护区范围划定为例，探讨水源保护区治理所面临之困境，水源保护区治理应具备之理念，以及水源保护区应治理的方式，并以台北水源特定区为研究个案，探讨运用社会选择机制治理水源保护区之可行性，分别以访谈或问卷进行实证研究。

本研究发现，目前台北水源特定区之范围划定，造成管理体系及制度之成本提高、囚犯困境、经济外部性、治理正当性等问题，但各方利害关系人均认同社会选择理念，来决策水源保护区之范围划定，但也均认为民意代表投票这样的社会选择机制，将无法解决水源保护区所面临之困境。

【关键词】 社会选择机制，水源保护区，共同财产资源，治理

一、引言

水源保护区范围划定涉及水源保护和地区经济开发，然而两者利益是相冲突的，最后将因为如民众、政府、利益团体等利害关系人观点不一难以决定划定标准为何，而形成价值冲突。故政府所决定的公共事务将因缺乏利害关系人意见之整合，更易在执行面产生落差。

根据台湾地区最高民意机构公报摘要，民意代表关注水源保护区划设的议题，多集中在地方发展、补偿问题、公平正义和水资源分配不均等问题[❶]，多数民众[❷]及台湾地区部分文献[❸]将焦点聚集于回馈补偿议题，然讨论补偿议题乃为事后弥补之方式，如果能由制度面讨论水资源治理问题，则是较为积极正面之处理方式；部分讨论水源保护区治理的文献[❹]，主要探讨正式管理体系之改善，但整个建议制度改善却缺乏全面性考虑，如缺乏探讨地方民众的利益冲突、利害相关人之参与决策等。

由全面性角度来探讨水资源治理的文献，均强调民众参与的概念，但仅有萧代基等人（2003）提出参与机制及管理体系。就探讨水源保护区之划定决策议题的文献[❺],以许明华及黄妙如（2002）讨论到台湾地区水源保护区相关划定较为深入，然着重划设行政程序及法源依据，缺少以水资源治理观点思索水源保护区划定和区域内利害相关人的利益冲突。然而水资源分配如果影响民众财富分配，其决策过程就必须是由民众自己决定才能符合公义。Haefele（1973）认为因为环境质量的认定是具有价值冲突的，在民主代议制度两党政治背景下，以地区代议士代表民众的个人偏好，选择地方人民所需要的环境质量，再利用各地区对公共财

---

❶ 根据台湾地区最高民意机构公报第八十八卷第十三、二十五、三十七、四十期院会记录 (1999)，第九十卷第五、十四、十七、二十六、三十四、四十四、五十八期会议记录 (2001) 所摘要。

❷ 参见经济日报 2005 年 2 月 16 日 A6 版综合新闻，对台北水源保护区开征保育费用与反馈费用；如联合报 2004 年 8 月 27 日 B2 版南投县新闻，水里乡新兴村居民抗争被编列在水源保护区之内，却被排除在反馈金名单之外；联合报 2004 年 6 月 16 日 B2 版苗栗县新闻，永和山水库启用二十四年，水源区内两百多公顷私有地长期开发受限，县议会项目小组决议请县府放宽开发限制，促请有关部门比照宝山第二水库补偿方式尽速办理征收，并应明订水源保育与反馈费用于水库周边。

❸ 如萧代基等人 (2005) 探讨水源保护区管制补偿与报偿制度；李建中 (2001) 水资源开发的反馈研究；陈明灿 (2001) 探讨台湾地区水源保护区农地使用受限损失补偿等。

❹ 例如张延光 (2001a) 讨论台湾水源保护经营组织及其管理；秦孝伟、王世棱 (1998) 以制度、法令、执行等三方面讨论自来水水质水量保护区之管理策略等。

❺ 萧代基等人 (2003) 认为水资源治理制度应以利害相关人组成自治团体管理之；陈慧秋 (2001) 认为水资源应该由流域水资源利害相关人 (stakeholder) 团结合作 (solidarity)，共同参与水资源永续利用；叶俊荣 (1997) 指出有关水资源管理应以集水区为管理单元，有单一事权管理机关，并且应加强经济与民众参与理念，再以法令落实等文献。

不同的偏好差异，使代议士产生协商的机会，以社会选择机制[1]来整合个人偏好而产生社会偏好，以众人意志共同去决定团体所需要的环境质量等级，将可达到代表众人意志以及保护少数民众权益的目标。

故本研究将以 Haefele（1973）论点为基础，探讨水源保护区治理困境、治理理念、治理制度与治理方式等相关理论，讨论以社会选择机制来决策水源保护区范围划定[2]议题，并以台北水源特定区范围划定为例，探询各方利害关系人意见，检定社会选择机制应用于水源保护区范围划定之可行性。

二、社会选择机制与水源保护区治理

（一）水源保护区治理之困境

Hardin（1968）预期大众将因为过度使用免费的共同财产资源而使其耗尽，其症结点就是面临囚犯困境（prisoner's dilemma）[3]的问题，没有人愿意为了公共利益而牺牲自己的利益。以水源保护区范围划设为例，在范围划设与治理目标制定的同时，也决定了资源分配的流向，保护区内的民众因法令规定而限制了开发土地行为，保护区用水区域的民众因政策的执行，而享用了安全无虑的水源。但只要是理性且追求效率极大化的个人，都想要选择对自己最优势的策略。水源保护区内民众将产生背叛诱因，选择获得土地开发的经济效益，而用水区的民众将因为保护区水质的被破坏，基于成本考虑，而使用质量较差的水源，同时也可能导致自然资源之破坏。如果用水区与供水区域的民众没有订定一个限制性行为规则以及惩罚条例，那遭受最大损失的其实是全体民众以及社会的福利。

---

[1] 在民主社会中，每个个人都有不同的偏好与价值，但由许多个人所集合成的社会必须作出一个选择时，就是社会所表达的偏好，也就是社会选择，而汇集众多不同个人偏好以达到社会偏好的方式，就是社会选择机制。

[2] 也就是范围划定的决策机制，与水资源质量、预算、补偿等配套措施，交付立法机构例如台湾最高民意机构，由地方代议士代表地区人民偏好来审议协商，决定出社会偏好的方式。

[3] Hardin(1968) 的模型已经被视为是囚犯困境的一种，假设理性牧人使用共同拥有的草地为例，草地对于放牧动物有着容受力的上限，也就是可以同时放牧且被良好牧养，称这个数量为 L，对于两人赛局 (two-person games) 而言，合作策略就是每个牧人各自饲养 $L/2$ 数量的动物；背叛策略就是，每个牧人牧养过多的动物，并且可以直接获利，假设这一数字大于 $L/2$。如果两位牧人饲养数目都限制在 $L/2$ 之内，则他们将可以得到 10 单位的获利，如果两个都饲养超过 $L/2$，那两个都得到 0；如果一位牧养数量不到 $L/2$，一位牧养数量超过 $L/2$，则背叛游戏规则的人可以得到 11，另一个服从游戏规则人的却得到 -1。如果两个牧人没有订定一个限制性契约，每个都会选择最优势的策略，那就是背叛游戏规则。如果他们同时背叛，他们得到的是 0；这称为 Hardin 的牧羊人游戏，这已经是囚犯困境的结构。

（二）水源保护区的治理理念与治理制度

目前公共行政学界认为“治理”（governance）意涵不仅是政府的统治性（governing）行为（吕育诚，2005）。蔡允栋（2002）认为，新国家权力将由公部门流向私部门及公民领域，达到政府与公民共同治理的效果（co-governance）。政府需兼顾多方利益，建构政府与人们共同治理的一个民主过程，然而多方利益所代表的是不同的偏好价值，需透过政府来建立整合性机制。以上所提及的治理概念，主要是针对个人行为而作引导和管制。以水源保护区治理为例，不仅仅就水资源统筹规划，更应考虑水源保护区的影响范围；不只仅以划设区域为限，应包括水资源的供应区、使用区、行政机关、立法机构、学界、人民团体等组织，分别代表不同的利益团体偏好共同协商，建立利害关系人的决策协商平台，使不同团体利益能得到折冲的机会。

依 North（1990）的制度理论，将制度区分为正式制度[1]、非正式制度和制度实施机制。不论正式制度或非正式制度，它们限制了个别决策的权限，且其存在的目的都是为了减低交易成本。制度并非静态，而是一直不断地在演变，而人类的历史可以说是一部制度的演变史。水资源治理是透过制度建立人类行为规则的，同时又不损及水资源之分配与维护；而水资源又具有共同财产资源特性，无法经由市场机制而达到柏拉图最适境界[2]的效率分配（Riker and Ordeshook，1973），故必须以正式制度来建立一套水资源治理程序，以降低交易成本，使水资源治理更为容易执行。以台北水源特定区为例，目前其治理体系呈现着多头马车问题，各部门同时并存，但事权不统一和机关权限不完整，无论是民众或是行政机关在遵循法令或执行政策时均面临效率不彰的问题。

（三）水源保护区治理方式的特质

Hopkins（2001）提到囚犯困境的基本问题，就是个人理性和集体理性的冲突。在理性个人将追求效用极大化的情况下，没有人有动机去付出成本来提供大众公共财。Riker and Ordeshook（1973）提到以协议（bargaining）方式来解决，前提是没有背信或欺骗问题。但现实社会如没有监督惩罚机制，就不能避免搭便车与

---

[1] 正式制度泛指正式规则与法令，多以成文方式出现，以补非正式制度之不足，其功用在于交换，或促进某种交易 (North, 1990)。例如，水源保护区的土地使用管制政策，因为是政府明文规定，属于法规和行政命令的一种，属于治理体系的一部分，属于正式制度。它利用明文的规范，促使民众因为遵循法令而达到保护水源的目标。

[2] 是指资源（包括生产用的要素资源和消费用的财货资源）的分配，已经达到不会因为重新分配而使某人福利增加，同时又不会减损到其他人的福利，此时社会福利达到最大化，也就是生产和消费已经达到均衡。

欺骗情况。Hopkins（2001）提到：①承诺的个人；②自愿团体；③高压团体（例如政府）等三种方式，也就是利害相关人借着组成团体去追求共同利益，而利用团体建立与其他团体重复协调，建立承诺（commitment）机制及订定惩罚，但这并非是解决囚犯困境的万灵丹。

Ostrom（1990）描述治理共同财产资源的方式，包括了中央集权式、私有权市场机制和由影响区域里的个人共治。中央集权式治理认为共同财产资源应由高压政府来治理，监督参与者行动，降低搭便车的诱因，使参与者选择对公益有利之策略，达到柏拉图理想结果，但未考虑管理监督成本及犯错风险机率。❶

私有权市场机制是将自然资源私有权化，但非标准化的共同财产资源难以分配予个人，例如水资源财产权必须以设备来量化水资源的供应，同时如果将所有权切割分配予个人，将容易产生拥水自重的情形，然水资源乃民生工业必须用品，资源分配上须具备经济效率和公平正义的理念，以确定民众用水的权益。

由影响区域里的个人治理共同财产资源的方式，是自然资源之影响范围参与者，共同制订限制性契约使参与者必须合作，最后将产生可执行的协议。重点在于利害相关人自己去建立规则，掌握完整信息，具有诱因去检举违反的人，可以使参与者互相监督，然必须确定公正第三人以进行监督。❷

Haefele（1973）根据他所建立的代议政府效用理论（Haefele，1971），也提出治理共同财产资源的一个方式，在民主社会两党政治背景下，利用代议士或团体，代表不同结构的民众，在共同场所（如台湾地区最高民意机构、地方议会）建立一定的议事规则，达到互利的目标。由于 Haefele 的理论建立了代议民主政体治理的良好基础，该理论至今仍在公共选择理论领域中被讨论（例如，Tansey，1998；Philipson 及 Snyder，1996；Stratmann，1992）。因此，本文的立论基础主要将以 Haefele（1973）的论述作为依据。

显然，水源保护区划定决策除了相关公部门、机构、官僚和团体需要参与外，更需要利害相关的民众参与，以使其更能达到规划目标、分配公平及效率，以及避免水资源管理效率不彰，以整合不同偏好的社会选择机制（以地方代议士代表民众偏好投票）和间接投票低成本的方式符合民众参与理念。

---

❶ 以水源保护区范围划定为例，目前是以政府行动强制划设，强迫供水区域的民众限制地区经济活动来涵养水资源，但同时也必须付出监督民众有无违反土地使用控制的成本，例如台北水源特定区管理局成立警察队纠举查报违规行为，但如果行政机关执行能力不足，就有可能使违反行为存在，而使政策执行效率不彰。

❷ 以水源保护区范围划定为例，以政府为主导者，召集公部门、私部门、学界、立法机构、相关利害团体等受水资源影响的利害关系人，共同协商决定分配受益者之利益，受害者之反馈补偿，以及参与者须负成本，除了能兼顾程序上的正义理念外，还能顾其大众之权益。

（四）水源保护区治理与社会选择机制

在“整合偏好”的机制中，一些民主制度里可以利用民主互动过程解决个人偏好之间的冲突，但这样社会选择机制会面临 Arrow（1963）的不可能定理（Impossibility Theorem）[1]，同时满足五个合理条件的社会选择机制不可能存在。[2]但有很多方法都可以避免不可能定理，例如 Haefele（1973）以数学式证明出，在代议政府两党政治的制度结构下，允许地方代议士的换票行为，可以避免 Arrow（1963）的不可能定理[3]；这说明代议政府在某个制度下可以良好地实现社会选择机制，但这样的机制对于民主社会能够符合程序上的正义，并不代表其结果能够绝对达到公共事务的最佳质量。

以水源保护区范围划设为例，应用社会选择机制可以提供以个人偏好为基础整合得到社会偏好的一种方式，以地方代议士代表地方民众的个人偏好，参与协商决策，共同决定水源保护区范围划定之最适方案，而地方代议士对于不同的议题有着不同的偏好排序，故彼此可以将议题互相交易，使得最为偏好优先的议题通过（或不通过），这样将可以达到多数人所想要的结果，也可以符合保护少数的目的，同时也减少民众直接投票所产生的巨大成本。

（五）以社会选择机制作为水源保护区治理的方式

环境质量除了专业技术还包含价值冲突问题[4]，但最后都将面临政治角力以决定到底环境质量应该到什么样的程度；然而共同财产资源的消费者无法在自愿的基础上选择质量和数量，而且其决策关乎着外部性与搭便车问题，所以应该将其治理系统整合个人偏好以得到最适的社会偏好。[5]Haefele（1973）建议一个环

---

[1] Arrow(1963)试图分析社会选择机制，认为民主社会的集体决策过程必须满足以下条件：①集体理性(Collective rationality)：在任何特定的个人偏好里，社会偏好是从个人偏好所推演出来的；②柏拉图原则 (Pareto principle)：如果对于每个人方案 A 优于方案 B，那社会方的排序就是 A 优于 B；③无关方案的独立性(Independence of irrelevant alternatives)：对于两个选项的选择，选项间不具有互相影响的关联性；④递延性（Transitivity）：如果偏好 A 胜过 B，又偏好 B 胜过 C，则偏好 A 必定胜过 C；⑤非独裁性 (No dictatorship)：在任何多于两个人的团体中，单一个人不应决定社会选择。

[2] 例如任何满足前四个条件的社会选择过程则必定是独裁的，亦即偏好的整合机制难以同时满足非独裁性这种民主价值。

[3] 利用投票者对于不同议案的偏好排序不同，以其差异性利用换票方式，使原本在过半数规则下遭否定（肯定）的议案因互相支持而通过（否决），如此投票者的效用将大为提升。

[4] 例如每个人对于环境质量的标准认定都不一样，例如环保团体要求水质量能达到最佳状况，工业团体希望水质量标准不要太高，以降低其排放污水之成本。

[5] 以水源保护区为例，大部分的民众享受水资源虽然需要付费，但并无法直接要求自来水公司提供所想要的质量，且付出的成本是相同的（每单位同样的价钱）。所以对于民众心理，水源保护的目标似乎无法与水资源成本画上相同的等号。

境管理机构（Environment Management Agency，EMA ）由立法、行政和司法[1]元素所组成，以区域层级[2]为基础，政府与流域具有必须性的联结，立法政体在作无关方案（例如土地使用、税率和空气质量等等没有直接关联的方案）决策时，可以运作得特别有效率。[3]而这样的立法政体，将运用一般目的代议士（a general-purpose representative，GPR）[4]来作决策，并且允许代议士之间的换票。代议士将参与环境管理机构（EMA）所提出的每个方案内容[5]进行决议，如果有冲突，根据 Tiebout（1965）"用脚投票"（voting by feet）理论模型[6]，居民将移动到他们心中认同的地区（Haefele，1973）。

根据 Haefele（1973）所论述，同党的代议士将会选择同样的选项（方案），经由协商平台来决策公共事务，同时因立法机构所举办的决策会议并非只有一次，故代议士可以经由数次协商会议能够获得足够的信息，使代议士间能够建立信任。参与者（即两党政治下的代议士）将会产生诱因去协商，利用互投赞成票方式互相支持对方的策略，代议士将不会一定坚持对自己最佳的策略，因为这可以换取在下一次的决策会议里对方支持自己的议案，如此互相交易将会使得社会选择在代议政体运作下，达到合理而又反映民意的民主效果。利用这种方式可以解决共同财产资源囚犯困境问题，利用互信的基础，也可以减少监督与协商的成本。[7]

（六）水源保护区现况——以台北水源特定区为例

台北水源特定区于 1979 年 2 月 10 日公告划设，目的为保障区内水源、水质、

---

❶ 司法是决定社会选择的终点，司法的焦点在于过程，而非决策的本质，故本研究不讨论司法部分。

❷ 在某一定范围上的土地，存在一些共同问题，且人口具有异质性。例如，以北台湾而言，其人文习俗与地理性质具有共通性，但北台湾又是由不同县市所组成，如台北市、台北县、桃园等，每个行政辖区的人民具有异质性，而这些异质性会使得他们对公共财产生不同的需求。

❸ 例如，在同一区域里的不同社区的人民，对于方案有着不同的偏好排序，这些排序提供一个供不同选区的代议士，交换或是协商的机会，以换票方式使大家都能得到一个不能完全满意，但可以接受的选项。

❹ 使用 GPR 系统其目的有二：①使代议士可以协调当地全部的议题，以便用选票在会议里作为一种手段，以表达他所代表地区的社会偏好强度；②使不同辖区的政府利用立法机构整合起来，进而融合各地方的政治利益，使得这样具有政党结构属性的参与方式，比起特殊目的委员会，有着更多潜在效益。GPR 系统将使所有地方议题在选举中加以考虑，例如在一场选举里考虑所有议题，将会减轻多数决暴力，使得某个少数强烈偏好的议题，将在政治活动里出现优势。

❺ 每个方案必须能有相关的环境质量的预算、反映出的环境质量标准，以及地方上的赋税；环境质量高，税负就高，方案将反映选举的偏好。

❻ 假设人民有完全迁徙的自由、完全的信息、各地方之间没有外部性存在，居民会选择最适合自己的地方居住；例如 A 地有较高的赋税和较佳的环境质量，B 地有较低的赋税和较差的生活质量，个人将根据自身的需求搬迁到适合居住的地方，如果觉得 A 地赋税过高，就会向 B 地搬迁 (Tiebout，1956)。

❼ 以水源保护区范围划定为例，利用地方代议士代表地方民众偏好在立法机构里作决策，而地方代议士在立法机构中又可以利用换票和协商方式，利用不同地方对于不同的议题所产生的偏好排序差异，互相协商交易，使其最需要的议题能够通过（或是不通过），这样将可以应用社会选择机制方式，整合民众个人偏好而成社会偏好，使水源保护区范围划定决策方案能符合大多数人的期待。

水量，以供应大台北地区自来用水，地理范围涵盖台北县之新店、乌来、石碇、坪林、双溪等五个市乡（图 8-1），与台北县的行政服务有关，但其饮用水服务对象却涵盖了台北县及台北市，以经济活动的观点来看，应同时考虑台北县及台北市的现况。而区内之保护区占全区的 95.67%（第二次主要计划通盘检讨案，2001），而划设为保护区之区域，需依建筑法实行管理，居民不得随意新建、增建，以保护水源之安全洁净。但这也对当地居民权益构成种种限制（张延光，2001b）。

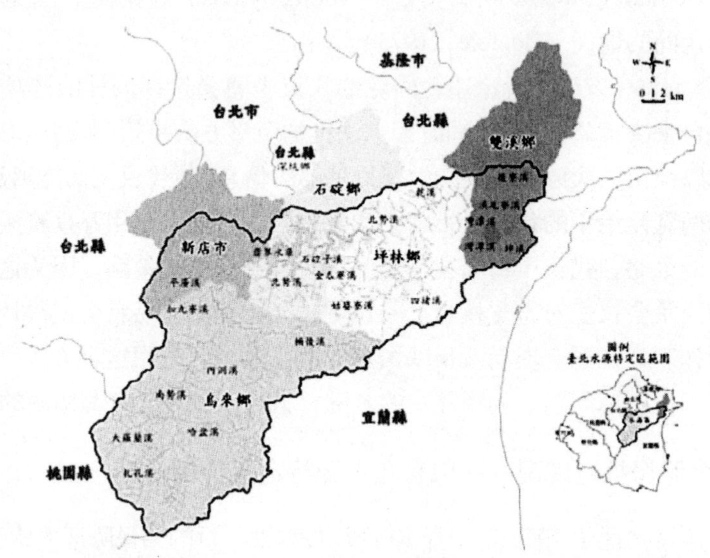

图 8-1　台北水源特定区辖区图（经济部门水利署台北水源特定区管理局，2006）

目前，针对台北水源特定区的管理机关，共有三组，分别为台湾地区行政体系、台北县政府及台北市政府，而直接管理台北水源特定区的单位有二，台北县政府以及台北水源特定区管理局，分别掌管水资源政策治理以及地方行政事务，而台北市自来水事业处以及台北市翡翠水库管理局均依照其功能目标而管理任务，其行政体系组织关系如图 8-2 所示。

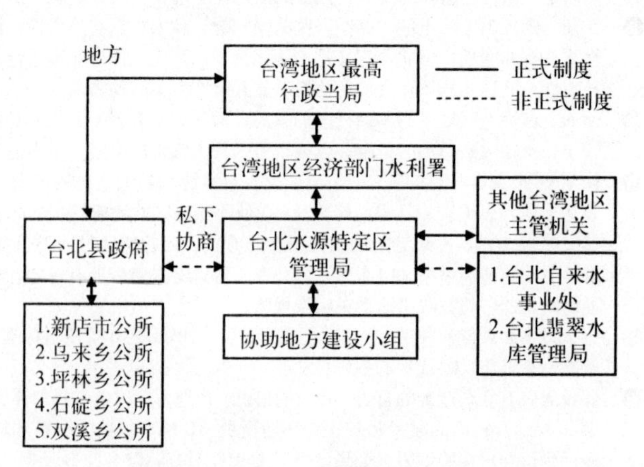

图 8-2　台北水源特定区行政体系

保护区内地方居民为保障自身利益而向政府争取合法权益。故于1995年经由台湾地区内政部门通过成立设置“协助台北水源特定区地方建设小组委员会”[1]，并于自来水费用加征一度五毛钱，作为水源区协助地方建设经费；同时增修自来水法第十二之一条[2]为母法，订定“协助台北水源特定区地方建设办法”[3]。自1998年起，小组监督补助款项拨进台北水源特定区内四乡一市内，由市民代表通过决议决定其用途，以公共建设工程及各项福利活动实际回馈居民（台北水源特定区协助地方建设小组专刊创刊号，2004）。1999年台湾地区内政部门同意立案成立“台北县水源政策暨居民权益维护促进会”。由前述可知，台北水源特定区居民自范围划定以来，一直为其权益抗争，说明了台北水源特定区地方民众为捍卫自身权益所采取的集体行动，以及民众监督的力量由非正式制度转而变成正式制度。但“协助台北水源特定区地方建设小组”不仅包括居民代表，还包括行政单位等代表，其目的在于监督回馈金运用，而非参与水源保护区治理，故其功能相当有限。

三、实证研究

（一）研究设计

本研究将以台北水源特定区为个案分析，将采取个案研究法[4]进行实证研究，根据研究假说[5]引领一套实证和数据搜集方式；研究目的在于以台北水源特定区范围划定为例，检定应用民意代表投票作为整合个人偏好的社会选择机制之可行性，并分析讨论台北水源特定区争议问题及执行困境；将以深入访谈或邮寄问卷方式了解行政、立法、学界及民众等相关利害人（表8-1）对于运用社会选择机制来决定水源保护区范围划定之意见。

---

[1] 其成员包括，台湾地区内政部门营建署一席、台北自来水事业处一席、台湾地区经济部门台北水源特定区管理委员会一席、台北县政府一席、乌来乡原住民福利协会一席、新店市公所、乌来乡公所、坪林乡公所、石碇乡公所及双溪乡公所等各一席、五市乡民代表会各一席以及台北县水源政策与居民权益维护促进会四席。

[2] 自来水法第十二条之一规定水质水量保护区依都市计划程序划定为水源特定区者，其土地应视限制程度减免土地增值税、赠予税及遗产税。

[3] 办法中第三条规定，“管理机关应协助台北水源特定区地方建设小组办理下列事项。一、应予排除适用本案法地区之认定。二、自来水水价附征费用之运用事宜。三、促进地方发展建设项目之认定。四、协助地方建设计划之审议。五、情况紧急者，得由相关乡（市）公所提请协助台北水源特定区地方建设小组审议后办理。”而所称之协助地方建设项目主要为，环境、教育设施改善、社会福利及民俗活动，公共设施，以及其他有关促进地方发展之建项目。

[4] 个案研究法是进行社会科学研究的方法之一，主要是针对个案研拟出研究策略，包括研究设计、资料搜集和资料分析，所以个案研究法是一种完整的研究方法（尚荣安，2001）。

[5] 研究假说是一种对现象的可能解释，故将以肯定语气叙述其中的因果关系。

访谈对象列表　　表8-1

类别	访谈别	编号	单位	职称	背景
行政	深度访谈	A	经济部门水利署台北特定区管理局	○○○先生	水土保持
行政	深度访谈	B	台北县政府城乡发展局	○○○先生	建筑都市计划
立法	邮寄问卷	C1	最高民意机构	○○○民意代表	台北县选区
立法	邮寄问卷	C2	最高民意机构	○○○民意代表	台北市选区
立法 / 民众	邮寄问卷	D1	地方议会	○○○议员	台北市选区
立法 / 民众	深度访谈	D2	地方议会	○○○议员	台北县选区
学者	深度访谈	E	○○大学土木工程系	○○○副教授	水利工程博士
民众	深度访谈	F	台北水源政策暨居民权益促进会	○○○先生	地方自救会代表

访谈进行期间为 2006 年 4 ~ 5 月，采取结构式访谈（structured interview）[1]，以便交叉比对各方意见；由于受访者对于水资源专业及行政的熟悉度高，也较易于在访谈中采取主动及主导议题。而除了访谈大纲以外所得之口述资料，将可作为研究内容资料之补充。研究假说之内容及检定方式如表 8-2 所示。

研究假说之内容　　表8-2

项目	内容	理由
研究假说（一）	水源保护区范围划定造成管理制度之交易成本提升	制度目的在于降低法令搜集信息之交易成本，然台北水源特定区目前呈现多头马车状态，管理权限互有重叠，使得管理制度交易成本不减反增
研究假说（二）	水源保护区范围划定面临囚犯困境问题	囚犯困境的问题就是，没有人愿意为公共利益付出成本，而导致水源保护区水资源管理政策面临地方居民抗争不满的窘境
研究假说（三）	水源保护区范围划定造成经济外部性存在	经济外部性就是台北水源特定区划定后，管制土地使用政策确实影响到当地及附近区域的经济及开发，产生既得利益者（用水人）不用承担涵养水源的成本，而他人（供水区人）被迫负担成本。
研究假说（四）	水源保护区范围划定过程未权衡各方之利害冲突，致使治理之正当性产生疑义	台湾现行治理水源保护区的方式，即以外来力量控制资源之分配，造成当局执行监督成本太高以及民众质疑政策之正当适切性等问题

[1] 事先决定好问题组，运用于个人与个人面对面或电话访问，其优点为提供相同信息，确保资料的可比较性。

续表

项目	内容	理由
研究假说（五）	水源保护区范围划定决策，应以社会选择机制[1]来解决，是以民意代表代表地区民众对公共议题投票	水源保护区治理具外部性[2]，而故在治理层面上受影响民众应参与及决定管理的过程，无论是直接代表或是间接代表
研究假说（六）	民意代表能以重复赛局[3]和换票[4]方式，解决水源保护区所面临的治理困境和达到治理理念	故根据不同地区人民不同的集体偏好，由地方代议士选择不同的方案，将可以等同于地区人民直接交易的结果，同时也达到保护少数、程序正义的原则

（二）实证结果

将以研究假说为基础，借着深入访谈、邮寄问卷方式，整理归纳有关台北水源特定区利害关系人对于应用社会选择机制于水源保护区范围划定之立场，验证研究假说之真实性，检定应用社会选择机制于台北水源特定区范围划定之可行性。其呈现结果如表 8-3 ~表 8-8 所示。

研究假说（一）之实证研究　　表8-3

研究假说（一）水源保护区范围划定造成管理制度之交易成本提升			
水源局 A	机关权限有限，产生权责不清	北县城乡局 B	一项政策，两个机关介入，就产生模糊地带，导致权限不清
北县立委 C1	有冲突或是矛盾的问题，应成立水利专责机关作平衡管理	北市立委 C2	确有冲突或是矛盾的问题，造成差异需加强协调
北市议员 D1	有冲突或矛盾的情况，应统一事权	北县议员 D2	水源局和翡翠水库管理局不受北县议会监督，不用对北县人民负责，但却执行北县事务
学者 E	就是多头马车问题	民众 F	争议问题都由水源局、水利署解决，台北县政府只管拆除违建
推论	台北水源特定区政策执行存在各单位认知不同的问题，可视为赛局理论中的不同个体，每个个体都想选择对自己最有利的策略，若政策有灰色地带，两个单位都将倾向推给对方，以减少自身的作业内容；解决方式是个体自行协议，或是由公正的第三者决策，减少单位间模糊空间，否则将各自坚持己见，选择对自己最有利的情况去执行政策，将造成政策执行多头马车各自为政之问题，也产生交易成本不降反增之窘境		
结果	故研究假说（一）成立		

[1] 是由一般民众经由特定机制，以直接或间接投票方式，来决定某项议题。
[2] 外部性就是在决策行为上，与其他事物是具有相互依赖性的。
[3] 经由一再召开的会议，而协商不同的议题，彼此将保有下次会议协商的机会。
[4] 民意代表将因其各自选民利益的考虑，而对不同政策有着不同的意见，故在决策前将互相协商，支持其他民意代表所较偏好的政策，使得其他代表也将可以支持自己所较偏好的政策。

研究假说（二）之实证研究　表8-4

研究假说（二）水源保护区范围划定面临囚犯困境问题			
水源局A	民众对公共事务的关心度就不足，且须考虑行政机关作业成本	北县城乡局B	没什么不公平的，因为在山上的地，本来使用上就有限
北县立委C1	可以加强决策之正当性，可增加民众参与管道增加正当性	北市立委C2	范围划定决策宜举办说明会，听取民意反应，取得平衡点
北市议员D1	决策不符合公平正义	北县议员D2	范围划定决策没有公平正义，因划定后区域内民众权益就损失
学者E	不符合公平正义，但没人愿意为公平利益付出成本，所以强迫性管制是必要的	民众F	目前范围划定决策程序上是合法的，但是不见得合理
检定方式	各方人士对于水源保护区所规划目标均能够接受，但牵设到自身利益，例如土地使用所有权人之行为受限，则抱持反对心理，由此可知理性自利的个人都将倾向自身利益为优先，而牺牲了公共利益；如同囚犯困境中的囚犯因为选择明哲保身的态度，面临双输的问题		
结果	故研究假说（二）成立		

研究假说（三）之实证研究　表8-5

研究假说（三）水源保护区范围划定造成经济外部性存在			
水源局A	造成经济活动受阻，目前已配合民众都市计划作了两次通盘检讨，行政院也召开五次会议，且设立回馈机制	北县城乡局B	造成经济活动受阻，但也有人违反土地管制使用；基本上补偿归补偿，开发归开发，所以才会这样
北县立委C1	造成居民经济活动受阻，应适当补贴居民，减免水价。仍有居民违反土地使用控制，违反管制仍应惩处	北市立委C2	造成居民经济活动受阻，居民对现况并不满意，仍有居民违反土地使用控制
北市议员D1	造成居民经济活动受阻，应发展可以列管的经济活动和休憩观光产业，提供就业或转业机会，目前仍有居民违反土地使用控制	北县议员D2	对生计影响很大，住与行也产生问题。水源回馈金是回馈地方建设，无法解决生计问题，应该用补偿方式解决人民生活困境
学者E	受益者付费，受害者补偿，这是必要的。补偿应以小区或部落为单位，落实小区总体营造	民众F	的确造成地方居民困扰，回馈金是补助地方建设，并非直接补偿于民众。违法的都是外来人口，且有些地方可以不用纳入水源保护区
推论	水源保护区范围划定，将造成区域内民众权益受损，则须将所造成的经济外部性内部化，将划设水源保护区所得利益，以补偿方式弥补受影响权益人所遭受之损失，则反弹声浪可减低；然目前实行的回馈机制，是以补助公共建设方式来执行，民众认为并无真正受惠，导致土地使用行为并无法产生涵养水源的诱因，反造成为了观光收益而违反土地使用		
结果	故研究假说（三）成立		

研究假说（四）之实证研究　表8-6

研究假说（四）水源保护区范围划定有着治理正当性的问题			
水源局A	民众不认同目前决策，决策到最高民意机构可能没用，地方议会影响力较大，也较具有代表性	北县城乡局B	民众认同目前决策，但应该视事业性质而言，不应全交由最高民意机构处理，政府应该占大部分，其次为该地区民众意见
北县立委C1	民众可以认同目前决策，但应加强使用区和供水区民众意见，和民众参与	北市立委C2	民众不能认同，因不能参与决策，宜参酌民众意见，决策仅需纳入供水区民众意见即可
北市议员D1	民众不能认同，决策需要纳入使用区与供水区民众的意见，但以尊重专家意见为主，并透过公听会沟通	北县议员D2	政府划定未考虑权益牺牲，民众当然不会认同，所以在划定时就要考虑补偿
学者E	当然不会认同这种决策方式，有必要民众参与，但民众不够成熟	民众F	民众对于目前决策参与方式并不认同，但非一般民众都可参与，需要一定专业背景且了解地方事务能够代表民众的人士才适合
推论	综合上述，大部分表示利害关系人不能认同现行民众参与方式，但认可民众参与的理念，而对于参与的方式虽有不同意见，但都希望扩大参与的方式集合众议再来决策。由目前台北水源特定区治理体系可知是中央集权式的，由台湾地区经济部门水利署主导整个水资源政策，协办地方小组为监督地方回馈金运用，并无实质参与决策机制，而水源局和台北县政府主要为执行单位，故在整个治理体系上并无利害关系人的参与，也较易以行政机关本位主义出发来决策，不易权衡各种层面议题的利益冲突，无法达到政府与人民共同治理的民主过程与形式		
结果	故研究假说（四）成立		

研究假说（五）之实证研究　表8-7

研究假说（五）水源保护区范围划定的决策，应以社会选择机制来解决，而这样的社会选择机制是以民意代表代表地区民众对公共议题投票			
水源局A	集水区就是一个完整区域，最高民意机构重点应该是在立法，并且规定管理、回馈、补偿和保育等事项，民意代表协商很难达到目标	北县城乡局B	最高民意机构可以建议或修改，但范围划定是都市计划审议委员会的权责，非最高民意机构的权利，选定的民意代表不能完全代表民意
北县立委C1	因水源特定区具有台湾地区当局统筹规划性质，应交由民意代表决策，但民意具高度变动性与复杂性，由立委审核决策外，可配合举办公听会	北市立委C2	宜考虑地方居民意见加以参酌，选定的民意代表之决策可以代表民意
北市议员D1	应交由行政机关、台湾地区当局、地方民意代表及水源专家，透过公听会研讨划定，尊重专家意见；其重点在保护区内民众的就业、转业和创业问题选定的民意代表不能完全代表民意	北县议员D2	决策须有民众参与理念选定的民意代表不能完全代表民意

续表

研究假说（五）水源保护区范围划定的决策，应以社会选择机制来解决，而这样的社会选择机制是以民意代表代表地区民众对公共议题投票			
学者E	集水区是一个范围，代议士不一定能代表民意，最高民意机构也可能乱改原本理想计划	民众F	民众参与应该由地方具有专业能力的代表来参与选定的民意代表不能完全代表民意
推论	社会选择机制的设计目的在于以个人偏好为基础，整合而成社会偏好，决定供应何种层级的财货，Haefele(1973)认为地方代议士可以代表民众投票选择对于地区最有利的选择，然根据访谈内容，大部分均肯定在社会选择理念，但不认为选定的民意代表可以代表民意，或是建议其他整合社会偏好的途径，例如举办公听会。但若民意代表可克服代理人问题时，以选定的民意代表代表民意进行议题表决，应为可行。代理人问题的产生主要在于代理人与委托人的偏好不同所致。例如，民意代表关心的是选票，而民众关心的却是民生议题。要克服民意代表的代理人问题，至少可采取两种措施。其一为规定民意代表候选人必须在选区内设籍并居住一段时间，如一至二年，以与当地民众产生认同感；其二为设计民意代表任期内的监督机制，如不适任投票，以确保民意代表在任期内能充分代表民意，而不是临到选举时，才再以民生议题作为争取选票的要求。虽然目前民意代表的选举与罢免有类似的规定，但是在解决代理人问题上，其效果有限。若能将这些规定从严订定，如长期设籍并居住以及降低不适任投票门槛，应会有所改善		
结果	故研究假说（五）成立		

研究假说（六）之实证研究　　表8-8

研究假说（六）选定的民意代表能以重复赛局[1]和换票[2]方式，解决水源保护区所面临的治理困境和达到治理理念			
水源局A	选定的民意代表不能保护少数民众的权益，若交由立委决策符合程序，但不一定符合正义	北县城乡局B	选定的民意代表不能保护少数，若交由立委决策不符合程序，但不一定符合正义
北县选定的民意代表C1	可加入各该管地方政府与机关参与讨论，若交由选定的民意代表决策符合程序，但不一定符合正义	北市立委C2	选定的民意代表可以达到保护少数，若交由选定的民意代表决策不符合程序，但不一定符合正义
北市议员D1	台北县市的参与不能缺乏，若交由民意代表决策符合程序，但不一定符合正义，应先多召开公听会，让决策和审核者多听民众和专家的意见	北县议员D2	不能保护少数，若交由民意代表决策不符合程序，但不一定符合正义
学者E	民意代表可能无法保护少数权益，若交由民意代表决策不符合程序，但不一定符合正义	民众F	民意代表可能无法保护少数权益，若交由民意代表决策不符合程序，但不一定符合正义
推论	Haefele(1973)认为代议士可以用重复协商或换票方式来解决环境管理之争端或是达到保护少数的目标；然访谈内容却显示，各方对于以民意代表作为代议士，是否能代表民意存有保留态度，主要着眼于目前最高民意机构生态，存在着代理人及利益团体逐利问题；也就是在面临共享资源治理的问题时，民意代表以私利为着眼点进行议题表决，确实会形成囚犯困境所面临的问题		
结果	故研究假说（六）不成立		

[1] 经由一再召开的会议，而协商不同的议题，彼此将保有下次会议协商的机会。

[2] 民意代表将因其各自选民利益的考虑，而对不同政策有着不同的意见，故在决策前将互相协商，支持其他民意代表所较偏好的政策，使得其他民意代表也将可以支持自己所较偏好的政策。

经过深入访谈及邮寄问卷调查，发现研究假说（一）“水源保护区范围划定造成管理制度交易成本提升”、研究假说（二）“水源保护区范围划定面临囚犯困境问题”、研究假说（三）“水源保护区范围划定造成经济外部性存在”、研究假说（四）“水源保护区范围划定有着治理正当性的问题”、研究假说（五）“水源保护区范围划定的决策，应以社会选择机制来解决，而这样的社会选择机制是以民意代表代表地区民众对公共议题投票”均成立，但研究假说（六）“民意代表能以重复赛局和换票方式，解决水源保护区所面临的治理困境和达到治理理念”并不成立。简而言之，台北水源特定区之利害关系人均认同水源保护区所面临之困境及治理理念，也认同应用社会选择机制于水源保护区范围划定之决策，但利害关系人均认为民意代表无法代表民意，也无法保护少数。下节将承接研究假说之架构，辅以实证过程中所得信息，进行综合讨论。

四、讨论

（一）水源保护区治理体系

水源保护区区域以天然流域为范围，然却与一般行政界线不同。以台北水源特定区为例，台北县市之行政区域按照天然地形来划设，然台北水源特定区却仍跨越新店等台北县五个乡市，供水区域扩及台北市，其影响范围除了流域本身外还包括供水区范围。由数字受访者之访谈内容得知，目前台北水源特定区之主要管理机关，台北县政府与台北水源特定区管理局，其业务范围尚包括台北市自来水事业处，台北市翡翠水库管理局等。更因各单位各自隶属台湾地区及地方，造成一项政策在执行时，并非由单一窗口决策，而使得政策执行效率不彰。

（二）水源保护区补偿机制之探讨

以台北水源特定区而言，因政策管制使土地使用受限将产生外部效益（用水区可使用干净水源）。对于外部效益的制造者（当地民众）应予以补偿或回馈。应就其产生之外部效益大小作不同补偿[1]，则社会整体福利可达到最大，达到柏拉图理想结果。但以台北水源特定区目前执行之回馈机制而言，按自来水费每度征收五毛钱的费用作为回馈金，用途为兴办地方建设项目。但居民认为公共建设本

[1] 例如保护区内土地使用目的为涵养水源，则可在制度面建立土地所有人从事生产良好水资源的诱因，则政府对于水源保护区之管制就无构成特别牺牲，同时也降低执行政策之成本，同时民众可得到良好之水质。

来就要做，回馈金反而使地方建设经费遭到排挤；同时居民也认为此回馈金运用并未真正落实补偿到民众。由上述可知回馈金运用违反前述理论，对于水资源涵养并无太大帮助。因为民众均可享用回馈金用于公共建设之公共财；同时，若将土地用于开发使用，又可获得更多利益[1]。故若以台北水源特定区个案而言，回馈机制应改为补偿方式或是在制度方面建立诱因，直接令当地居民直接受惠，则较为符合当地民众之期待，同时也才能达到去除经济外部性因素。

（三）共同财产资源的囚犯困境问题

目前，台北水源特定区的管制方式属于高度集权方式，以额外力量（公权力）介入强迫参与者必须遵从管制规则，降低参与者搭便车的诱因；然经由文献讨论以高度集权方式管制自然资源，将产生高度集权政府管理监督的成本问题、监督执行能力问题和信息不完整。目前，台北水源特定区对于自然资源之管理单位有二，台北县政府以及台北水源特定区管理局（简称水源局）。台北县政府属于地方政府，但水源局却属于台湾地区最高行政当局。然目前大部分有关水资源治理事项却均交付水源局承办，台北县政府多以拆除违建为主要工作；就管理监督能力与成本而言，以台湾地区最高行政当局来作地方性的自然资源管理，虽然可以就全国性自然资源分配作整体的规划，但却较忽略对于地方民情之照顾；而查处土地使用控制之权限目前属于水源局，拆除违建之权限却受限于台北县政府，故以管理监督成本和执行能力而言，实属耗费成本且执行效率较为不彰。

（四）代议士的代理及逐利问题

Haefele（1973）提及环境治理的决策应交由具有地方民意基础的代议士，在区域层级上与其他地区代议士共同作协商，以达到公共利益及保护少数。然实证发现，就台北水源特定区而言，各方利害关系人均认为选定的民意代表之协商仅符合民主原则之程序，但其结果并不能符合正义和达到保护少数利益目标。

由前所述可知以民意代表作为代议士产生了代理问题[2]与逐利问题[3]，而要减

---

[1] 例如水源特定区内的确就有居民仍违反土地使用控制事项，例如乌来违法搭建民宿，故如此将鼓励地主土地使用朝向产生外部成本，更无法达成保护水资源的目的。

[2] 代理问题是因为代理人产生诱因而极大化自己的效用而非主人的效用：①代理所考虑的私人利益不同于主人利益；②代理人管理的事务众多，产生管理不善及缺乏适当机制去监督代理人。此类研究最早可追溯至Alchian及Demsetz(1972)。

[3] 逐利问题是利益团体在民主制度下会竞相争取其利益，使得代理人牺牲最弱势团体的倾向（萧代基等人，2003)。这类的研究最早可追溯至Tullock (1967)。

轻代理与逐利问题则必须使主人有诱因去监督考核代理人，透过互相监督以维护本身利益，代理人才会顾及主人利益而不理会利益团体之要求。就台北水源特定区治理事项交付最高民意机构决策而言，容易被质疑是否能代表民意？代表的是哪一层级的民意？能否以公益为优先私人利益为后？这些都成为大众所质疑的因素。

五、结论

水源保护区范围划定是一种资源分派，各方的利害关系人对于水源保护区范围划定有不同的偏好；依据 Haefele（1973）的理论，在代议民主环境体制里，以地方代议士来代表地方民众的偏好，在立法机构进行公共议题的决策，是个有效整合个人偏好到社会偏好的一种机制。同时地方代议士能够应用协商和换票的方式，以水源保护区范围划定的议题来与其他议题交易，使得公共政策的结果能够符合民众的期待。

然而根据实证研究结果，以台北水源特定区范围划定为例，发现决策机制存在着交易成本提高、囚犯困境、经济外部性及治理正当性等问题。而应用社会选择机制于水源保护区范围划定之决策，各方利害关系人均给予肯定态度。然若以民意代表来代表民意这种社会选择机制方式来参与划定决策，各方利害关系人态度保留，乃是因为对于民意代表是否能真的代表民意存有疑虑。其认知基础在于着眼于目前最高民意机构生态，民意代表寻求自身利益而非公共利益；而对于最高民意机构所实行协商机制，更认为是利益团体交换利益之方式，不但不能保护少数民众的权益，反而优先牺牲少数权益，并非为反映一般民意。故由实证显示，以社会选择机制来解决水源保护区范围划定决策虽然理念上可行，但若以民意代表投票、换票和协商作为社会选择机制，来决策水源保护区范围划定，则将产生代理问题及逐利问题，故并不可行。

水源保护区范围划定之决策，因代理人问题暂时不适宜以社会选择机制来解决，但应用社会选择机制治理水源保护区之重要性却不可忽视。因水资源的分配关系着公共利益与民众权益，而以代议士代表民意进行公共议题之投票是代议民主之主要途径，故解决代理问题将成为未来应用社会选择机制来整合个人偏好进行公共议题之决策的重点。应在制度面上建立制度性诱因，使民众参与公共事务的意愿更为提升，才能使代议士受到更良好的监督，使其符合民众之期待。

参考文献

[1] 台湾地区最高民意机构公报第八十八卷第十三、二十五、三十七、四十期院会记录（1999），第九十卷第五、十四、十七、二十六、三十四、四十四、五十八期会议记录（2001）。

[2] 吕育诚 . 地方治理意涵及其制度建立策略之研究——兼论台湾地区县市推动地方治理的问题与前景 [J]. 公共行政学报，2005：1-38.

[3] 李建中 . 水资源开发回馈之研究 [J]. 国家政策论坛，2001，1（5）：158-162.

[4] Yin R.K. 个案研究 [M]. 尚荣安译 . 台北：弘志文化事业有限公司，2001.

[5] 秦孝伟，王世梭 . 自来水水源水质水量保护区管理策略 [J]. 自来水会刊杂志，1998，17（3）：65-81.

[6] 陈慧秋 . 建构"流域用水管理机构"提高部门间用水移转之初探 [J]. 台湾土地金融季刊，2001，38（1）：133-149.

[7] 陈明灿 . 台湾地区水源保护与农地使用受限损失补偿之研究 [M]// 财产权保障、土地使用限制与财产损失补偿 . 台北：翰卢图书出版有限公司，2001：253-295.

[8] 许明华，黄妙如 . 台湾地区水源保护区划设现况与因应对策 [J]. 自来水会刊，2002，21（4）：26-52.

[9] 张延光 . 台湾重要水源保护区问题分析与经营管理策略之探讨 [D]. 中兴大学水土保持学系博士论文，2001a.

[10] 张延光 . 运用都市计划进行水源区分级分区管理之研究 [Z]. 九十年度农业工程研讨会，2001b.

[11] 对台北水源保护区开征保育费用与回馈费用 [N]. 经济日报，2005-02-16.

[12] 台湾地区经济部门水利署台北水源特定区管理局，[EB/OL]，2006.http：//www.wratb.gov.tw/index.html.

[13] 维护水源政策与居民权益，协建小组决定出版报导台北水源特定区协助地方建设小组半年专刊，2004-09-30 日专刊 [N].（第一版）.

[14] 叶俊荣 . 集水区保护与开发的冲突与调和：永续发展理念下的改革方案 [M]// 环境理性与制度抉择 . 台北：三民书局，1997：123-164.

[15] 台北县政府 . 变更台北水源特定区计划（含南、北势溪部分）第二次主要计划通盘检讨 [Z]，2001.

[16] 蔡允栋 . 新治理与治理工具的选择：政策设计的层次分析 [J]. 中国行政评论，2002，11（2）47-76.

[17] 水里乡新兴村居民抗争被编列在水源保护区之内，却被排除在回馈金名单之外 [N]. 联合报，2004-08-27.

[18] 永和山水库启用二十四年，水源区内两百多公顷私有地长期开发受限，县议会项目小组决议请县府放宽开发限制，促请当局比照宝山第二水库补偿方式尽速办理征收，并应明订水源保育与回馈费用于水库周边 [N]. 联合报，2004-06-16.

[19] 萧代基，洪鸿智，黄德秀 . 土地使用管制之补偿与报偿制度的理论与实务 [J]. 财税研究，2005，37（3）：22-34.

[20] 萧代基，张琼婷，郭彦廉 . 自然资源的参与式管理与地方自治制度 [J]. 台湾经济预测与政策，2003，34（1）：1-37.

[21] AlchianA. A.，H. Demsetz. Production，Information Costs，and Economic Organization[J]. American Economic Review，1972，62（5）：777-795.

[22] Arrow K. J. Social Choice and Individual Values[M]. New York：Wiley，1963.

[23] Haefele E. T.A Utility Theory of Representative Government[J]. American Economic Review，1971，61：350-365.

[24] Haefele E. T. Representative Government and Environmental Management[M]. London：The John Hopkins University Press，1973.

[25] Hardin G.The Tragedy of the Commons[J]. Science，1968，162：1243-1248.

[26] Hopkins L. D. Urban Development：The Logic of Making Plans[M]. New York：Island Press，2001.

[27] North D. C. Institutions，Institutional Change and Economic Performance[M]. Cambridge：Cambridge University Press，1990.

[28] Ostrom E. Governing the Commons：The Evolution of Institutions for Collective Action[M]. Cambridge：Cambridge University Press，1990.

[29] Philipson T. J.，J. M. Snyder. Equilibrium and Efficiency in an Organized Vote Market[J] Public Choice，1996，89（3-4）：245-265.

[30] Riker W. H.，P. C. Ordeshook. An Introduction to Positive Political Theory，Englewood Cliffs[M]. New Jersey：Prentice-Hall，Inc.，1973.

[31] Stratmann T. The Effects of Logrolling on Congressional Voting[J]. American Economic Review，1992，82（5）：1162-1176.

[32] Tansey M. M. How Delegating Authority Biases Social Choices[J]. Contemporary Economic Policy，1998，16（4）：511-518.

[33] Tiebout C. M. A Pure Theory of Local Expenditure[J]. The Journal of Political Economy，1956，64：416-424.

[34] Tullock G. The Welfare Costs of Tariffs，Monopolies and Theft[J]. Western Economic Journal，1967，5：224-232.

第九章　邻避性设施设置协商策略比较之实验研究

【摘　要】 邻避设施的设置一直是存在于政府与民众部门间最大争议的协商议题，而政府与民众由于立场不同再加上互信基础不足（叶名森，2002），其最终在该议题执行的最后结果往往以对抗的结果收场，就如同赛局理论（又译为博弈理论）的囚犯困境赛局一般。因此，本研究拟采囚犯困境赛局作为理论基础，并以内湖垃圾掩埋场为实际案例说明，作为真实状况的模拟。另外，本研究以实验设计研究方法，并以文化大学市政系及台北大学不动产与城乡环境规划学系之同学分别扮演政府与民众两部门角色，来测试面临不同赛局下之政府部门，在运用各种策略面对民众各种响应情况下，其赛局结果是否有差异，以及在加上有限次数与无限次数重复赛局等因子条件下，各种策略执行结果是否亦有差异。

测试结果发现，在囚犯困境之赛局报酬（payoff）架构中，单纯从政府效益衡量，政府在各种策略运用上并无差异。但政府追求公共利益最大化，单从政府部门思考恐不符合政府角色，因此本研究再从政府与民众之报酬总合为社会总效益计之分析。经实验结果以单因子分析得知，在面临不同情境下，其社会总效益在各种策略运用上呈现有不同差异结果。而若将有限次数、无限次数之重复赛局之因子纳入分析，则以政府始终抱持与民间合作态度之忠诚策略及采观望对手出招之以牙还牙两策略呈现显著差异结果。换言之，在不同情境下，其社会总效益在各种策略运用上呈现有不同差异结果。很显然，政府在面临邻避性设施设置时，当面临不同情境之情况下，以及是否面临有限或无限次数赛局时，其计划执行效益可能因为运用策略不同而有差异。因此，政府在面临不同情境时其策略选择便变得相当重要。

【关键词】 邻避性设施，赛局理论，实验设计

一、引言

都市生活环境的好坏取决于公共设施的供给与规划设计质量。而公共设施种类繁多，其中部分公共设施为现代生活所必需，但却是居民所不愿与之为邻，我们称之为邻避性（NIMBY，Not-In-My-Backyard：不要在我家后院）设施。邻避设施的位置选择越来越困难且耗时，而目前省内相关法令（《都市计划法》）对邻避设施的设置，也仅有原则性的规定："应在不妨碍都市发展及邻近居民之安全、安宁、与卫生之原则下于边缘适当地点设置"。如此做法虽着眼于都市发展与环境质量，但李永展（2002）从环境正义的观点指出："都市外缘地区因长期被视为邻避设施设置的最佳区位，其规划结果往往是选择都市外缘地区设置，而都市外缘地区必须强迫负担与其他非边缘地区不对等的外部性成本。"因此，居民对于邻避性设施的设置往往采用激烈抗争的手段与政府部门对峙，而这结果往往是两败俱伤或耗费更大的社会成本。

另外，更有以公投决定公共事务的论述，但并非所有的公共建设事项都适合公投，邻避设施便是其中一项。由于邻避设施是属于民众生活所必要却又不愿与之为邻之公共设施，因此一旦公投，势必受住民一致反对。台湾地区环保署长因"公投与环保争议"去职（联合报，2003），更是凸显民主政治在公共事务决定上的矛盾。公投并非万灵丹，就算公投决定公共事务，公投结果的执行仍须公权力的贯彻，最后仍是走向协商一途。

基于以上原因，透过良性沟通与协商（negotiation）建立管道制度便成为真正解决邻避设施设置必然也必需的模式。但以往并非缺乏政府与民众的协商或沟通管道，而在于以往所透过沟通与协商的管道采用的是一方面且战且走，一方面又缺乏理论基础；而政府与民众两方更未对于协商机制背后真正所隐含的信息以及可能面临对手策略有所了解，因此往往事倍而功半。这些年来政府因为设置邻避性设施所遭受的抗争越来越严重。场面越来越浩大的原因，就是民众已经了解"吵就有糖吃的道理"。而政府往往基于选票考虑只是一次比一次更满足民众要求的做法，其结果就是财政负担增加。一旦无法满足民众需求，则将付出更大的社会成本。以台电公司自 1972 年开始之第一输配电计划至今之第六输配电计划，金额从约 110 亿元新台币成长至 4540 亿元新台币，推展年期也逐年增加可见一斑。

另外，在民众方面，透过对于政府一贯做法上的了解，形成现今弱势团体更加弱势的社会不公平现象。长此以往，邻避设施所造成的外部成本将更加由都市外缘地区所吸收。最明显的例子便是台电核废料从台湾到兰屿甚至到朝鲜，以及垃圾掩埋场超限利用等。这些都是由于居民意识逐渐抬头而又缺乏协商沟通的结果。科技进步的脚步赶不上环境负外部性效果（negative environment external effects)的增加，则邻避设施问题将来势必一直会是都市规划上的一大课题。因此，寻求良性有效的协商机制作为以后邻避性设施规划设置的操作基础，以解决民众抗争或无处可设的困境，间接减少因抗争所造成的社会成本增加，就成为了亟待解决的课题。而探讨协商机制之前，政府部门采用何种策略便成为协商机制成败的基础。而各种策略的应用中何者对政府部门及社会总效益（政府部门与民众部门效益总和）最大则是本研究的主要目的之一。

另外，近年来，赛局理论精神被大量应用于商业仲裁谈判、拍卖场及军备竞赛（古巴导弹危机）协商谈判等成功案例，更显现该理论实际应用于相关实务操作已相当成熟，但实际应用于都市规划上的案例并不多。为解决邻避性设施设置的问题，本研究尝试以赛局理论为基础来探讨政府部门在设置邻避性设施时可能采用之策略差异，以作为研拟协商机制建立的基础。但为测试透过赛局理论来探讨政府部门采用之策略差异与可行性，拟先借由实验设计及模拟，检验操作模式可行性后，再回馈修正模式，并进而讨论建立可能的协商机制。因此，基于以上原因，本研究目的有三：①以赛局理论及相关研究为基础，经整理后研选政府部门所可能选择的策略，并参考邻避性设施设置在协商上所考虑之影响元素，进行情境模拟及实验设计。②进行实验设计并由实验结果检验各种策略在应用上是否有差异。③针对实验的结果提出后续研究的具体建议。

二、相关文献及理论分析

（一）邻避性设施相关文献回顾

省内外有关邻避性设施的相关研究颇多，其中有关邻避（Not In My Back yard）一词，又有另一说法称之为 LULU（Locally Unwanted Land Use），意即地方上不想要的土地使用。因此，所谓邻避设施所指即小区居民所反对的公共设施（黄仲毅，1998），或污染性设施（刘锦添，1989；李世杰，1994）；抑或称之为嫌恶性设施（翁久惠，1994；陈柏廷，1994）及不宁适设施（曾明逊，1992）。本研究为使实验者确实了解实验内容，仍将其称为邻避性设施。由各项研究均显示邻避性设施，包含种类繁多，举凡造成空气污染、水源污染的设施（李世杰，1994），变电所、垃圾焚化厂（翁久惠，1994），核能发电、垃圾焚化厂等（曾明逊，1992），均属邻避性设施。本研究主要在探讨政府部门进行协商可能采用的策略，何种邻避设施并非本研究所关注，因此选用内湖垃圾掩埋场作为分析案例。叶名森（2002）以桃园县南区焚化场为例，从环境正义检视邻避性设施选址决策。该研究认为邻避性设施设置不能单从民众接受底线与回馈观点来思考，产生抗争也是因为认知之不同、互信不足、政治介入及环境权出卖等。

黄仲毅（1998）以资源回收焚化厂为例，探讨居民对邻避性设施的认知与态度。该研究目的在于找出减轻或消除民众对邻避性设施抗拒之道。研究结果发觉民众都同意"焚化比掩埋佳"，但仍视其为邻避设施。而建议的解决之道是加强双向沟通与完善回馈补偿措施，建立互信共识。丁秋霞（1998）以垃圾掩埋场为例，探讨邻避性设施外部性回馈原则。该研究显示，回馈的经济手段虽然是解决抗争的方法之一，但是回馈基金的阶段性整体规划以及确实了解民众需求更显重要。

由以上相关研究文献整理发现，行政部门在设置邻避性设施时所面临的课题包括：①财政负担的日益严重；②垃圾处理的日程压力；③民众的环境意识抬头；④邻避性设施设置是生活所必要却是民众避之唯恐不及；⑤一般民众的邻避性设施认知有落差；⑥回馈方式未能符合民众需求。相关文献探究以上所有课题产生的原因，均认为民众除了对于邻避性设施设置的认知与政府不同外，对于邻避性设施设置的真实状况亦未充分了解。而认知不同与不了解，需要不断沟通与协商，以建立起互信共识，但相关文献却未曾就如何在邻避设施设置时建立有效沟通方式有所探讨。因此，本研究认为如何建立有效的沟通或协商机制，将是邻避性设施设置成功与否的关键。

（二）相关理论

1. 谈判协商形成的相关理论

本研究主要基于邻避性设施设置经常成为政府与民众之间争议的主题，因此如何在争议中采用有效协商方式获得满意的结果，实为现今政府与民众部门均要深切思考的问题。谈判（bargaining）或协商（negotiation）一词在英文字意上经常是互用。邓东滨（1984）认为："谈判是指人类为满足需要而进行的交易。" Lall（1966）认为："谈判是一种企图明了、改善、调整或是解决争议的方式。" Pruitt（1983）认为："谈判是人们在共同关心或协调的情况下，为达到一个共同性决策而作的努力或尝试。"因此，据上论述，本研究认为谈判或协商应具有下列特质：①企图达成的共同决定；②针对特定主题或争论；③双方都有企图的沟通或妥协。而基于以上的特性，邻避性设施的争议，便是一个对于共同的主题或争论。而生活上以及公共政策上的必要性迫使公、私部门都必须企图或要求对方妥协，或通过谈判争取自身最大效益。因此，邻避性设施的争议是一个必须具有良好谈判或协商机制的课题。

基于以上理论，谈判和协商机制形成后，其谈判策略应用将是成败的关键，对于参赛者双方能否得到最大效益，就在于其策略的灵活运用了。Blake 及 Mouton（引自林佑任，1996）针对冲突谈判的策略，分类为 Win-Loss、Win-Win、No Win-No Loss、Loss-Win、Loss-Loss 等五种策略。另外，Thomas 和 Pruitt 亦提出竞争策略、合作策略、妥协策略、让步策略、逃避策略等五种不同策略模式。而巫和懋、夏珍（2002）则认为赛局理论，在重复赛局当中，常用三种策略，分别是好好先生策略、报复策略、以牙还牙策略。

综合以上所述，本研究认为上述策略运用上，不论其名称为何，依其内涵可整合为四类：

（1）忠诚策略（faithful strategy）：即不论对手如何出招，态度始终以配合及合作态度对待对方。

（2）报复策略（trigger punishment strategy）：一开始采合作态度，看对方所使用策略为何，一旦对方先采不合作方式则采永不合作对待之。

（3）以牙还牙策略（tit for tat strategy）：即以其人之道还制其人之身，换言之，视对方采合作或不合作方式，则相对应采合作或不合作方式对待之。

（4）混合策略（mixed strategy）：即合作与不合作方式混合使用，如何使用由决策者自行决定，亦即随机策略。

2. 赛局理论探讨

（1）赛局理论

赛局理论，依其过程为动态或静态以及信息获得是否完整（complete or incomplete）分别具有其均衡（equilibrium）。Eric Rasmusen（2002）认为所谓均衡“就是以赛局规则去描述一个情况，及解释那情况下将会发生什么，试图去极大化他们的报酬，参赛者将设计计划，即能依赖传达到的信息来选择行动的策略，而各位参赛者选择的策略组合，即是所谓的均衡。”（引自杨家彦、张建一、吴丽真合译，2003）。以囚犯困境赛局为例，如表 9-1 所示（Camerer，2003），囚犯困境赛局结果为双方不合作。

囚犯困境赛局报酬结构normal-form形态　　表9-1

		Player 2（民众）	
		合作	不合作
Player 1（政府）	合作	（H，H）	（S，T）
	不合作	（T，S）	（L，L）

Note Assume：T>H>L>S。

另 Dixit 及 Skeath（2002）在其策略赛局一书中强调，参与有限及无限次数重复赛局中参赛者在考虑背叛与否时，必须衡量一次背叛得到的利润必须大于在后续赛局因背叛产生的损失。而且，Dixit 及 Skeath（2002）在其所著《Game of Strategy》一书中亦提到："赛局中的合作行为可能且一定会发生。"而 Axelord（1984）更提出想要赢得重复赛局必须遵守不妒忌、不先背叛、以牙还牙、不要太聪明等四原则。Terhune（1968）以及 Selten 和 Stoecker（1986）亦对于重复赛局也提出重复赛局进行时所面临的利率与处罚及奖励之相关案例。

（2）赛局理论应用

赛局理论的应用十分广泛，例如 Knaap、Hopkins 及 Donaghy（1998）曾利用 Cournot model 赛局模式以及 Stackelberg model，从单一开发者到单一地方政府，再到 n 个开发者观点去讨论计划所可能带来的影响。McDonald 及 Solow（1981）则引用赛局理论探讨工会与资方劳资谈判的均衡关系。Kermit（1992）运用赛局理论探讨区域交通合作策略。林瑜芬（1994）以赛局理论为架构探讨核四争议中台电公司与环保联盟冲突互动，文中亦说明台电面临囚犯困境之非零合赛局。颜种盛（2003）则以赛局理论观点探讨台湾地区无线局域网络设备产业之竞争策略。樊泌萍及刘素芳（1995）曾利用不完全信息赛局采反史实分析法，探讨唐荣公司失效案例。樊泌萍（1996）更曾以实验赛局理论应用，探讨学生小学德育教材设计，发现其道德认知在不同年龄层间的确有差异。因此，以实验设计方式应可测度实务上可能面临之相关议题或探讨真实状况。

三、邻避性设施设置协商策略比较实验设计

本研究拟采实验方式来比较不同策略应用下是否产生效益有所不同，因此，实验设计与安排显得重要。本研究为求实验严谨性，于正式实验之前，曾以模拟真实实验状况方式，先进行测试（pre-test）之后，再依参与实验者对实验建议（包括奖金调高为原来的 3 倍，赛局报酬结构应用较真实的数字仿真，以及以实际案例进行情境说明等），修正测试（pre-test）过程中所可能造成误差之相关内容，并针对有关实验应注意之限制与安排进行实验设计。有关实验安排重点与实验设计说明如下。

（A）实验限制

Underwood 及 Shaughnessy（1975）认为，实验的贡献如果做得好，它可以使我们得知自然界的因果关系。他们并认为，实验不一定要在实验室，可以在教

室、高速公路或政府机关进行，称为“实地实验”（field experiment），只是要把这种实验控制好的技术较困难。本研究将模拟真实协商环境（仿实验室状况）进行实验，以减少因外在情境影响导致的实验误差。另外，本研究为符合实验设计要求，并尽量降低误差，将所有参加实验人员均采抽签方式进行区内随机安排建立随机组。实验分成有限次数重复赛局及无限次数重复赛局等两种。有限次数重复赛局以实验重复 20 次为主，避免时间过长使练习误差加大；无限次数重复赛局部分则以时间与次数双重控制方式进行，即时间与预定进行之赛局次数均由实验指挥者控制，俟时间或预定次数先达到者即喊暂停实验，本研究在修正测试经验中选择以 14 分及 30 次为预订基准。

（B）实验设计与安排

（一）赛局模式选择与情境设定

1. 赛局模式选择说明

本研究系以实验方式来检验各种不同协商策略运用之差异，最后再选择较佳之模式作为制定协商机制之参考。因此，有关本实验之各项情境说明如下：

（1）参赛者双方（Player 1 代表政府角色，Player 2 代表民众角色）由于邻避性设施设置关系到相关权利关系人员众多，但在面对政府部门的协商当中，往往意见集中于少数意见领袖当中，而且表达相同要求。本研究所称之民众乃指所有权利关系人（包括居住当地之住民及所有权人）。

（2）以 O’Hare（1977，引自翁久惠，1994）所提邻避性设施设置其可看成囚犯困境赛局，Camerer（2003）亦指出环境污染等公共议题也是属于囚犯困境赛局模式。因此，将有关邻避性设施设置议题下的政府与民众双方报酬结构假设说明如下（详表 9-2）。表 9-2 表示设置邻避性设施在政府角色与民众角色获得之报酬（payoff）结构。其中，政府角色（Player 1）实行的对应方式有与民众合作及不合作两种，而民众角色（Player 2）实行的方式有与政府政策合作或不合作。所谓合作，系指政府或民众部门对于对方不论所采取的策略或要求为何，其对应之方式均同意配合，不合作则反之[1]。另外，在报酬结构表中括号内之 δ 值，前者表政府角色在赛局进行中采用不同方案结果所获得之效益值（以货币值表之），

---

[1] 所谓合作就民众而言指为“就邻避设施设置之政策，不论政府采何方案及补偿措施均愿意配合”，反之则为不合作。就政府部门而言，合作所指为“就邻避设施设置之政策，只要民众同意设置，不论民众要求补偿多寡均愿意配合”，而不合作则为“就邻避设施设置之政策，政府只愿依拟定补偿方案执行，民众所提额外要求均不同意，必要时不顾抗争采强制手段”。

后者则是民众角色获得之效益值。

邻避性设施公私部门报酬结构 表9-2

		Player 2（民众）	
		合作	不合作
Player 1（政府）	合作	($\delta 1$，$\delta 1$)	($\delta 3$，$\delta 2$)
	不合作	($\delta 2$，$\delta 3$)	($\delta 4$，$\delta 4$)

在上述报酬结构中，政府角色内部报酬结构系以邻避性设施设置计划（该计划为外生变量）之可能经济效益为衡量。换言之，经济效益在本研究所指即计划总效益减去计划总成本。其中，效益研究系指以效用或财产权理论所定义，本处暂不讨论。但本研究认为不论采效用或财产权定义，效益应包括因该计划取得执行权及执行后在实质（如金钱等）或非实质（如社会效益等）上效益之总和，而总成本则包括因计划取得执行权及执行后在实质（如人力、金钱等）或非实质（如社会成本等）上投入成本之总和。而民众角色内部报酬结构亦同。本研究之政府角色总效益包括垃圾问题的解决及因垃圾问题解决后所增加之实质与非实质效益，而总成本则因计划执行所必须投入之实质（含建造、土地取得、相关设施兴建成本等）与非实质资源（包括民众抗争及时间成本等）。而民众角色之报酬结构所指为，因邻避设施设置或不设置，其于公共领域所获得之非实质效益（如增加或减少公共空间使用等）及所获金钱补偿之效益计算。基于囚犯困境赛局理论，其报酬结构应具有下列特性。

$$\delta 2 > \delta 1 > \delta 4 > \delta 3$$

（合作，合作）为政府与民众的行动方式组合，其报酬结构为（$\delta 1$，$\delta 1$），代表政府角色与民众角色在设置邻避设施过程中，采取合作态度。由于政府角色受到民众角色的完全配合，因此在计划执行中①由于没有抗争，节省防止抗争的成本；②由于没有抗争，在时程上将缩短，同时亦因时程上节省而在预算及利息上将因此而更显减少，因此计划效益增加；③因为政策顺利推动所获得之效益，因此计划效益增加。而（不合作，不合作）为政府与民众的另一行动方式组合，其报酬结构为（$\delta 4$，$\delta 4$），代表政府部门与民众部门在设置邻避设施过程中，采不合作态度。由于政府部门受到民众部门的抗争，因此在计划执行中①由于抗争，增加防止抗争的成本；②由于抗争，在时程上因而延长，同时亦将因时间上拉长而增加此预算及支付利息，因此计划效益将减少；③因为政策推动遭抗争所增加之成本导致计划效益减少。另外，（合作，不合作）与（不合作，合作）分别代

表一方采取不合作态度而另一方采取合作态度，此时，因为政府与民众一方采取不合作态度，因采取不合作一方其短期效益升高，但采合作一方，其相对所负担成本亦高，效益则降低，例如政府为符合民众要求采取合作态度，在设置邻避设施方面对民众有求必应，其所负担成本将不断提高，导致效益降低，而对社会总效益而言亦可能降低。以上所陈述之报酬结构内容，符合邻避设施设置时之真实状况，亦符合囚犯困境赛局之内涵。因此本研究将以囚犯困境作为实验假设情境，并以实际报酬内容作为实验基础，且假设其报酬结构如下表 9-3 所示。有关表中数字，由于本研究主要先测试实验可行性，系由上述假设中以政府、民众角色之效益及其应有之关系所假定数字，供作实验基础。但是这些数字已充分表示囚犯困境赛局结构的特性。至于这些数据所代表的意义，是效用或财产权，此处暂不讨论，但数字愈大表示结果愈好。其中，在邻避性设施设置态度上因民众对该政策并未进行抗争，因此，政府将可节省额外之外部成本（如为防止抗争成本），用以增加在民众补偿或增加小区公益性设施。因此，政府与民众效益假设为（8，8）。而不合作一方若遇对手合作完全配合其效益将增加，其余不另赘述。为使实验进行具真实感，报酬部分将以货币值表示。

邻避性设施政府与民众部门报酬结构表　　表9-3

		Player 2（民众）	
		合作	不合作
Player 1（政府）	合作	（8，8）	（2，15）
	不合作	（15，2）	（3，3）

单位：亿元新台币。

2. 实验案例选择与说明

台北市政府为解决垃圾问题，希望于内湖区设置第三垃圾掩埋场，掩埋场土地取得成本约 15.4 亿元新台币，工程兴建成本 12.4 亿元新台币，另根据以往惯例恐仍需有回馈金回馈乡里。若兴建完成可处理垃圾量约 100 万 m^3（大约是以大森林公园填高一层楼的量），总面积 $30hm^2$（含掩埋区 $9hm^2$，缓冲区及绿带 $21hm^2$）。但由于都市计划已变更完成，土地所有权人亦面临被限制建筑之管制。因此，政府在进行有关邻避设施设置时可能会面临下列三种状态（真实状态中民众可能透过议会了解政府与民众面临何种情境），用下文的三种情境加以描述，本研究为确实了解政府部门面临不同情境下各策略之差异，对此三种情境进行赛局模拟。政府与当地民众可能面临的情境说明如下：

情境一：政府因为受限于有时程压力，必须于一定时间内完成掩埋场设置。

情境二：政府已有其他替代方案，时程已非重要考虑，但由于都市计划已变更完成，且全市仍有该项需求，无法变更为其他使用。

情境三：政府与民众对于邻避设施将面临何种挑战状况均未知时。

3. 参赛者

Player 1（代表政府）、Player 2（代表民众）

4. 策略说明

兹将政府所有可能采用策略采本研究前所归纳之四种策略，分别是忠诚策略、报复策略、以牙还牙策略及混合策略等四种。

5. 为避免因情境假设造成误解，本研究假设参赛者双方在信息对称下进行实验。

（二）实验假说

本研究既然以实际状况模拟并以囚犯赛局理论为基础，实验假说说明如下：

(1) 政府在所有可能实行的策略中，各种策略执行所得之报酬，依面临之情境不同及因采用策略之不同，应有明显差异。

(2) 在协商过程中，由于邻避设施设置依实际需要，时程上长、短有所不同，因此，将因赛局进行为有限次数重复赛局及无限次数重复赛局之差异，政府部门采用之策略结果应有不同。

（三）实验进行

本研究将赛局进行分成赛局一（有限次数重复赛局）及赛局二（无限次数重复赛局）两种，又将参与实验人员中的政府角色人员分成甲（忠诚策略）、乙（触发的报复策略）、丙（以牙还牙策略）、丁（混合策略）四组，而扮演民众角色人员则随机对应分组。但仅政府角色实验者知有策略，民众角色则完全不知道政府角色实验者有策略之运用，即政府角色为控制组。为使实验进行时与真实状况相似，在实验环境安排方面，本研究采政府与民众对座方式进行（图 9-1），而实验进行之后管制人员进出，并在实验进行前禁止交谈。在确认所有人对此实验均为第一次参与后进行实验。

（四）赛局得分规则

参赛者由参赛结果依下表计算得分，并要求各参赛者应详细阅读，确实了解实验及得分内容表 9-4，另为鼓励参与者能严肃且认真协助实验进行，本研究设有奖金规则，以激励参与实验者（表 9-5）。

得分规则表　　表9-4

出牌		得分	
Player1（政府）	Player2（民众）	Player1（政府）	Player2（民众）
○	○	8 亿元新台币	8 亿元新台币
×	×	3 亿元新台币	3 亿元新台币
○	×	2 亿元新台币	15 亿元新台币
×	○	15 亿元新台币	2 亿元新台币

注：○表示合作；×：表示不合作。

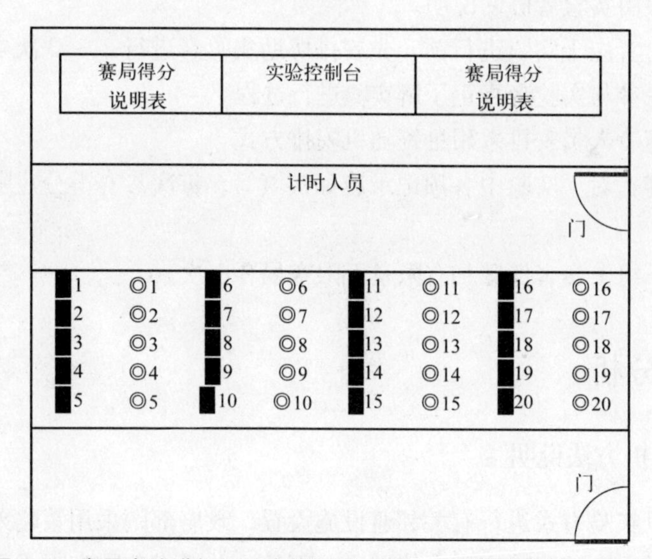

图 9-1　赛局实验进行场地安排形式（台北大学教学大楼 room304）

■表政府部门

◎表民众部门

奖金规则表　　表9-5

总平均（亿元新台币）	奖金
10.0 以上	300 元
8.0 ~ 9.9	150 元
6.0 ~ 7.9	50 元
5.9 以下	0 元

（五）实验进行程序及规则说明

1. 分组

本项实验将所有人分成两组，分别代表政府（参赛者一：Player 1 当代表）及民众（参赛者二：Player 2 当代表）两部分。

2. 实验进行程序及规则

（1）每位参赛者均有两张纸牌，一张画“○”，另一张画“×”。

（2）每位参赛者均应详细听取实验主持人口令同时出牌。

（3）同时出牌者一旦出牌则不得更改。

（4）实验进行中禁止任何交谈。

（5）参与实验者对于角色扮演应充分了解，实验进行中若有疑问不得公开发问，但可举手由实验者协助说明。

（6）实验者应于实验进行前，先安排协助实验者进行 2 ～ 3 次实验模拟，以实作说明确保参与实验者真正了解实验进行过程。

（7）参赛者人员安排采用抽签随机安排方式。

（8）参赛者对于实验中各项记录应如实填写。每次参赛得分应随即记录在得分表当中。

（9）每一组参赛者仅参加有限及无限赛局各一次。

四、结果分析

（一）分析方法说明

本研究以实验方式进行有关邻避设施设置，政府部门采用策略差异之相关研究分析。由于系比较策略应用上的差异，而且一并考虑面临有限或无限之重复赛局状态下之差异，因此本研究采用统计学上之变异数分析方法，分别针对不同情境下之实验结果进行分析，并且采用 SPSS for Windows 软件包进行分析。为了解当已知不同策略面临之赛局为有限次数或无限次数赛局时其策略应用上是否有差异，将采进行单因子（ANOVA）变异数分析以及二因子（MANOVA）变异数分析方法。

（二）赛局实验者参赛状况分析

首先，本研究对于所有参赛者进行参赛状况分析。在面临有限次数重复赛局，且政府因为受限于时程压力，必须于一定时间内完成掩埋场设置之情境（即情境一）下。本研究依统计数据显示尝试了解政府与民众在赛局一开始之信任态度，结果发现,政府角色75%(15位)会在第一次采合作态度,但民众却仅有40%(8位)会在第一次采合作态度。显然，民众对政府多采不信任态度。在面临政府已有其他替代方案时，时程已非重要考虑。但由于都市计划已变更完成，在无法变更为其他使用之情境（即情境二）下,政府角色70%（14位）会在第一次采合作态度，但民众却仅有35%（7位）会在第一次采合作态度。显然，多数民众对政府依旧采不信任态度。在政府与民众对于邻避设施将面临何种挑战状况均未知时之情境（即情境三）下，政府角色75%（15位）会在第一次采合作态度，但民众却仅有25%（5位）会在第一次采合作态度。这意味着对于邻避设施设置，政府在一开始多采取信任合作的态度，希望以善意减少抗争，但民众不论面临何种状况，则多不愿意与政府合作。很显然，民众不论面临何种状况，对于政府一开始均较具有防卫及不愿合作的态度。而在无限次数重复赛局中情况亦同，但当赛局进行几次后民众合作态度则有明显增加，达45%（9位），这与Dixit及Skeath（2002）在其所著《Game of Strategy》一书中所提到的论述“赛局中的合作行为可能且一定会发生”相符。

（三）政府角色运用策略单因子（ANOVA）变异数分析

为了解政府在不同策略运用上是否有差异，本研究分别针对有限次数、无限次数重复赛局进行分析。依本研究实验结果，不论在何种情境之下，若仅针对政府角色运用策略进行单因子比较分析，结果都显示政府角色运用各策略后获得之效益并无明显差异，但本研究前已说明，政府重点应在公共利益最大化。因此，政府与民众之效益总和所形成之社会总效益，更是政府在邻避设施赛局中更关心之结果。在有限次数重复赛局当中，其结果分析如下。

（1）有限次数重复赛局状况下

在有限次数重复赛局状况下，当政府面临情境一的状态时，不论政府采用何种策略均无差异。而当政府面临情境二的状态时，其各策略运用上所得之平均值，以以牙还牙最高，为平均141.2亿元新台币。ANOVA分析P value为0.031（*P*=0.05）（表9-6），具有显著差异。而当政府面临情境三时，其各策略运用上所得之平均值仍以以牙还牙最高，为平均120.2亿元新台币。Pvalue为0.02（*P*=0.05）（表9-7），亦具有显著差异。本研究认为，情境一由于民众具有优势地位（因为政府有时程压力民众则无），政府的策略应用上已有限制。加上民众了解其所占优势地位，民众当仰此优势进行协商。因此，政府策略自然有限而无差异。

（2）无限次数重复赛局状况下

在无限次数重复赛局状况下，当政府面临情境一的状态时，不论政府采用何种策略均无差异。而当政府面临情境二的优势状态，其各策略运用上所得之平均值，以忠诚策略最高，为平均 148.2 亿元新台币。ANOVA 分析 P value 为 0.010（*P*=0.05）（表 9-8），具有显著差异。而当政府面临情境三时，其各策略运用上所得之平均值以以牙还牙得分最高，为平均 170.0 亿元新台币。ANOVA 分析 P value 为 0.064（*P*=0.05）（表 9-9），略具有显著差异。

有限次数重复赛局（情境二）政府部门采用各策略
社会总效益平均值变异数分析表　　**表9-6**

	Sum of square	df	Mean square	*F*	*P*
组间变异	34093.750	3	11364.583	3.823	0.031
组内变异	47566.000	16	2972.875		
总变异	81659.750	19			

有限次数重复赛局（情境三）政府部门采用各策略
社会总效益平均值变异数分析表　　**表9-7**

	Sum of square	df	Mean square	*F*	P value
组间变异	33755.750	3	11251.917	3.343	0.020
组内变异	41451.200	16	2590.700		
总变异	75206.950	19			

无限次数重复赛局（情境二）政府部门采用各策略
社会总效益平均值变异数分析表　　**表9-8**

	Sum of square	df	Mean square	*F*	P value
组间变异	72857.800	3	24285.933	5.238	0.010
组内变异	74188.000	16	4636.750		
总变异	147045.800	19			

无限次数重复赛局（情境三）政府部门采用各策略
社会总效益平均值变异数分析表　　表9-9

	Sum of square	df	Mean square	*F*	P value
组间变异	21755.350	3	7251.783	2.953	0.064
组内变异	39297.200	16	2456.075		
总变异	61052.550	19			

由以上结果分析得知，当信息较充分且政府在赛局参赛时程掌控权较大时，或者在信息缺乏，政府与民众对于面临情境一无所知时，政府在策略运用上就有效益上的差别，特别是以牙还牙策略较佳，与相关文献中（Axelord，1984）强调以牙还牙策略较佳之论述不谋而合。这表示政府应因应情境之不同而采不同策略运用。

（四）政府角色运用策略二因子（MANOVA）变异数分析

依本研究实验结果进行二因子分析得知，不论在何种情境之下，若仅针对政府角色运用策略进行二因子（MANOVA）比较分析，其结果显示政府角色运用各种策略获得效益之间并无明显差异。但若以社会总效益来分析，当政府面临情境一的劣势状态时，其各策略运用上所得之平均MANOVA分析虽未具有显著差异（Wilks' Lambda P value为0.105）（*P*=0.05），但忠诚策略相对于有限、无限重复赛局因子确有明显差异（表9-9）。换言之，单纯从政府角色观点在情境一状况下，政府不论采用何种策略，其在政府角色之效益上无明显差别；但若从社会总效益观点而论，不论政府或民众效益的增加，都代表社会总效益增加。此时，一旦政府采忠诚策略，则面临有限、无限重复赛局下对社会总效益就有差别。此时政府必须确认其所面临究是属有限或无限之何种赛局状况。换言之，除非政府因政策或选票考虑而必须无选择地采取忠诚策略对民众退让，政府应在有限或无限之赛局状况下，谨慎使用忠诚策略。另外，当政府面临情境二时，各策略运用效益上并无显著差异。换言之，当政府较无压力情况下（情境二），任何策略应用就显得不重要。但当政府面临情境三时，其各策略运用上所得之社会总效益MANOVA分析则具有显著差异（Wilks' Lambda P value为0.015）（*P*=0.05）；而忠诚策略与以牙还牙策略相对于有限、无限重复赛局因子确有明显差异，P value分别为0.00及0.032（*P*=0.05）（表9-10）。报复策略则略有差异，但并不明显（P value为0.083）（*P*=0.05）。另外，混合策略则无明显差异（P value为0.406）（*P*=0.05）。

换言之，在信息不明的情况下（情境三），策略应用就很重要，因为其所造成的社会总效益具有显著差异。

由以上分析结果看出来，策略运用上就必须详加考虑政府策略因子和有限及无限赛局因子的差异，尤其是忠诚策略与以牙还牙策略。显而易见地，政府各项策略运用之间确实有差异性存在，唯必须强调在不同情境下采用不同策略。

有限、无限次数重复赛局政府各策略运用社会总效益

二因子变异数分析表（情境一）

Multivariate tests 表9-10

Effect	Value	*F*	Hypothesis	Error df	P value
有无 Wilks' Lambda	0.268	3.423	4.000	5.000	0.105

Test of between-subject effects

Source dependent variable	Type III sum of squares	df	Mean square	*F*	P value
有无忠诚	3610.000	1	3610.000	6.017	0.040
报复	6604.900	1	6604.900	1.223	0.301
还牙	2624.400	1	2624.400	0.379	0.555
混合	2016.400	1	2016.400	0.506	0.497

有限、无限次数重复赛局政府各策略运用社会总效益

二因子变异数分析表（情境三）

Multivariate tests 表9-11

Effect	Value	*F*	Hypothesis	Error df	P value
Wilks' Lambda	0.003	453.647	4.000	5.000	0.000
有无 Wilks' Lambda	0.117	9.421	4.000	5.000	0.015

Test of between-subject effects

Source dependent variable	Type III sum of squares	df	Mean square	*F*	Sig.
有无忠诚	25603.600	1	25603.600	39.844	0.000
报复	34810.000	1	34810.000	3.939	0.082
还牙	24700.900	1	24700.900	6.674	0.032
混合	3920.400	1	3920.400	0.769	0.406

五、讨论

本次研究采用实验设计方式进行有关邻避设施设置协商策略比较研究，实验结果不论在操作程序或操作结果分析上皆被证实确实可行。在实验设计上考虑参赛者专业及角色扮演，选择市政系与不动产与城乡环境规划学系同学担任。建议未来可再由公行系及企管系或都市规划科系进行下次实验，进行效度比对。另外，奖金诱因确实对实验者有鼓励作用，可再提高奖金额度以增加精确度。而赛局时间应能够让参赛者足够思考，因此在时间上可再调配。再就实验结果内容而言，在囚犯困境赛局当中最重要之报酬（参赛者效益）结构，先依理论采货币值假设。毕竟邻避设施是一种公共设施设置，但本研究认为应可采效用或经济财产权观点讨论定义之。

而有关财产权部分，Furabortan 及 Richter 在其所著《Institutions and Economic Theory》（引自颜爱静译，2001）中提到财产权理论系源自于 Coase 的交易成本（transaction costs）观念，包含财产权的配置对经济影响所担任角色导向逻辑性的理解。Coase（1960）认为假定交易成本为零，不论权利如何分派，个人都将交易到其应有权利，直到达到 Pareto 效率配置。Coase 更发现，类似洁净空气与安静权利或从事有害影响活动权利就是财产权。另外，信息的掌握在经济决策中占相当重要的地位。决策者不能假设信息是完全信息（complete information），因而需要遵循 Simon 所提之有限理性（bounded rationality）。因此，新制度经济学认为交易要花费成本。Alchian 甚至尝试把交易成本视为等同信息成本。而且，因为有正的交易成本存在，财产权无法完全分派（例如污染空气权利）或定价（郊区购物中心停车空间依先来的先服务的原则予以分派）。赖世刚（2002）曾从财产权观点探讨开发许可与土地使用分区管制制度间的差异。Alchian 及 Cheung 则提出经济财产权非以法律财产权为必要，法律财产权则可巩固经济财产权。对于商品，若能具有完整的知识（knowledge）则更能拥有其价格（引自颜爱静译，2001）。Barzel（1997）则从配给理论、汽油竞价控制与契约选择探讨财产权流失于公共领域的概念。本研究认为，邻避设施协商过程以及策略应用的效益计算，应从经济财产权的观念切入，而非仅视其实质补偿或受补偿之价款而论断。但由于本研究的目的在测试赛局实验应用是否可行以及比较策略应用上的差异，因此有关本研究之赛局报酬结构则先假定其系为以经济财产权试算之报酬结构。换言之，在本文中暂不讨论财产权问题，但可作为后续数理模式建立时变量定义的考虑因素。

而由于本研究为了解策略运用上是否具实质上的效益差异，对政府采取了控制策略的参赛方式。换言之，政府角色可运用之策略是被预先规范固定住，此与赛局双方由自由意愿使用策略有所不同。而且政府部门以公共利益为考虑，而非以追求单方利益最大为目标，在策略应用上多数均采合作之态度。因此，在实验初期多数组别均未达 Nash 均衡之状况（达 Nash 均衡之状况组数在有限或无限赛局分别占全部组数之 20% 及 14%），此与赛局理论结果较有出入。但在重复赛局中最后双方都倾向合作，与理论则相符。

另外，本研究中，由于实验者从事实务工作将近 15 年，除可确实将实务上之各种状况掌握外，对实验参加者各种状况控制亦能充分掌握，使参赛者在实验室中宛如真正参与赛局。而此次又以邻避设施设置为议题，实验过程中以实际案例（内湖垃圾掩埋场）为模拟，使参与者亲身感受真实状况。因此本实验应具有较强的应用价值。此外，既然政府在面临不同情境时采用之策略确有差异，政府在邻避设施政策上，不应造成民众"吵就有糖吃"的印象，反而可采以牙还牙策略，让民众也警觉到抗争未必是他们最佳的选择。

六、结论

本研究采取赛局实验方式，以赛局理论为基础对协商策略之差异进行测试。尤其系以邻避设施为研究主题，对于所有参赛者进行状况分析。不论在有限次数或无限次数重复赛局中，很显然，民众对于政府一开始均较采取防卫及不愿合作的态度；但当赛局进行几次后民众合作态度则有明显增加，达 45%（9 位），这与文献上的结论相符（如 Dixit 及 Skeath，2002；Axelord，1984）。而从实验结果分析中得知，对于社会总效益，就各项策略运用进行单因子分析，在情境二、三下，不论是面临有限或无限重复赛局均有差异，而且以以牙还牙策略为佳。这与加拿大赛局理论学家 Anatole 所提论点相符，与本研究认为各策略应有差异之假说亦大致相符，唯情境一情况下显现无差异部分略有出入。本研究认为，由于民众具有优势地位（因为政府有时程压力，民众则无），政府的策略应用上已有限制；加上民众了解其所占优势地位，当仰此优势进行协商，因此政府策略应用自然有限而无差异。因此，本研究仍认为策略应用结果应有差异，但必须再考虑政府面临情境不同之因素。

若同时考虑策略应用因子及有限次数、无限次数之因子，则政府具有政策执行压力时（情境一），其各策略运用上未具有显著差异。唯独忠诚策略相对于有限、无限重复赛局因子确有明显差异。换言之，若从社会整体观点而论，一旦政府采忠诚策略，则面临有限、无限重复赛局下对社会总效益就有差别。另外，由于情境二不论有限无限或策略应用上均无差异。因此，当政府毫无时程压力时，任何策略应用就显得无差别。但当政府及民众面临信息不足状况时（情境三），其各策略运用上所得之社会总效益便具有显著差异，此时政府就必须慎选策略应用。可见决策时间压力及信息提供均影响最适协商策略的选择。

参考文献

[1] 丁秋霞．邻避性设施外部性回馈原则之探讨——以台北市垃圾处理设施为例 [D]. 淡江大学建研所硕士论文，1998.

[2] 李永展．邻避效应前瞻 [J]. 台湾立报环境前瞻系列，2002：1-2.

[3] 李世杰．污染性设施对居住质量影响之研究——以台中火力发电厂为例 [D]. 逢甲土管所硕士论文，1994.

[4] 巫和懋，夏珍．赛局高手——全方位策略与应用 [J]. 时报，2002：112.

[5] 林佑任．议价谈判策略模式之研究——以汽车交易之议价过程为例 [D]. 中兴大学企业管理研究所硕士论文，1996.

[6] 洪兰，曾志朗合译．心理学实验研究法 [M]. 台北：远流出版社，1997.

[7] 翁久惠．嫌恶性设施对生活环境质量影响之研究——以台北市内湖、木栅、士林三个垃圾焚化厂为例 [D]. 政大地研硕士论文，1994.

[8] 黄仲毅．居民对邻避性设施认知与态度之研究——以垃圾资源回收焚化厂为例 [D]. 文化大学政治研究所硕士论文，1998.

[9] 陈柏廷．嫌恶性设施合并再利用之研究——以福德坑垃圾掩埋场及富德公墓再利用为例 [D]. 中兴大学都研所硕士论文，1994.

[10] 曾明逊．不宁适设施对住宅价格影响之研究——以垃圾处理场个案为例 [D]. 中兴大学都研所硕士论文，1992.

[11] 杨家彦，张建一，吴丽真合译．赛局理论与讯息经济 [M]. 五南图书，2003.

[12] 叶名森．环境正义检视邻避性设施选址决策之探讨——以桃园县南区焚化厂设置抗争为例 [D]. 台大地理环境资源研究所硕士论文，2002.

[13] 刘锦添．污染性设施设置程序之研究报告 [Z]. 经建会，1989.

[14] 樊沁萍，刘素芬．思与言，1995，33（4）：106-142.

[15] 林瑜芬．以博弈理论为架构探讨核四争议中台电公司与环保联盟冲突互动之研究 [D]. 辅仁大学传播研究所硕士论文，1994.

[16] 颜种盛．以赛局理论观点探讨台湾地区无线局域网络设备产业之竞争策略 [D]. 元智大学

管理研究所硕士论文，2003.

[17] 樊沁萍 . 思与言，1996，34（1）.

[18] 赖世刚 . 从财产权与信息经济分析比较开发许可制与土地使用分区管制之利弊 [J]. 大陆规划师，2002，18（76）：64-70.

[19] 邓东滨 . 谈判手册——要领与技巧 [M]. 台北：长河出版社，1984.

[20] 颜爱静译 . 制度与经济理论（Institutions and Economic Theory）[N]. 联合报，2003-10-02.

[21] Axelrod R. The Evolution of Cooperation[M]. New York：Basic Books，1984：110.

[22] Camerer Colin F. Behavioral Game Theory：Experiments in Strategic Interaction[M]. Princeton University Press，2003：45.

[23] Coase Ronald H. The Problem of Social Cost[J]. Journal of Law and Economics 3, 1960(I) 1-44.

[24] Dixit Avinash K.，Skeath Susan. Game of Strategy[M]. W.W.Norton & Company Press，2002.

[25] Rasmusen Eric. Game and Information，an Introduction to Game Theory[Z]，2002.

[26] Knaap Gerrit J.，Hopkins Lewis D.，Donaghy Kieran P.Do Plans Matter? A Game-Theoretic Model for Examining the Logic and Effect of Land Use Planning[J]. Journal of Planning Education and Research，1998，18：25-34.

[27] McDonald Ian M.，Solow Robert M.Wage Bargaining and Employment[J]. The American Economic Review，1981，71（5）：896-908.

[28] Kermit Wies. Cooperative in Regional Transportation Planning：Planning the Lake-Will North Expressway[Z]. Chicago：University of Illinois，1992.

[29] Terhune Kennth. Motives，Situation，and Interpersional Conflict within Prisoner's Dilemmas[J]. Journal of Personality and Social Psychology Monograph Supplement，1968，8（3）：1-24.

[30] Lall A. S. Modern Internation Negotiation：Principle and Pratice[M]. New York：Columbia University Press，1966.

[31] Pruitt D. G. Strategic Choice in Negotiation[J]. American Behavioral Scientist，1983，27（2）：167-194.

[32] Selten R.，Stoecker R.End Behavior in Sequence of Finite Prisoner's Dilemmas Supergames[J]. Journal of Economics Behavior and Organization，1986，7：47-70.

[33] Barzel Yoram Economic Analysis of Property Rights[M].Cambridge：Cambridge University Press，1997：16-46.

第十章　中国土地一级市场中农地非农化制度之初探

【摘　要】中国自2007年10月1日起实行的《物权法》与2008年第十七届三中全会施行的农村政策，对中国实行社会主义市场经济带来了重大的冲击，由原本的集权城市规划转变为由市场经济主导。其对财产权的平等保护及公平竞争赋予了法律的保障，更能确保土地使用权者的权利，财产权更加明确地被界定出来，新的权利因为新的经济力量而产生。其中，当农业用地转为非农业用地使用时，土地的财产权将从较低的农业土地产权，转变成与房地产开发结合成高价的城市土地产权，使得大量的财产权流入公共领域之中，对社会产生重大冲击。制度的转变是为了减少交易成本，促进市场交易，但由于中国相关法令与措施并不完善，反而造成社会对立，以及不必要的社会外部性成本，于是制度的转变反而不利弱势之农民，造成当前中国三农问题严重。

就此，本研究针对中国土地一级市场导入财产权经济分析概念，分析土地一级市场制度出现的问题，导入财产权的概念使土地可以透过供需曲线加以分析，但供需分析中原先X轴的土地数量，应改为土地财产权的数量，此一转变使土地变得像一般财货一样，可以在市场上移动且改变数量。透过土地一级市场的供需分析，可以发现中国土地一级市场受到土地征收补偿制度、农业土地移转制度、土地一级市场交易机制与房地市场政策制度的影响，而其中又以土地征收补偿制度的影响最大。就此，可以提出三个阶段的阶段性政策建议。最后，与《物权法》以及第十七届三中全会施行的农村政策作比较，比较结果为中国的农村政策正朝向这三阶段的政策建议迈进，因此本研究相信中国提出的农村政策建议将能有效解决中国的三农问题。

【关键词】物权法，财产权，公共领域，价格控制，制度，交易成本

一、引言

传统的经济理论中，利伯维尔场透过“看不见的手”——价格机能的运作，使资源的配置与使用达到柏拉图效率。此市场的运作须在完全竞争及无外部成本等前提下才可成立，但现实社会中此前提并不存在，市场无法解决外部性、信息不对称与交易成本等市场失灵问题。Coase（1960）、Demsetz（1967）、Barzel（1999）等人曾引入交易成本的概念来分析说明市场失灵问题，说明土地取得时，财产权界定上将产生交易成本，因此土地取得制度与交易成本及财产权的界定息息相关。本研究尝试将财产权、交易成本等新制度经济学的观念融入至新古典经济学的竞争模型之中，重新定义财产权、交易成本与制度三者的关系，演绎出较符合现实生活的竞争模型，且借由分析中国土地一级市场，说明如何分析财产权、交易成本与制度三者间之竞争模型。

中国自 2007 年 10 月 1 日起开始实行的《物权法》与 2008 年第十七届三中全会施行的农村政策，对中国实行社会主义市场经济带来了重大的冲击，由原本的集权城市规划转变为由市场经济主导。其对财产权的平等保护及公平竞争赋予了法律的保障，更能确保土地使用权者的权利，财产权更加明确地被界定出来，新的权利将因为新的经济力量而产生。《物权法》改变了目前中国土地取得的形式，其中当农业用地转为非农业用地使用时，土地的财产权将从较低的农业土地产权，转变成与房地产开发结合成高价的城市土地产权，将使大量的财产权流入公共领域，对中国农村产生重大冲击。由于中国相关法令与措施并不完善，形成了不必要的社会外部性成本，于是制度的转变将不利于社会弱势之农民，造成中国三农问题[1]严重。就此，本研究针对中国土地一级市场导入财产权经济分析概念，分析土地一级市场制度出现的问题，并对土地一级市场制度作评估分析，提出政策建议以解决当前中国三农问题。

中国 1982 年颁布之《宪法》第十条明文规定城市的土地属于国家所有。农村和城市郊区的土地，除由法律规定属于国家所有以外，属于集体所有；宅基地、自留地及自留山，也属于集体所有。因此，在中国土地无私有的情形，造成中国土地一级市场的权利关系人有三者：政府、开发商及全体人民。故本研究针对制度对政府、开发商及全体人民三者间土地财产权转换时，所带来土地权利的增加与损失加以分析，了解制度的缺失与如何改进。开发商为取得土地进行土

---

[1] 中国的三农问题为农村问题、农民问题与农业问题。

地开发，须先付出权利金向政府取得土地的使用权，而农村和城市郊区的土地属于集体所有，故政府出让的土地使用权须向土地使用权人付出征收补偿金后取得，最后开发商将从土地使用权人（集体）得到土地的使用权。政府在交易过程中应扮演代理商之角色，负责把土地使用权利由使用权人手上交付至开发商，从中管理土地交易市场的安全，以达到对土地的控管。但当前政府却从中获利，引发农民与政府对立的问题。开发商在取得土地使用权后进行开发，再将此权利转让给消费者，并从中获取利益。使用权人借由政府的补偿出让土地的使用权。由此看出土地一级市场将牵涉到土地征收补偿制度、土地公开招标市场、农业土地移转制度与房地市场制度。这四大制度将影响着土地一级市场是否能够有效率地运作。

但在中国，无论是征收时的补偿标准[1]，或是开发商取得土地的行政程序与方法[2]，皆存在种种问题，再加上农业土地移转制度与房地市场制度也出现一定程度的问题，使得当前土地一级市场是没有效率的。故研究土地一级市场制度应如何转变，以减少交易成本与公共领域中被无偿取得之权利，并提升土地一级市场的交易热络，将是本研究的核心。

基于上述研究动机，本研究将以中国土地一级市场为主体，以财产权的观点，探讨中国土地一级市场制度的问题所在。在追求经济效率的基础上，研拟土地征收补偿标准以及土地取得制度的改善政策，以改善中国三农之问题。本文之研究目的可以整理如下：

（1）在新古典供需模型中导入财产权的观念，建立土地财产权的竞争市场模式，重新定义中国土地一级市场的供给与需求曲线，并以数学代数计算了解供需曲线的影响要素，以厘清中国农地取得之一级市场受到哪些政策制度的影响。

（2）透过文献归纳分析土地一级市场制度，了解土地一级市场制度是否完善，以及制度不完善时应如何改善使得市场达到效率。例如，农业用地征收补偿金额标准不一，故探讨补助标准如何制定，才能达到社会公平与正义，消除社会发展的不安定。

---

[1] 根据文献归纳当前土地征收补偿制度最常出现的问题为：①不明确且矛盾的法律条款。②土地取得的补偿价格忽略考虑公平正义。③土地取得时政府与农民之间的收益分配问题。④土地需求上升造成社会紧张。⑤土地征收程序不透明，造成贿赂。

[2] 中国土地取得方式复杂且方法众多，行政程序的繁杂使财产权更加难以描绘，将导致部分的财产权价值流入公共领域之中，大量的财产权流入公共领域之中将导致开发商在选择取得土地的方法时，需要先收集土地现况的信息，以取得公共领域中的财产权，无形中增加了许多收集情报的交易成本，而繁杂的交易成本，将造成土地市场的效率低落。

（3）提出如何改善当前的政策与征收制度，以增强民众对政府的政策信心，缩减当前的社会紧张，改善中国三农之问题。

二、基本理论与文献回顾

古典与新古典的经济理论中，并无土地经济学的分类，而土地拥有与一般财货不同的性质。土地利用之情形受风俗、传统、法律及制度所影响，故套用在传统经济学中必须给予修正。以往经济学家尊重亚当·斯密主张的自由放任经济原则，但自由放任的私有权及管理，并未能解决土地使用的问题，尤其是土地外部性带来的问题。后续出现的旧制度经济学认为应该透过政府干预以解决土地问题，旧制度学派基本强调非市场因素（如制度、法律、历史、社会和伦理等因素）是影响社会经济生活的主要因素，这些和土地使用所受的影响相类似(图 10-1)，不过制度学派缺乏理论基础，常为人所诟病。故在探讨土地问题时，须以新制度经济学为基础，站在新制度经济学派的论点结合传统经济学重新作出阐述，来解决当前中国农业土地取得的问题。

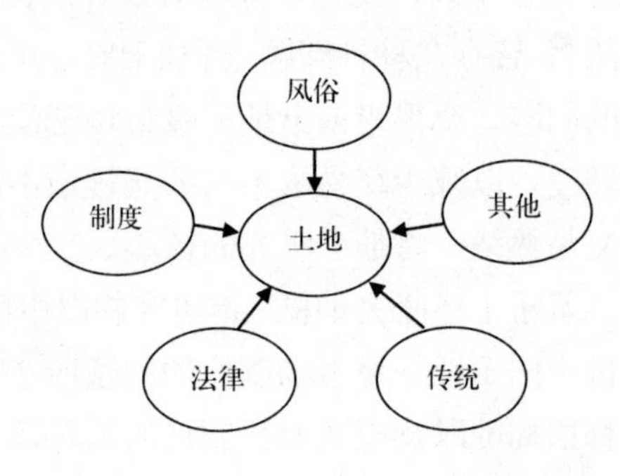

图 10-1　土地影响因素（本研究绘制）

土地开发的过程，首先牵涉到财产权的定义与公共领域（public domain）配置的问题，接着则牵扯到开发中交易成本的问题。为了追求利益最大化，付出庞大的交易成本夺取财产权（图 10-2）。但庞大的交易成本，将降低获得的利益。为了获取更多利益，透过学习产生交易模式，长时间下来交易模式成为交易的习惯。交易模式降低交易中的不确定因素，使得交易中的协商成本、信息收集成本等交易成本随之减少。交易模式初始时一定不够完善，所以降低的交易成本有限。于是不断修正改善交易模式，使交易模式越来越完善，多数人习惯

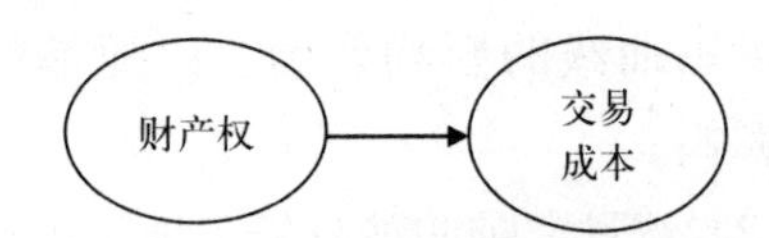

图 10-2　财产权与交易成本关系
（本研究绘制）

于这种交易模式，此时交易习惯演变为交易下的制度[1]。但制度为人所建立，必定存在着缺陷，部分人在自私与投机的心理下利用制度的缺陷获取财产权。故本研究将交易成本分为在制度下财产权交易时所带来的制度化交易成本与非制度预期下人们财产权交易的外部性交易成本[2]（图 10-3），以此探讨财产权、交易成本与制度间的关系。

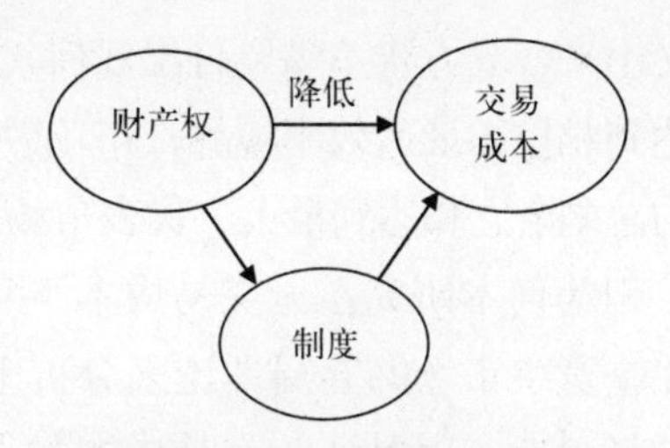

图 10-3　财产权、制度与交易成本关系（本研究绘制）

三、财产权观点建构土地经济的模式分析

在新古典经济学中，忽略财产权的观念，将社会假设为无交易成本的形态去作分析，但现实的社会中，交易成本是存在的，有时甚至是非常庞大以至于不会发生交易，因此这样的假设是与现实不符合的，也使新古典经济学仍无法解释诸多攸关土地的问题。缺乏财产权的观念，造成土地市场分析以土地数量作为供需模型的 X 轴，土地数量因为具有僵固性，故在土地经济学中认为土地价格决定在需求者一方，但在现实社会中，土地的买卖是购买土地的财产权，土地财产权可以因为人为因素而变动，以往认为土地供给是不具弹性的观点将因此而改变，人们可以透过劳力与资本，改变其土地财产权的供给，故土地财产权供给是可以变动的。因此，在模型建构上除了分析原先既有影响供需曲线的要素，还会加入交易成本与财产权观念作分析，设计出适合土地分析的竞争市场模式。所以，首先须说明如何将财产权的观念带入竞争市场模式，接着分析土地的特性，将其特性与竞争市场模式融合，使模式适合土地所使用，最后将土地一级市场以代数形式计算以决定供需曲线的影响参数。

（一）财产权结合新古典经济学的供需模型

竞争市场的供需模型中，具有一项不符合现状的假设：销售者及购买者对市场的情报均完全了解。而这代表了市场无交易成本的存在，也就说明财产权是被完整

---

[1] 制度为新制度经济学所定义的制度——institution，文字解释除了翻译为制度外，也可翻译为习惯的，因此交易习惯将演变为交易下的制度，而本研究所谓的制度包含了正式与非正式的制度。

[2] 本研究加入非制度预期下的外部性交易成本，使竞争模型中假设人的行为为完全理性变成因为具有自私与投机动机的有限理性。而且制度化的交易成本包含了监督成本、执行成本等交易成本，也说明了本研究竞争模型上人的行为假设为有限理性。

定义出来，双方皆不需要付出任何代价即能取得信息。此时交易市场透过看不见的手达到柏拉图最适效率境界，市场效率为最佳且此时资源分配能使社会所有成员得到的总剩余之和达到最大，代表市场为最有效率的时刻，是最有效率的市场经济。

但为何本研究在无交易成本下利用完全竞争市场作为分析，而非利用较适合不完全竞争市场的赛局理论来分析土地一级市场制度？主要是根据 Stigler (1972) 在解释科斯定理时认为交易成本如果不存在，会导致不完全竞争市场（独占、寡占等市场）表现得像完全竞争市场。但为什么不完全竞争市场会表现得像完全竞争市场呢？本研究根据完全竞争市场成立要件来推论产生此行为的原因，有两点：一是在信息取得不需耗费任何成本时，消费者能够明确了解独占厂商的商品售价，市场价格将不会由厂商自行决定；二为交易成本不存在的另一个隐含意思是“财产权被界定清楚且权利归属明确，且市场的运作不需要成本”。也就是消费行为里，消费者购买的不再是商品的数量，而是购买商品不同种类的财产权利与数量，无论其权利是使用权或所有权，不同种类的权利透过市场估价而确立市场价值，此时商品为所具备权利价值的集合，商品不再具备异质性。现实生活中，买卖交易正是购买商品的使用权及所有权等权利，也因此产生目前盛行的衍生性金融商品。

Stigler（1972）曾说：“一个没有交易成本的社会，宛如自然世界没有摩擦力一样，是非现实的。”既然社会中存在着交易成本，且在买卖过程中，人们是购买商品的财产权，无论其权利性质为使用、收益、所有、处分或是他项权利，已经不再是以往竞争市场分析里认为的消费者所购买的是商品的数量。故本研究认为将财产权的观念带入自由经济市场的供需分析时，应将原先 X 轴的数量，重新定义为财产权的数量，且财产权的获取带来了交易成本，人们为了追求利益最大化而制定出制度来降低交易成本。但如前文所述，制度是有所缺陷的，人们因为自私与投机的心理将利用制度的缺陷获取更多财产权。因此传统的供需模型需要加入制度带来的交易成本以及其他非制度因素带来的外部性交易成本，才会贴近于现实情况，也因此能更准确地分析制度对市场的影响。

在考虑交易成本影响下的供需模型时，本研究假设每单位财产权的交易之交易成本为固定数值，且交易者了解交易环境受到哪些制度的影响，因此制度的交易成本被供需双方内部化，所以交易成本分为制度与非制度的交易成本。举都市更新的例子说明，都市更新依照都市更新条例，开发商需要经过事业概要、事业计划与公听会等程序来取得居民与政府的同意，居民则需付出时间参与公听会与拆迁时需他处定居等成本，只要想完成都市更新的地区都需要付出这些交易成本，这些依照法令程序所产生的成本将被双方内部化，此为制度化的交易成本。但是某些居民为了从都市更新中获取更多利益，透过非法律途径的抗争向开发商要求更多利益，或是开发商为了快速完成更新案件使用武力逼迫、私下贿赂等方式取得居民同意书，双方付出非制度所预期的交易成本取得财产权，此为非制度的外部性交易成本。因此考虑交易成本后的市场供需曲线将会由 S、D 曲线移动至 S_1、D_1 曲线（图 10-4）。假设每单位财产权的交易之交易成本固定，T_1 为制度交易成本，T_2 为非制度的外部性交易成本。

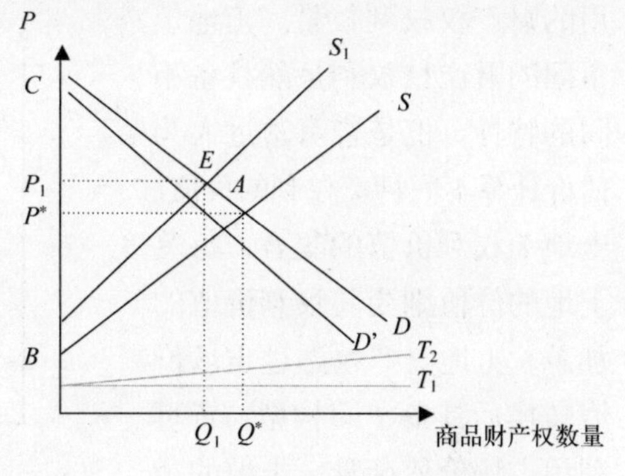

图 10-4 财产权赋予消费者之供需模型

（二）土地财产权的导入

一般对于土地的研究较少使用竞争市场分析，是因为土地与一般财货有所差别，虽然在经济学领域被归为资本财货，但土地具有以下自然的特性 ❶ 以及人文的特性 ❷，使得土地与资本财货仍具有极大的差异。而 Demsetz（1967）认为，没有人拥有土地，只拥有该土地的权利；而现实生活中，土地市场所交易的不是土地的数量，正是土地的财产权价值，例如土地的所有权、处分权、租赁权与地上权等权利。现今土地权利因不动产证券化，可以像其他衍生性金融商品一样在非实质的市场上交易。本研究依据土地的特性——土地的用途多样性、社会经济位置的可变性、土地的技术性技能（承载力、养力）等，发现这些特性与财产权的特性相符，皆代表土地的权利价值是可以改变的。例如，土地使用管制，每笔土地的容积率与土地使用类别不同，土地的价值就不同。但是土地特性中的数量固定性、个别性与不可移动性与一般财产权特性较为不同，所以需加以解释，否则土地财产权之供需模型将会遭到质疑。在数量固定性方面借由导入土地财产权的概念后，原先 X 轴土地面积转变为土地财产权数量时，土地的供给变为土地财产权的供给，财产权的可变动性使土地财产权的供给曲线具备弹性，不再是以往土地市场交易供给曲线的垂直固定不变（图 10-5）。

土地特性中的个别性依据上一节的推论，土地市场所交易的是土地财产权价值，而非以往认定的土地数量，也就是土地的价值为根据制度判定其所具备可利

❶ 所谓土地的自然特性，是指自然物体的土地，其本身所具有的特殊性质，包括下列六项：①积载力。②养力。③不可移动性。④数量固定性。⑤生产力永续性。⑥个别性。

❷ 土地在人文方面的特性，是土地与人类发生某种关系时才会表现出来，包括下列三点：①用途多样性。②社会经济位置的可变性。③分割及合并的可能性。

用的财产权权利数量。土地上不同的财产权权利虽然具备不同的特性，但是皆可透过人为估价计算不同种类权利的价值。土地为权利价值的集合，每笔土地的价值则为其权利价值的加总。土地财产权透过市场价值转换后具备了同构型，皆可利用市场价值衡量。土地的个别性将获得解释（图 10-6），例如不动产证券化，将不动产估价计算后让投资者决定投资金额以取得不动产收益权的比例，或是土地容积透过人为估价运算后，可以移转至另一笔土地作为容积使用。

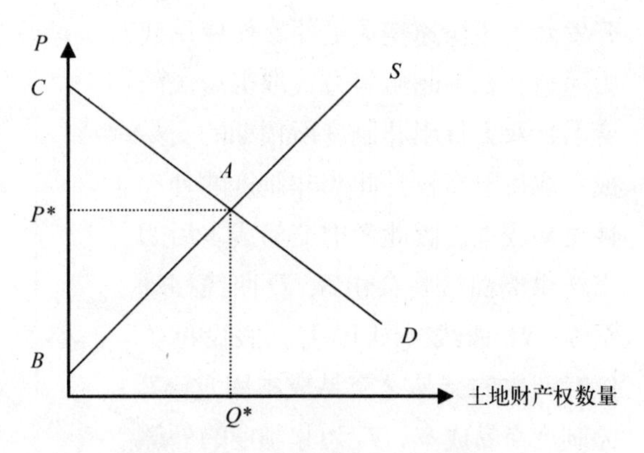

图 10-5　土地财产权之供需模型

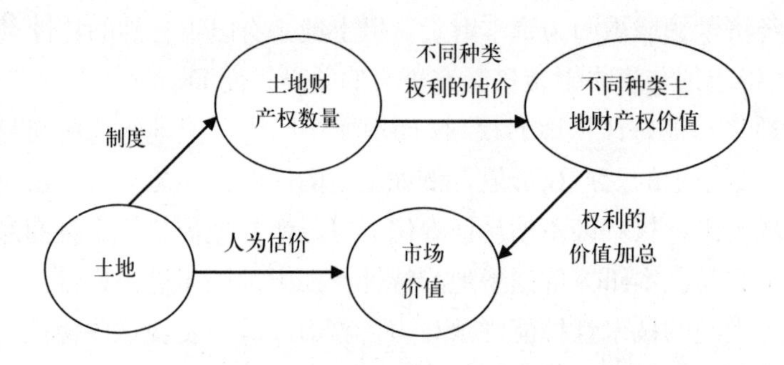

图 10-6　土地财产权市场交易概念图（本研究绘制）

土地虽然不可移动，但利用类似土地财产权观念的土地发展权，可进行土地的容积移转，将土地的权利移转至另一笔土地上使用，由此可知土地部分的财产权是可以转移的。因此，加入财产权概念后的土地交易，变得与一般财货交易相同，可以透过竞争市场分析其供需曲线所带来的社会福利的变动。不过需注意的是由于土地存在的特殊性质较多。使得土地财产权交易造成的交易成本非常庞大，且带来的外部成本很多。再加上土地的财产权很难被完全划定清楚，例如现实生活中，虽然分割出土地所有权、地上权、地役权、典权、处分权与收益权等，但是对于土地上空与地底下的权利很难明确定义出来，这是因为土地财产权完整被分割定义时需付出巨大的交易成本。也就因为这样，土地财产权的交易常常带来市场失灵。所以各国、各地区对于土地交易上才会订定许多制度来降低交易成本，以免市场失灵造成土地市场效率的不佳。

在没有交易成本的市场下，土地的财产权被完整分割且定义出来，此时市场的土地财产权供给为 S（图 10-7），土地所能提供的财产权最大。但是由于现实生活中存在交易成本，土地财产权将没办法完全划分且定义，所以土地所拥有的财产权因此减少，使得市场土地财产权供给移动成为 S_1，此时市场所付出的交易成本为 $T_1 + T_2$。S_1 与 S 间的权利将被置于公共领域之中，让愿意花费交易成本的人所取得，使得 S_1 越来越贴近 S。此时社会将付出更多的外部性交易成本使 T_2 面积变大，但当额外花费的交易成本大过于所能得到的土地财产权利益时，不会有人愿意再耗费成本去取得所损失的财产权，将会产生无谓的社会福利损失。土地的交易成本是巨大的，所以在加入交易成本后的供给曲线，会使交易的土地财产权数量变为很少，甚至可能没有交易，产生市场失灵此时政府必须利用公权力来解决此一问题，产生了利用法律或制度来降低此交易成本。以至于各国、各地区对于土地的规范制度很多，就是为了降低土地市场的交易成本。例如，土地登记制度，就是为了降低土地信息取得的成本；土地征收补偿制度是为了降低土地取得的成本；土地法将土地经常使用的权利透过法律明订出来以降低交易过程的协商成本，促进市场效率。

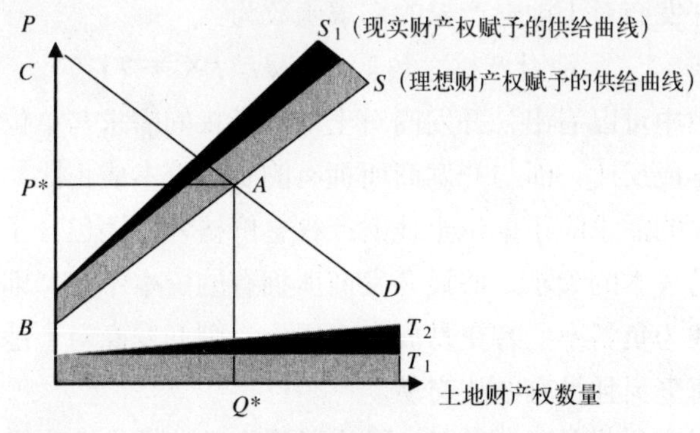

图 10-7　加入交易成本之土地财产权供需模型

（三）农业土地财产权的探讨

政府在制度的制定上，到底要依照哪些标准来制定以解决农村问题，需进一步了解到影响供需曲线的要素。而从供需曲线中可以看出影响的要素有哪些，所以利用先前所叙述的概念，将影响土地财产权的供需曲线，利用简单数理模型运算。农业土地取得上，土地的需求者为开发商，开发商追求土地财产权的效用最大化；供给者为农民，农民追求其土地财产权所能带来的利润最大化。首先，我们先探讨开发商对土地财产权的需求函数。

假设一：开发商的效用函数为道格拉斯函数形式（固定规模）。

假设二：开发商为理性消费者，追求最大利润。

假设三：每单位财产权的交易之交易成本固定。

计算过程如下：

$$\text{Max}: U(X, Y) \rightarrow \text{Max}U = X^{\alpha}Y^{1-\alpha} \tag{10-1}$$

$$\text{St}: (P_X + T)X + P_Y Y = M \tag{10-2}$$

$$\text{Lagrange}: X^{\alpha}Y^{1-\alpha} - \lambda[(P_X + T)X + P_Y Y - M] \tag{10-3}$$

$$\text{F.O.C.}: \alpha X^{\alpha-1}Y^{1-\alpha} = \lambda(P_X + T) \tag{10-4}$$

$$(1-\alpha)X^{\alpha}Y^{-\alpha} = \lambda P_Y \tag{10-5}$$

$$P_X X + P_Y Y = M \tag{10-6}$$

$$\text{S.O.C.}: \text{dmrs}/\text{d}X = -\alpha/(1-\alpha) \times [1 + \alpha/(1-\alpha)]Y/X^2 \tag{10-7}$$

其中，P_X：单位土地财产权之价格；X：土地财产权之数量；P_Y：单位开发商他种投资之价格；Y：他种投资之数量；M：开发商所拥有的货币资本；T：单位土地财产权交易成本。

利用 Lagrange 模型在一阶条件代数下求取开发商对土地财产权的效用最大化，可以得到开发商对土地财产权的需求函数为：

$$\text{土地财产权之数量} = \alpha M/(PX + T) \tag{10-8}$$

由需求函数中可以看出，开发商对土地财产权的需求与单位土地财产权之价格以及交易成本成反比，而与开发商所拥有的货币资本成正比。也就是影响开发商对土地财产权的需求除了单位土地财产权之价格外，还包含了开发商所拥有的资本、市场交易成本的大小。假设开发商所拥有的资本不变，则开发商对土地财产权的需求函数为负斜率。若交易成本 T 很大，则开发商对土地财产权的需求数量为零，市场将失灵且没有办法交易。

农民土地财产权供给函数的建立：为了简化函数模式，先假设农地的土地财产权不受其他外部因素影响，只需考虑到劳动力、地租、资本与技术；在已知农产品价格、劳动的机会成本与每单位土地财产权价格时，土地财产权的价值就是农民利用土地所能得到的获益，因此我们可以先计算土地财产权的价值与土地边际产出的关系。

假设一：农民追求最大利润。

假设二：农民的生产函数仅与劳动力及土地财产权投入量有关。

假设三：生产函数具有边际报酬递减的特性。

假设四：农地的土地财产权不受其他外部因素影响。

假设五：每单位财产权交易之交易成本固定。

$$\pi = P \times g - C - T \times H \tag{10-9}$$

$$\text{Max}_{\pi} = P \times g(H, L) - (i \times r_1 \times H + r_2 \times L) - T \times H \tag{10-10}$$

其中，π：利润；H：土地财产权投入数量；L：劳动力；g：农民的生产函数，$g = (H, L)$；C：生产成本，$C = i \times r_1 \times H + r_2 \times L$；$r_1$：单位土地财产权价格；$r_2$：单位劳动的机会成本；$i$：单位资金之报酬（利率）；$P$：农产品市场价格；$T$：单位土地财产权交易成本。

在 Max_{π} 下，其对土地财产权投入量与劳动力的一阶偏导数必为0。

则可以得到：

$$P \times gH - T = i \times r_1, P \times gL = r_2 \tag{10-11}$$

由此可知，农民的土地财产权价格与农民土地财产权的边际产出、农产品的市场价格成正比，与交易成本及资金之报酬成反比关系，所以影响土地财产权的供给要素有四：①当交易成本越大时，所能得到的最大利润越小，土地财产权量因此变小。②农产品数量越多则土地财产权量越多。③农产品市场价格越高则土地财产权量越多。④单位土地财产权的边际产量等于金融市场之孳息（$i \times r_1$）加上单位土地财产权交易成本除以农产品市场价格；当报酬率越高则单位土地财产权的边际产量越多，土地财产权量也就越多。

四、中国[1]土地一级市场财产权分析

Calabress 及 Melamed（1972）认为财产权的赋予以经济效率、财富分配（distribution）和正义考虑（justice consideration）等三项因素为指标。因此，本研究就经济效率、分配及正义考虑等财产权赋予原则的三项指标，来检验中国土地一级市场制度。而这三项指标除了使用以往的分析方法外，将带入福利经济学的概念作结合，以说明中国土地一级市场财产权制度的优缺点。

（一）经济效率指标

依据 Posner（1986）的看法，完整且有效率的财产权须符合四个条件[2]，因此我们可以分析中国土地一级市场制度对农地财产权的影响。首先，就政府以征收补偿形式向农民取得土地进行分析。

---

[1] 指中国大陆地区，后同。

[2] ①普遍性（universality）：为财产权公私界线已明确界定；②排他性（exclusivity）：为排除他人使用的权利并承担所有成本；③移转性（transferability）：为自愿交换的情况下，财产权能自由转让或卖出资源给任何人；④执法性（enforceability）：为财产权能免于他人过失性夺取及侵犯而获得保障。

（1）普遍性：虽然中国明确指出城市土地归国家所有，农村土地归集体所有，看似土地财产权的公私界线已明确界定，但农村土地集体所有权模糊或虚位，使得财产权的界定出现漏洞。于是财产权的分配与赋予皆掌握在政府手上，部分农地财产权遭到政府所剥夺，执政当局握有允许将农村集体土地以非公共利益目标征收为国家所有的权利，所以财产权普遍性的要求将无法达到。

（2）排他性：中国政府往往以非公共利益目标施行征收农地，使得农民土地财产权无法排除政府使用，加上政府征收补偿价格低于市场价格，取走部分农民土地财产权的价值与农业土地转非农业土地的价值，因此农民对土地财产权的拥有极小，财产权排他性的要求也无法达到。

（3）移转性：法令规定农村土地不能转为非农业土地使用，且农村土地须透过农村干部才能承包给其他使用者，使得农民土地财产权的移转受到限制，并且付出透过第三人移转的行政成本，无法达到财产权移转性的要求。

（4）执法性：目前中国征收程序上忽略农民的同意、理解和认知，缺乏征地的公告程序、公共利益的听证程序与土地征用补偿的行政救济程序，使得农民曲解土地征收的意义，认为本身土地财产权无法免于他人夺取及侵犯，农民土地财产权因此没有受到保障，征收中出现抗争行为的交易成本，财产权执法性的要求亦无法达到。

综合以上所述，由于制度制定得不明确，带来的交易成本使中国农业土地财产权的赋予是没有效率的，将产生灰色区块之社会无谓损失（图 10-8），农民将付出交易成本以取得此部分损失的财产权。

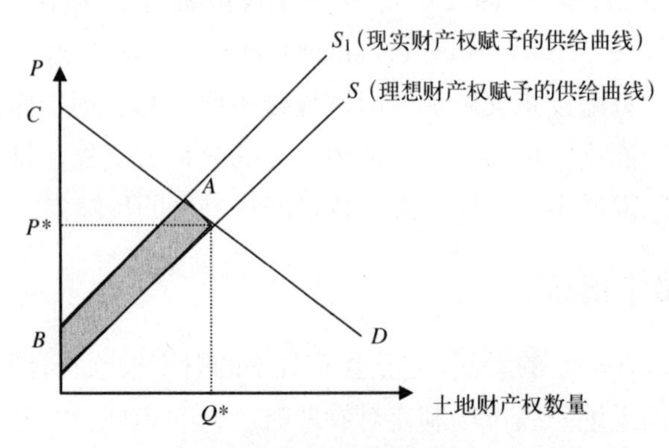

图 10-8　中国农业土地财产权之供需模型

除了理论论述外，使用所建之土地一级竞争市场来分析制度带来的影响，将得到哪些制度的影响力最为明显。

（1）农业土地征收补偿制度：土地征收制度带来了制度与非制度的交易成本。其中制度因为征收的法定程序繁复，使得制度的交易成本很大，加上公共利益未明确界定，造成农民与政府的对立，带来了巨大的非制度的外部性交易成本。使得理想的农地财产权供给由 S 移至 S_1（图 10-9），中间产生了灰黑色区块的社会福利损失与土地财产权交易量 Q^* 缩减至 Q_1 的市场效率低落。

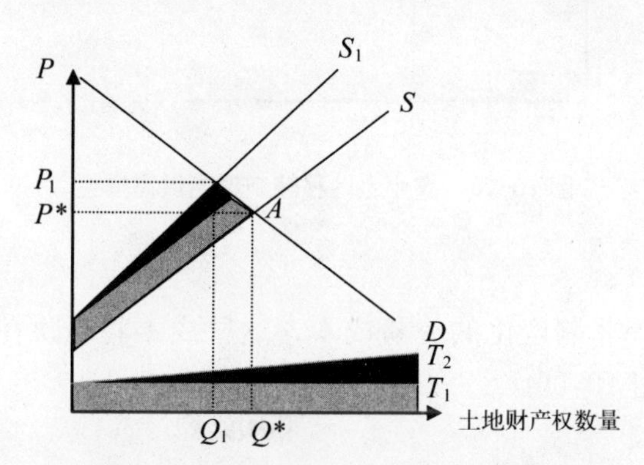

图 10-9　农业土地征收补偿制度之供需模型

（2）农业土地移转制度：农民基本上只有土地的使用权，仅能占有、使用及收益，而没有租让权、交易权和抵押权等处分权，导致农民的土地只能用集体名义将土地透过农村土地承包经营制来出租、交易给承包经营者。农民土地无法在市场上交易，而是透过农村干事将土地承包给承包商，由村干部代表农民行使权利，由村干部掌控农村土地的处置权和转让权，集体经济蜕变为干部经济。加上承包商对土地仅能将农地作农业用途的使用，土地财产权承包价值非常的低，使得农民的土地产权仍然没有获得公正的待遇和严格的法律保护，造成更多的制度交易成本（图 10-10）。

（3）土地一级市场交易机制：市场机制的土地出租，是透过协议、公开招标、拍卖等方式将土地使用权出让给开发商。中国土地出让制度的不完善，在执行中缺乏法律约束，政府以行政手段对介入土地财产权的初始界定，并针对不同对象安排含量不等的财产权利，衍生出土地财产权出让的寻租活动，造成了财产权交易的不公平。对开发商而言，一旦获得排他性的土地财产权，实际上就获得了法律上的垄断权；对政府部门而言，以行政手段进行土地财产权之垄断与重新分配的过程中，将可透过寻租活动来追求自己的利益。官僚出于谋利而利用制度设置各种障碍，开发商为了获得公共领域中的财产权与寻租利益也付出了解交易对手的搜寻成本、保护自己权利与防止被坑被骗的

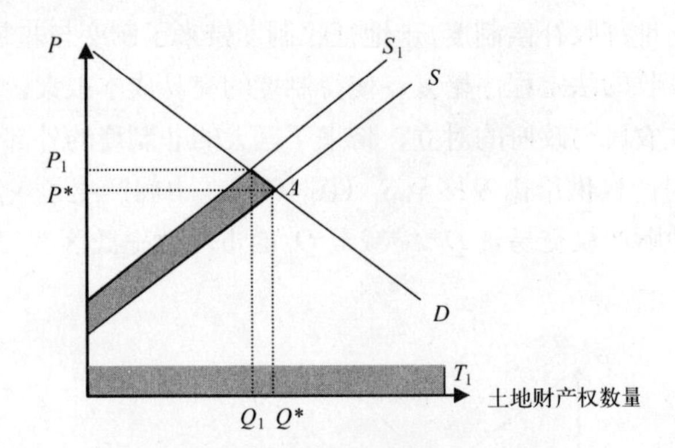

图 10-10 农业土地移转制度之供需模型

契约成本、贿赂等非制度化的交易成本，这些成本将反映在土地财产权市场的需求曲线上（图 10-11）。

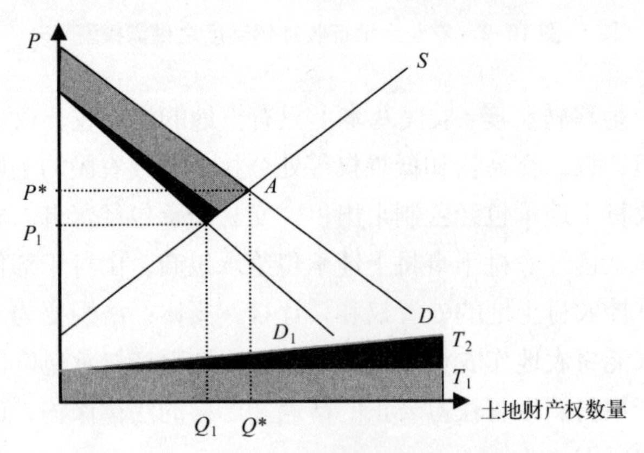

图 10-11 土地一级市场交易机制之供需模型

（4）房地市场制度的间接影响：对购房民众而言，在贷款上城市与乡村户籍人群给予不同的按揭条件，造成户籍交易手续与购屋成本增加的不平等待遇。另一方面，中国金融信用资料不齐全，加上银行授信往往难以征信，使得租赁公司与再担保公司盛行，为整体房地产市场增加庞大的交易成本。对开发商而言，资金透过银行信贷、证券市场、资产证券化等资本市场方式而筹措。政策向国有土地开发企业倾斜，中国人民银行总行关于土地开发贷款和房地产贷款的限制文件，土地开发企业透过银行间融资变得不易以及预售房款在 2004 年后条件要求越来越高，使一般民营土地开发商都陆续出现资金需求的问题。民营土地开发商出现融资危机时，资金线一旦断裂，将影响整个土地开发市场，使得土地开发需求下降（图 10-12）。

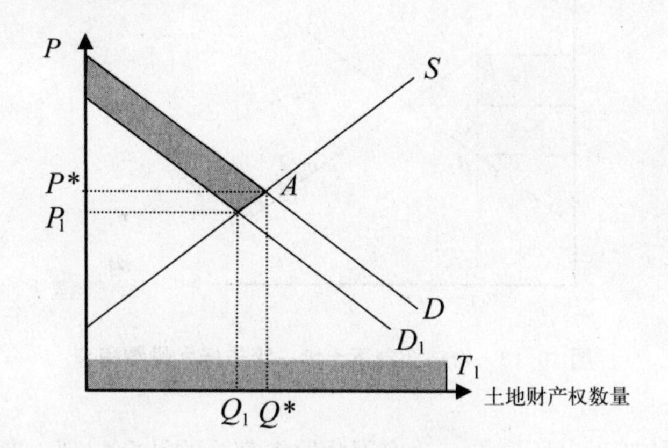

图 10-12　房地市场制度之供需模型

综合以上，当前中国土地一级市场中，影响最大的为农业土地征收补偿制度与土地一级市场交易机制。这两项制度除了制度化的交易成本外，还带来非制度化的交易成本，使中国土地一级市场取得效率极差且产生了许多无谓的社会福利损失，并且使得土地财产权市场交易数量更少，甚至带来的交易成本可能导致市场失灵。这也说明了目前中国土地一级市场取得制度是需要改革的。

（二）分配与正义指标

关于财富分配，依 Nozick（1974）的看法，是透过政府权力的运用，对于财产权重新立法，及对个人财富进行重新分配，以缩小或拉近社会间贫富的差距。这种理论表现在指导政府政策取向和措施时，如果考虑到财产权的交互性质，并不一定是符合正义的。例如透过公开招标或拍卖等价格下限的做法来影响土地一级市场，来改善或达到政府心中理想的财富分配状况，可能不符合正义，更何况中国地方政府也想参与其间的财富分配。从模型中可以看出中国政府如何参与土地一级市场的财富分配（图 10-13）。

政府利用价格下限使得土地交易价格最低在 P_2，部分的消费者剩余转移至生产者剩余，故农民在市场参与中所得到的生产者剩余上升（图 10-13 中的灰色区块）。故价格下限对农民是较佳的，对于政府平衡社会贫富差距是有用的。

深入探讨农民是否可以取走因为价格政策带来的生产者剩余，我们可以发现，虽然政府将土地使用权以高于市场价格出让给开发商，但是对于农民土地财

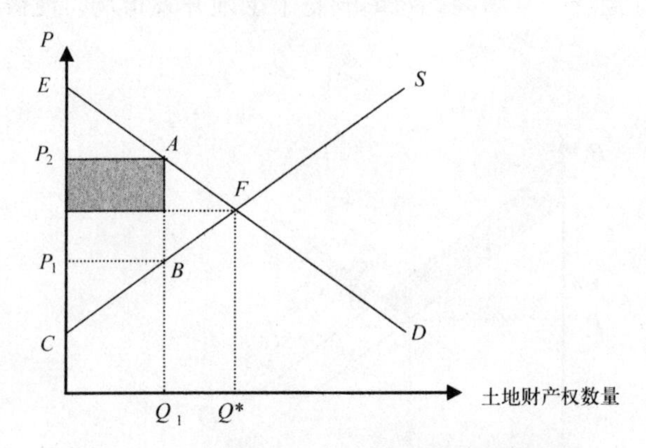

图 10-13 价格控制下土地一级市场之供需模型

产权的补偿却是低于市场价格，政府因此取走部分的社会福利。考虑到政府为自利组织，取走的社会福利将不会全数回馈于农民或是社会，这样对于农民财产权来说，其实反而是一种伤害。本文认为政府利用价格下限的政策是善意的，价格下限能有效缩短贫富差距，但政府并不应参与利益的分配，而是制定出游戏规则，让农民与开发商自由交易，此行为带来的社会福利才会最大化，也能改善贫富差距的问题。而对于交易行为中不属于农民财产权的部分(农业用途转非农业用途)，以税赋等方式使其回馈于社会，才是真正改善的方法。

五、政策建议与结论

(一) 政策建议

从土地一级竞争市场中分析土地征收补偿制度，将发现所带来的制度化的交易成本以及非制度化之外部性交易成本造成了社会福利的损失。为了增加农业土地财产权的数量以增加社会福利，便需要改善当前制度化与非制度化所带来的交易成本。但制度的转变是缓慢的，并且制度转变时需付出协商改变制度的成本，或磋商不成行使武力及其他手段所付出的成本，因此提出阶段性政策改善当前土地一级市场制度带来的社会冲击。

第一阶段：

第一阶段以政策来提升理想化中之土地财产权数量。首先利用第三节所建立的中国农业土地财产权的供给与需求曲线，了解影响农地财产权数量的要素有哪些。

(1) 从供给函数中了解到农作物的价格与产出增加以及农民贷款政策利率的

降低将有助于提升土地财产权的数量。在农作物的价格方面可以透过两方面的努力：①在保持农地农用性质的条件下进行农业结构调整，转向较高收益的经济作物生产；②政府不再干预农产品的价格，使得农产品价格上升。在产出增加上透过：①开垦技术进步、②品种改良、③农业生产技术的进步等三方面，使农民耕种技术进步，带来较高的产值。政府对于农民低利率的贷款，将有助于农民改善生产设备与改良土地，减轻农民的负担，提升农作物的生产量与农民收入，使得土地财产权上升。这些措施将使理想的供给曲线 S 向右平移至 S_1（图 10-14）。社会整体的剩余增加了灰色部分。此外，中国政府制定政策是以缩短贫富差距为主，故以农民观点来看，其 GDP 是增加的，将缩短贫富差距，使国民收入分配愈是均等化，符合庇古的福利经济学之两项假设，故属一个好的政策制定。

（2）农村土地承包经营制规范了农村集体经济组织内部土地发包方（村组干部）和承包方（普通农户）之间的经济关系。由村干部掌控农村土地的处置权和转让权，集体经济就会变为干部经济，使村干部成为独立于农民之外的一个单独利益主体。加上承包商对土地仅能将农地作农业用途的使用，土地财产权承包价值将会非常的低。所以透过：①改革集体经济组织，实行合作化经营；②通过土地承包经营权流转方式，实现农地资源的相对集中等两种方式，使农地规模经营扩大，提高收获量。除此之外，赋予农民监督村组干部的权利，使村干部难以成为一个单独的利益主体，将可提升目前农业土地财产权，使供给曲线由 S 平移至 S_1，带来灰色区块的社会剩余（图 10-14）。

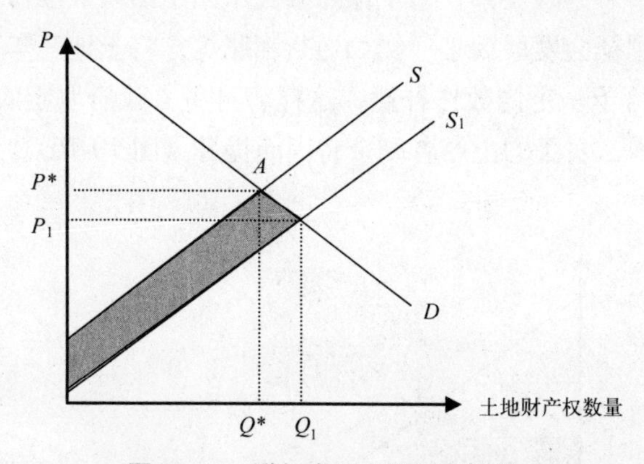

图 10-14　增加农民土地财产权供

（3）需求函数中了解开发商的所得提升将有助于了解对土地财产权的需求。解除当前设立的贷款政策，开发商可支配所得相对提升，而且民营土地开发商将可以加入参与土地一级市场，使土地财产权需求上升。而其他可带动房地市场的政策，例如解除金融机构对城市与乡村户籍阶级给予不同贷款金额，将间接提升开发商对土地财产权的需求。这样的结果将使社会剩余，因此提升灰色区块（图10-15）。

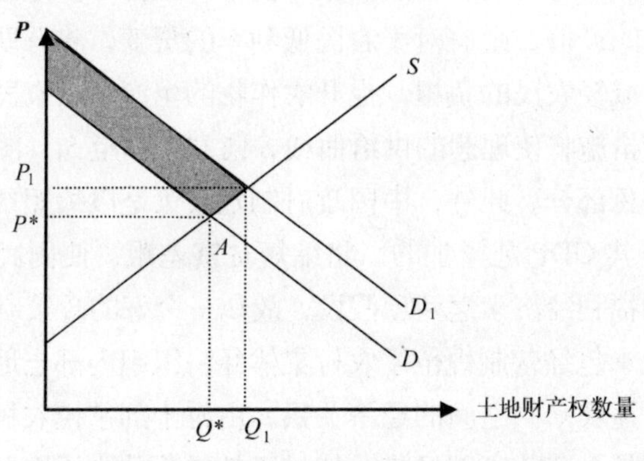

图 10-15　增加开发商土地财产权需求

第二阶段：

土地征收制度应符合征收的法定三项要件。一旦土地征收制度符合法定三项要件，将可改善当前土地一级市场制度带来的制度性交易成本。

(1) 农业土地补偿标准过低，许多农民相信所得到的补偿低于总收益的一半，农民为了捍卫自身权益而进行抗争，因此目前的补偿标准必须有所提升。考虑到农地与农民紧密不可分的关系，为了保障农民未来生活质量维持一定水平，补偿标准上应该考虑到社会发展因素，例如通货膨胀等。将土地三年平均年产值考虑通货膨胀后，再给予一定倍数作补偿，这样将可免去政府取走农民部分财产权，也可减少议价成本，农民的生产者剩余将因而提升（图 10-16）。

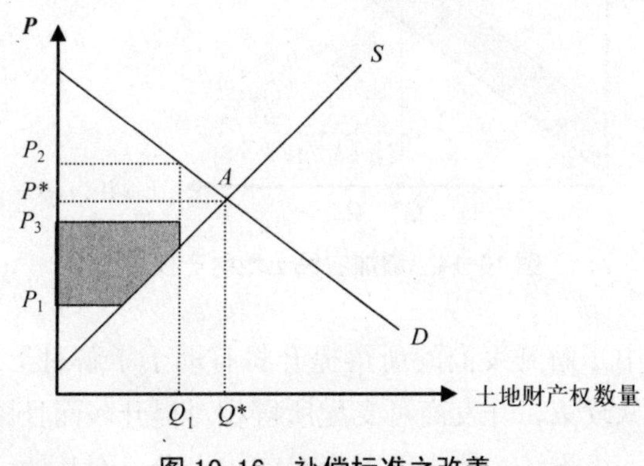

图 10-16　补偿标准之改善

(2) 许多交易成本的来源在于信息不对称，农民为了更加了解土地的所有权与他项权利等信息而付出交易成本，所以当前征地的公告程序应该透过书信直接送达权利人手中，使得权利人能够明白被征收的原因与时间，减少信息搜集的成本，其供给曲线 S_1 将平移至 S_2（图 10-17），增加灰色区块的社会福利。除此之外，强化农村土地使用权、登记、颁证工作等土地登记制度，将有助于减少开发商的信息收集成本，使 D_1 平移至 D_2（图 10-18），增加灰色区块的社会剩余。

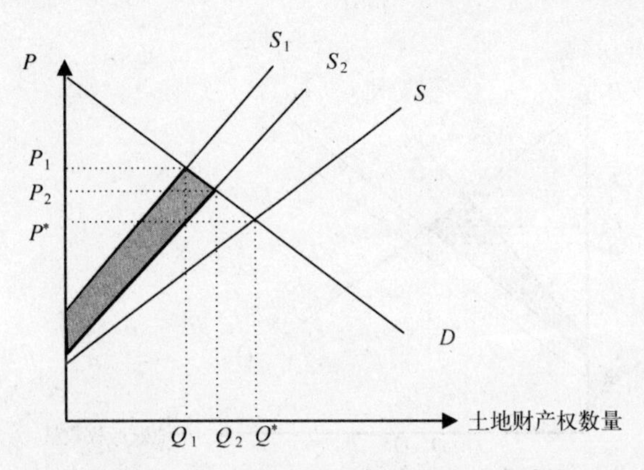

图 10-17　降低农民非制度化之交易成本

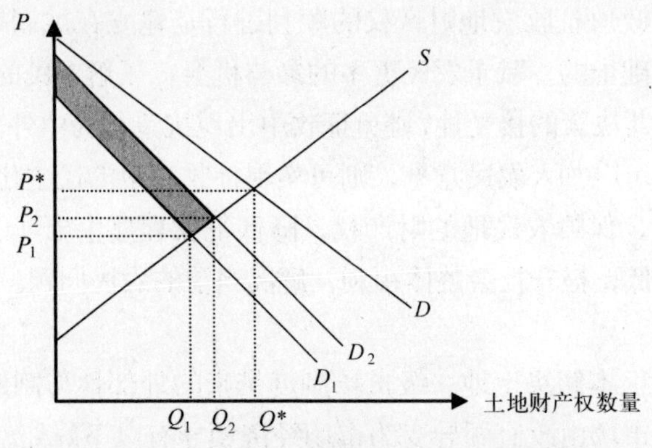

图 10-18　降低开发商非制度化之交易成本

(3) 征收行为的合理性受到质疑。农民认为政府非基于公共利益原则征收土地，农民与政府之间产生冲突，农民因此付出向法院诉讼等成本争取保障自身权益。但征收补偿的行政救济程序不明确，导致现行行政救济程序沦为空谈，造成农民以激烈方式抗争，带来了非制度的外部性成本。故透过法规明文界定公共利益，并且加入公共利益的听证程序以增加民众参与，使农民了解政府的政策措施，消除政府黑箱作业的疑虑。如此一来将免去征收带来的诉讼成本以及农民激烈抗争的非制度之外部成本，使供给曲线更贴近于理想化中土地财产权的数量，将带来灰色区块的社会福利（图 10-19）。

（4）许多不满情绪来自于政府社会福利政策与农民之偏好的落差，所以制定一个协商平台，倾听农民的意见，将有助于减少多次协商的交易成本与农民抗争的非制度外部性成本，其供给曲线 S_1 将移转至 S_2（图 10-19），减低当前农民的不满情绪，增加社会福利。

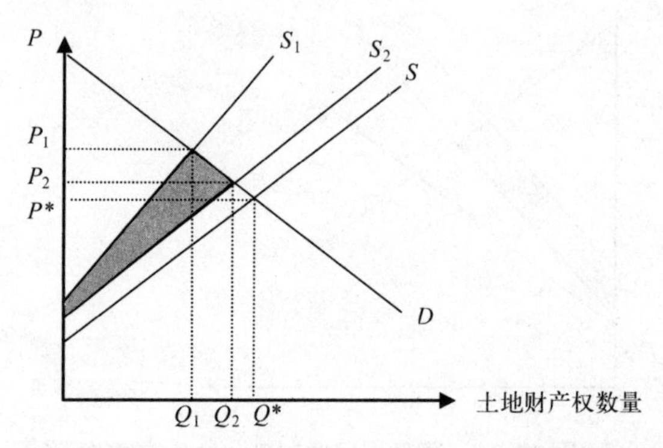

图 10-19 降低农民制度与非制度化之交易成本

综合上述，政府征收农地财产权的顺利进行是建立在被剥夺方农民的同意、理解和认知的基础上的。赋予农民更多的参与机会，了解农民的偏好与利益，才能提高社会对公共决策的接受性，避免征收中出现抗争行为中外部性之交易成本。而征收程序中若可以加入农民意见，则可实现征收政策的民主化与理性化，使农民了解自身权益，保障农民地的财产权，降低征收程序中出现之不确定性因素，使得交易成本降低，提升社会整体福利，解决当前的农民问题。

第三阶段：

第三阶段为根本解决土地一级市场制度带来的外部性与制度化的交易成本。将当前土地一级市场由政府领导变为市场经济领导有以下好处。可免去：①政府以行政手段追求自己的利益（球员兼裁判），以及地方与中央政府纷纷为了自身利益，产生了谁能代表国家行使土地主权的争议之交易成本，与非金钱的社会福利政策带来的协商成本；②开发商减少为了获得公共领域中的财产权与寻租利益付出贿赂等非制度化的交易成本与参与公开招标等制度化成本；③农民为争取实现自己的正当利益付出监督政府是否将收益用于经济发展上之监督成本，与抗争所带来的非制度化交易成本。土地一级市场变为市场经济领导下降低的交易成本，使得供给与需求曲线更贴近于理想化中土地财产权的数量，将带来灰色区块的社会福利（图 10-20）。

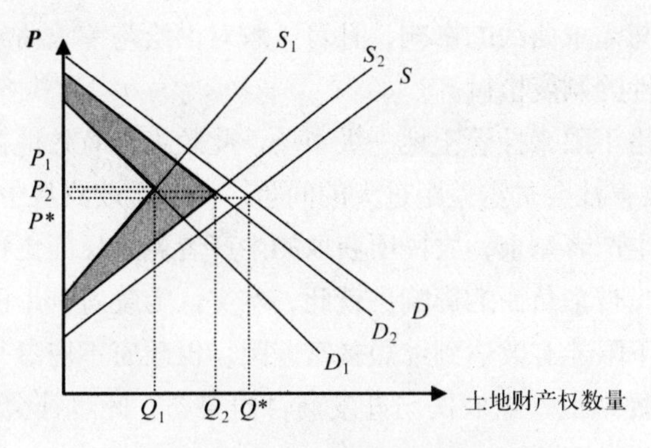

图 10-20　土地一级市场制度的改善

在 2009 年中国第十七届三中全会中提到关于农村改革的政策如下：

①加快农业科技创新。②完善农业支持保护制度。③建立现代农村金融制度。④严格规范的农村土地管理制度以及改变农民土地承包经营权流转。⑤健全农村社会保障体系。⑥健全农村民主管理制度。前三项在于增加农民土地的财产权。第四项土地使用权的登记将可以减少土地信息收集成本，承包经营权与土地承包经营权流转将提升农民的财产权。第五项健全农村社会保障体系将提供完善制度来改善被征收农民的未来生活，减少社会紧张造成的外部性成本。第六项健全农村民主管理制度，使协商成本降低与农民对土地的财产权增加。根据前述分析，这些政策都将使社会福利上升，农民获得更多的生产者剩余，与本研究提出的政策建议是相符的。加上《物权法》提高财产的使用和权利，一方面界定产权的归属，确定了私人对其合法财产的交换、抵债、继承等处置准则，减低抗争与协商的交易成本，使个人可以透过把握市场机会而增加个人财富，并强化社会规则的公平，保障所有同等的机会，给予穷人与富人希望及激励。另一方面透过他项物权的规则确定了土地财产权在交易中的流转，提高了资源分配效率，建立了市场经济的法律体系，使土地市场渐渐迈向市场经济导向。这说明未来中国将朝本文所建议的第三阶段——由市场领导土地一级市场的方向所迈进。

（二）结论

除了政策上的建议之外，本研究认为土地受非市场因素的强烈影响，而财产权能探讨土地非市场因素，故利用财产权观点较能解释土地问题。现实生活中土地的交易是以交易土地财产权利为主，故将土地财产权市场模型之 X 轴改为土地的财产权利，此一部分的转变使得土地财产权市场模型必须考虑到交易成本。而财产权与交易成本受到制度影响，因此土地财产权市场模型可以分析现实生活中不同制度对供给与需求曲线的影响，且可了解对供给与需求曲线影响的制度分别为何，作一整体性的制度检讨。

中国利用价格下限来控管土地一级市场，此政策能有效地提升农民土地交易的生产者剩余，改善社会贫富差距过大的问题。但由于政府从中参与利益的分配，夺取了大部分的生产者剩余，农民所获取的生产者剩余反而更稀少，产生更多农村问题，使得政策带来负面的影响。就此，本文认为政府利用价格下限的政策是善意的，因价格下限能有效达到缩短贫富差距，但政府不应参与利益的分配，而是在制定出游戏规则后，让农民与开发商自由交易，此时社会福利才会最大化，并能改善贫富差距的问题。

本文透过文献归纳可以了解到中国土地一级市场制度的诸多问题，其中农业土地征收补偿制度对农民的影响最大。由财产权的四个条件分析农业土地征收补偿制度，可发现此一制度对农民的财产权赋予是不完善且无效率的，政府可从中获取庞大的利益，引发农民与政府对立的问题，产生了非制度的交易成本，造成土地一级市场的效率低落，故土地征收补偿制度是优先需要作出改善的。

参考文献

一、中文期刊

[1] 王翠敏．土地征用法律程序的失范与完善 [J]. 齐鲁学刊，2007（5）．

[2] 王长勇．侵害财产权的精神损害赔偿制度理论基础之修正 [J]. 大连海事大学学报，2007，6（6）．

[3] 王敏．基于外部性对财产权观念的反思——以私法制度的视角 [J]. 河南大学学报，2007，47(6).

[4] 曲澎，丁石．论宪法保护私人财产权利的意义和价值 [J]. 哈尔滨金融高等专科学校学报，2007（4）．

[5] 伍志燕．论休谟的财产权理论 [J]. 中南大学学报，2008，14（1）．

[6] 何雄浪．基于新兴古典经济学、交易成本经济学的产业集群演进机构探析 [J]. 南开经济研究，2006（3）．

[7] 宋娟红．从私有财产权入宪看公民财产权利的宪法保护 [J]. 山西高等学校社会科学学报，2007，19（12）．

[8] 吴越 . 从农民角度解读农村土地权属制度变革——农村土地权属及流转调研报告 [J]. 河北法学，2009，27（2）.

[9] 李寿喜，湛瑜 . 物权法关于财产所有权三分法的意义及其不足 [J]. 贵州财经学院学报，2008（4）.

[10] 林国庆 . 农业区划分与财产权损失赔偿之分析 [J]. 台湾土地金融季刊，1992（29）：21-36.

[11] 林淑雯 . 以财产权理论分析大陆地区之征地补偿制度 [J]. 土地问题研究季刊,2006,5（3）.

[12] 胡海丰 . 从财产权观点检视政府的土地使用变更政策 [J]. 中国行政评论，2003，13（1）.

[13] 高小勇 . 财产征收的概念辨析 [J]. 山西省政法管理干部学报，2005，18（3）.

[14] 高秦佛 . 政府福利、新财产权与行政法的保护 [J]. 浙江学刊，2007（6）.

[15] 陈应珍 . 试论公益征收补偿的根据：一个比较法的视角 [J]. 中国石油大学学报，2007，23（3）.

[16] 张合林 . 对农民享有土地财产权的探讨 [J]. 中州学刊，2006（2）.

[17] 张镭 . 论拉法格的财产权理论 [J]. 贵州社会科学，2006（6）.

[18] 张力 . 对我国物权法关于企业财产权规定的二维解释 [J]. 河南大学学报，2007，47（6）.

[19] 张国钧 . 财产权的三点作用 [J]. 新视野，2007（1）.

[20] 黄学贤 . 我国公民财产权保障的宪法与行政法审视 [J]. 徐州师范大学学报,2008,34（4）.

[21] 傅蔚刚 . 农地征收中的财产和福利 [J]. 浙江学刊，2008（4）.

[22] 杨松龄 . 财产权保障与公用征收补偿之研究 [J]. 经社法制论丛，1992（9）：259-268.

[23] 杨叶红 . 论中国私有财产权利的发展 [J]. 行政与法，2007（8）.

[24] 董文捷 . 以财产权保障为基础构建有限政府发展市场经济 [J]. 辽宁行政学院学报，2007，9（2）.

[25] 廖建求，姜孝贤 . 行政征收与私有财产权的冲突与协调——以财产保护方式为视角 [J]. 湖南科技大学学报，2008，11（6）.

[26] 赵秋运 . 经济学理论与会计思想发展——马克思、凯恩斯、科斯的理论观点对会计学的影响 [J]. 绵阳师范学院学报，2008，27（6）.

[27] 熊红颖，寿志敏 . 从经济意义上浅析农民组织化问题 [J]. 商场现代化，2007（493）.

[28] 卢献祥 . 论强化市场型政府及其制度安排 [J]. 财经学科，2008（239）.

[29] 戴小明 . 私有财产权公法保护：行政法治的基点——私有财产权公法保护研究述评 [J]. 湖北民族学院学报，2008，26（3）.

[30] 边泰明 . 限制发展土地之补偿策略与财产权配置 [J]. 土地经济学年刊，1997，8：153-168.

[31] 罗家德，洪纬典，胡凯焜 . 台商投资区位选择因素探讨：一个交易成本——镶嵌理论的初探 [J]. 思与言，2007，45（2）.

二、中文书籍

[32] 戴维·休姆．人性论 [M]. 北京：商务印书馆，1980.

[33] 李鸿毅．土地政策论 [M]. 台北：地政研究所，1996.

[34] 林森田．土地经济理论与分析 [M]. 台北：三民书局总经销，1996.

[35] 林英彦．土地经济学通论 [M]. 台北：文笙书局，1999.

[36] 林森田．土地经济理论与分析 [M]. 台北：三民书局，2004.

[37] 陆民仁．数理经济学 [M]. 台北：五南图书出版公司，1981.

[38] 陈明灿．财产权保障、土地使用限制与损失补偿专题研究 [M]. 台北：翰卢，1999.

[39] 谢登隆．个体经济理论及应用 [M]. 台北：华泰书局，1995.

[40] 谢婉容．总体经济学 [M]. 台北：三民书局，1996.

[41] 谢伏瞻．中国不动产税收政策研究 [M]. 北京：中国大地出版社，2005.

[42] 韩干．土地资源经济学 [M]. 沧海书局总经销，2001.

三、中文硕博士论文

[43] 王欣怡．不完全竞争市场结构下原油价格冲击传递效果之一般均衡分析 [D]. 中原大学国际贸易学研究所硕士论文，2006.

[44] 巫智豪．地上权之财产权界定及消灭后地上物清理之法律经济分析 [D]. 政治大学地政研究所硕士论文，2005.

[45] 何宇明．农业经营方式契约选择之研究——从交易成本观点分析 [D]. 政治大学地政研究所博士论文，1998.

[46] 李宝卿．台湾地区时效取得制度与财产权保障之研究 [D]. 政治大学地政研究所硕士论文，2004.

[47] 林怡文．应用交易成本理论检讨台湾现行土地开发机制——旧市区与新开发区之比较 [D]. 成功大学都市计划研究所硕士论文，2006.

[48] 卓佳慧．由财产权观点探讨限制发展地区损失补偿之问题 [D]. 台北大学都市计划研究所硕士论文，1999.

[49] 周淑仁．公私合营公有土地开发方式之研究 [D]. 南华大学非营利事业管理研究所硕士论文，2002.

[50] 洪郁惠．公私合营土地开发方式之研究——以交易成本理论分析 [D]. 政治大学地政研究所硕士论文，1998.

[51] 夏维良．土地使用限制回馈行为之研究——以制度授权观点为基础 [D]. 台北大学地政研究所硕士论文，2002.

[52] 陈松造．公共建设土地取得与补偿机制之研究 [D]. 台湾大学建筑与城乡研究所硕士论

文，1997.

[53] 陈志伟．交易成本、Coase 定理与土地使用管制方法：两个土地使用转变协商案例的含意[D]. 成功大学都市计划研究所硕士论文，1999.

[54] 陈莹真．土地征收补偿中的估价问题 [D]. 台北大学地政研究所硕士论文，2004.

[55] 陈泰东．土地使用分区变更对土地开发的影响——交易成本的观点 [D]. 长荣大学土地管理与开发学系硕士论文，2006.

[56] 张婉怡．土地登记制度对财产权保障之研究——从新制度经济学之观点 [D]. 政治大学地政研究所博士论文，2001.

[57] 黄进能．共有土地买卖制度下共有人交易之经济分析 [D]. 政治大学地政研究所硕士论文，2004.

[58] 叶美利．中日国土开发法制之研究比较 [D]. 政治大学法律研究所硕士论文，1996.

[59] 杨奕农．竞争市场实验：竞争均衡检定 [D]. 中原大学国际贸易学研究所硕士论文，2004.

[60] 廖显仁．中国国有企业改革之研究——新制度经济学的观点 [D]. 东海大学政治学研究所硕士论文，2004.

[61] 熊明怡．从大学城建设看广州市政府土地开发动机 [D]. 台湾大学建筑与城乡研究所硕士论文，2007.

[62] 刘美雪．从财产权观点探讨公共设施保留地制度之执行 [D]. 政治大学地政研究所博士论文，2003.

[63] 蔡佳明．以财产权及社群冲击法分析土地使用管制及其变更 [D]. 台湾大学建筑与城乡所硕士论文，1999.

[64] 蔡伯俊．以赛局理论探讨都市发展过程中地方政府与开发商互动行为 [D]. 台北大学都市计划研究所硕士论文，2006.

[65] 魏千峰．财产权之基本理论研究——以国家与人民关系为限 [D]. 政治大学法律研究所博士论文，1999.

[66] 严栋．征地补偿与土地发展权分配：基于农户意愿的实证分析 [D]. 浙江大学研究所硕士论文，2008.

四、英文期刊

[67] Alichian A. A., Demsetz H. Production, Information Costs, and Economic Organization[J]. American Economic Review, 1972, 62: 777-795.

[68] Buitelaar E. A Transaction-Costs Analysis of the Land Development Process[J]. Urban Studies, 2004, 41（13）.

[69] Coase R.H. The Nature of the Firm[J]. Economica, 1937（4）: 386-405.

[70] Coase R.H. The Problem of Social Cost[J]. Journal of Law and Economics, 1960, 3（1）1-44.

[71] Calabresi G., Melamed A. D. Property Rules, Liability Rules, and Inalienability：On View of the Cathedral[J]. Harvard Law Review, 1972，85（6）：1089-1128.

[72] Demsetz H. Toward a Theory of Property Rights[J]. American Economics Review, 1967：347-359.

[73] Li D. Property Tax in Urban China[J]. China and World Economy, 2008，16：48-63.

[74] Lai S. K. Property Rights Acquisitions and Land Development Behavior[J]. Planning Forum, 2001，7：21-27.

[75] Lai S. K. Economic Impacts of Compensation Policies of Agricultural Land Acquisition in China：A Property Rights Approach[J]. AsRES，2008.

[76] Lai W. C.，Hung W. Y. The Inner Logic of the Coase Theorem and a Coasian Planning Research Agenda[J]. Environment and Planning B：Planning and Design, 2008，35：207-226.

[77] Stigler G. J. The Law and Economics of Public Policy：A Plea to the Scholar[J]. Journal of Legal Studies, 1972，1.

[78] Tang B. S.，Wong S. W., Liu S. C. Property Agents, Housing Markets and Housing Services in Transitional Urban China[J]. Housing Studies, 2006，21（6）：799-823.

[79] Wu F., Yeh A. G. O. The New Land Development Process and Urban Development in Chinese Cities[J]. International Journal of Urban and Regional Research，1996，20（2）：330-353.

五、英文书籍

[80] Arrow. The Organization of Economic Activity：Issues Pertinent to the Choice of Market Versus Non-Market Allocation[M]// The Analysis and Evalution of Public Expenditures. Government Printing Office，1969.

[81] Barzel Y. Economic Analysis of Property Rights[M]. Cambridge：Cambridge University Press, 1999.

[82] Benham A., Benhan L. The Cost of Exchange：An Approach to Measuring Transaction Costs[Z]. Working Paper, 2004.

[83] Williamson O. W.Kenneth Arrow and the New Institutional Economics[M]//Feiwel G.R., ed. Arrow and the Foundation of the Theory of Economics Policy. New York：New York University Press，1987.

第十一章　从财产权与信息经济分析比较开发许可制与土地使用分区管制之利弊

【摘　要】 本文试图以财产权与信息经济分析评析开发许可制与土地使用分区管制之利弊。台湾土地综合发展计划法将以开发许可制取代土地使用分区管制制度。虽然一般认为开发许可制因尊重市场机制使得土地利用效率大幅提升，本文质疑这个论点。开发许可制下的土地开发过程因增加开发结果的不确定性，使得总规划社会成本随之增加。相对地，土地使用分区管制主要为解决生活质量问题而设计，故常被批评为不尊重市场经济的政府干涉行动。然而，分区管制却能减低开发商或政府投资所面对开发结果的不确定性，使得总规划社会成本降低。本文首先以财产权与信息经济分析解释开发行为，作为比较架构的理论基础。简言之，开发行为乃开发商或政府透过信息搜集以从事公共领域内财产权的操弄而获取利益。基于此概念，本文以信息收集及财产权划定的社会成本比较开发许可制与土地使用分区管制之利弊。本文宗旨主要说明在财产权划分不清的情况下(事实上土地交易亦如此)，认为开发许可制因尊重市场机能而能促进土地资源有效率地分派的这一立论是薄弱的。

【关键词】 科斯（Coase）定理，财产权，土地开发，土地管制

一、引言

本文立论基于科斯（Coase）理论的一基本前提，即“土地开发行为乃开发商借由与土地有关之财产权交易以获取利益的过程，而信息与财产权为此过程中主要的决策变量”。基于此前提可构建土地开发行为的概念模式（Lai，2001），该模式将土地规划定义为信息之收集以从事财产权之操弄并获取利益的过程。此处所谓的财产权指的是经济（economic）意义的财产权，而非法定（legal）意义的财产权。根据 Barzel（1999）的定义，前者为直接享用财产或透过交易间接享用该财产的能力（individual's ability to directly consume the services of the asset，or to consume it indirectly through exchange），而后者指的是政府替个人划定及执行的财产（what the government delineates and enforces as a person's property）。虽然法定财产权可强化经济财产权，然而唯有经济财产权才是经济活动的主要诱因且其解释范围甚广。Coase（1960）在其有关社会成本著名的论文中指出土地的“权利”（rights），而非其本身，方为探讨有害行为造成社会成本补偿问题的重点。Fischel 在申论财产权与分区管制法规经济学时亦强调土地“使用”（uses），而非其本身，方为土地在实质环境变迁中之主要影响。Barzel（1999）沿袭 Coase 的理论（Coase Theorem），以财产权的经济分析说明许多真实世界所发生的经济诱因行为，例如价格控制、建筑物管理及农地租约等问题。Schaeffer 及 Hopkins（1987）虽然并未涉及 Coase 的著作，却以信息及权利作为决策变量，以数学模式解释开发过程中之规划行为。可见与土地有关之财产权问题从 Coase 以来便受到重视，并经由学者的发扬应用在一般财货交易过程及土地规划上。

开发许可制及土地使用分区管制为目前台湾地区常用的土地管制方式（land controls）。有关土地使用分区管制法规的正当性（justifications），学者提出许多见解，包括从政府干预市场失灵（Lai，1997）及财产权经济分析（Fischel，1987）等方面来探讨。而有关开发许可制的深入讨论则较少见。一般而言，面对僵硬而不合时宜且不尊重市场经济的土地使用分区管制办法，当局者往往为了促进土地利用效率及活络土地市场，便采取开发许可制以取代传统土地使用分区管制办法。到底此二土地管制制度孰优孰劣，则必须从整个社会成本来考虑。本文的目的便从土地开发过程规划的信息收集成本及财产权划定成本作为社会总成本计算的基础，以比较此二制度的利与弊。

二、土地开发行为的基本概念

根据Coase的看法，没有任何地主可以“拥有”土地。地主顶多拥有该笔土地的“权利”，例如土地耕作、建筑、其他方式之改善及出租与出售，并利用该权利的操作获得利益。然而，绝大部分财产权（包括土地财产权）的划分必须付出成本。针对这个概念，Barzel举出许多实际的例子加以说明。其中，最具说服力的莫过于过去的奴隶制度。理论上，奴隶（包括其自身）所有的财产属于主人拥有，其劳动所得悉数归主人所有，但奴隶终能赎回其卖身契而重返自由之身的例子时有所见，此矛盾现象如何发生？其关键便在于财产权划分不清。虽然奴隶为主人所有，但主人无法时时刻刻监督奴隶的劳役状况（除非付出很大成本），因此奴隶便有偷懒的机会或将其劳动所得据为己有并至市场贩卖后，逐渐累积财富进而赎回卖身契。Barzel主要的概念在于“任何”交易过程中，由于货品特性难以衡量（除非花费很大成本），使得有些财产权流入公共领域中，而交易双方便企图从此公共领域中获取该财富（Barzel，1999）。

Barzel的理论承袭Coase对权利划分不清的事实，并加以延伸（Barzel，1999），但却有太过之嫌。因为Barzel认为财产权在“任何”交易中皆划分不清，这样的说法可能过于武断。有些交易在互信诚实的条件下，其货品的财产权应界定得十分清楚。有关Coase定理将在第三节加以说明，本节就权利的部分加以阐述。“权利”（rights）包括许多种类，而权利的规范多经由法规或契约的订定执行之。易言之，法规或契约界定权利，而权利进而限定个人或团体所能采取的行动（Hopkins，2001）。以土地使用分区管制规则而言，该规则规范何处可从事何种强度之“使用”。基于这样的规定，建商在该规则规范范围内若欲从事开发，其开发决策便受到限制。例如，在商业区内的土地仅能从事与商业有关的使用，而不能作其他的开发活动。财产权属权利的一种，它规范货品拥有者可从事获利的能力。

土地开发行为广义而言指的是开发者（包括政府、建商、个人及团体）透过从事土地使用权的取得进行地上物的改良，增加土地价值进而出租或出售以谋取利益的过程。因此，土地开发过程牵涉到的专业层面相当广泛，而其中财产权结构与交易过程极为复杂。土地与其附着之建筑物其所有权可由不同个人或团体共同分享。因此，没有单一主体独自承受开发所造成之后果。由于财产权结构不明，为使资源有效利用，契约订定便有必要，其理由将在第三节说明。土地开发之交易成本十分庞大，除了一些正常的规费外，其他如区位的选择、基地调查、土地取得、契约订定与执行监督以及建筑设计及企划经营等皆须投入大量资源方能使得推案成功。简言之，土地开发指的是开发者透过与土地有关财产权的交易（尤其以流入公共领域中之财产权的获取为主）以获得利益的过程。

根据Barzel的概念（Barzel，1999），与土地开发有关之财产权基本上很难划分清楚，因此大量的财富流入公共领域中，而参与开发的主体便采取行动以获取这些不属于任何人的财产权。以土地开发地段的选择为例。大部分开发地段以靠近公共设施为佳（例如公园或高速公路交流道），以便享受该公共设施的服务。虽然公共设施其财产权在法律上属政府所有，但就经济意义而言其财产权不属任何人，可以说属于公共领域中的财富。选择靠近公共设施地点从事开发即如同从公共领域中获取该项财富。与其他财富不同的是公共设施具公共财的特性，故不具排他性。相临基地的开发协商过程亦有财产权掠取的例子。甲基地欲从事集合住宅开发，兴建过程中须取道乙基地。于是甲基地建商提议整建乙基地内的公园作为交换条件。而甲基地建商刻意将乙基地公园设计为开放式绿地，使得甲基地居民亦可享受乙基地公园的宁适性。类似的例子屡见不鲜。

如果财产权结构的复杂性造成土地开发过程中财产权划分不明，将会带来何种反应？契约的订定是其中一种反应。另一反应则是交易双方皆会投入资源以了解不动产货品特性，使得财产权划分更明确。但Barzel认为财产权无法完全划清，且不动产特性极为复杂，因此由于特性不明所带来的不确定性在交易过程中永远无法排除。Barzel的基本理论在于由于货品特性不明，此即意味信息不充足，因此交易双方皆投入资源以收集货品特性的信息，形成交易成本的增加。财产权划分不清与不确定性的程度有十分密切的关联性。

在土地开发交易过程中，因为财产权划分不清的信息不充足，使得交易者必须投入资源收集与土地特性相关之信息，造成土地交易成本大于零。易言之，在土地交易及决定土地使用形态过程中，充满着因信息不足而形成之不确定性。降低不确定性唯一的方法便是收集信息。而收集信息需要成本，这些成本可视为交易成本的一部分。

三、土地开发财产权划分成本

Coase定理：当权利被充分定义且交易成本为零时，不管所有权为何种形态，资源分配都是有效率的（When rights are well defined and the cost of transacting is zero, resource allocation is efficient and independent of the pattern of ownership）

(Barzel，1999)。很显然地，这是一个理想的假设，因为如前所述，权利无法被充分定义而因此交易成本不可能为零。既然在真实世界财产权无法划定清楚且交易成本不可能为零，市场资源分派机制便不会产生效率。最常见的市场失灵包括外部性、公共财的提供与使用以及独占事业（Lai，1997)。在市场失灵的情况下政府介入（government interventions）便有必要，而规划常被误解为与政府介入划上等号，其实它们是不同的概念（Lai，1997)。

现考虑土地及建筑物或设施的交易。众所皆知，土地具许多特性，且这些特性不易衡量，或须花费成本去衡量，例如区位、地质、结构、生态、社会及经济等特性。在土地交易过程中，地主（卖方）或开发商（买方）皆不可能对该笔土地特性完全了解。根据 Barzel（1999）的理论，就是因为买卖双方无法对交易财货特性完成了解，使得有些财富落入公共领域中（public domain)，而双方都企图获取该领域中之财富。例如，地主也许知道该笔土地地段治安不佳，而开发商得知该笔土地附近将有捷运兴建，若双方皆不将此信息告知对方，企图以对自己有利的价格出售及购买该笔土地，则双方皆尝试从该笔土地特性（财产权）定义不清的事实中谋求利益的最大化。然而双方皆可投入资源从事有关该笔土地特性的信息收集，例如双方皆可雇用不同的估价师进行市场调查。此外，土地交易完成前后，虽然地主及建商拥有法律上的土地所有权，但实际上该笔土地的财产权在经济意义上却有可能同时被不同的个人或团体所拥有，火灾保险便是其中最明显的例子。火险公司拥有使得该笔土地免于祝融之灾的权利，由于火灾造成负面影响，保险公司便以收取保险费来提供这项服务。同样的道理，垃圾公司拥有清除垃圾的权利。Barzel（1999）在财产权分享的所有权（divided ownership）部分有非常深入的探讨，尤其在建筑物的财产权部分。简言之，本文的重点是土地开发过程中，不论土地本身或附着其上的建筑物，其财产权不论在交易前后始终划分不清。因此才有公共领域财产权获取的行为诱因出现。此外，财产权并非恒常不变的，此以土地或建筑物尤然。虽然不动产财货不如其他财货易被偷窃造成财产权的移转，但区位特性的改变，例如道路的开辟及公共设施的兴建，使得在该笔土地取得使用权的地主享有不同的权利，例如附近公园提供的宁适性（amenity)。

既然如此，土地或建筑物的财产能否划清？根据 Barzel（1999）的说法，任何交易其财产权无法划分清楚，否则划分其成本将十分高昂。如前文所述，土地及建筑物是复杂的交易货品，且衡量其特性将花费很大成本，因此交易过程中其财产权是不易划分清楚的。但透过契约的订定，即使不能减少财产权划分的成本，却有可能减低流入公共领域的财富，进而使得资源分派更有效率。

四、土地管制制度评估

基于以上对土地开发行为财产权操作及信息收集的部分所作说明，本节针对土地使用分区管制及开发许可制，分别就信息收集成本、财产权划分成本及交易成本所构成之社会成本加以分析比较。Coase（1960）在探讨有害活动的处置方式中强调其具双向性（reciprocal），并以简单的数据证明当价格机能运作妥善时，处置方式对资源分派并无影响。他说明当价格系统无法顺畅运作时，即财产权无法充分定义时，一味采取如 Pigou 所主张的补偿方式（如课税），反而会造成总社会生产力的减少。对于是否要求从事有害活动者补偿被害人或补偿多少的问题，Coase 似乎认为必须从社会成长加以考虑。

（一）开发许可制信息收集社会总成本较分区管制为高

在开发许可制的约定下，开发商对于基地的使用形态及强度可自行决定，只要政府机关许可便可进行开发。相对而言，在分区管制的规定下，开发商对于基地的使用形态及强度必须在管制规则规定的开发项目及范围内作成决定，否则政府将不核发开发执照。开发许可制较分区管制赋予开发商较大之开发决策权，然而为使推案成功，开发商因附近地区发展的不确定性，必须面临较大风险。显然，开发商势必投入大量资源进行规划（信息收集以降低所面临之不确定性）并决定适当的开发方式。虽然通常分区管制系根据都市计划而拟定，而该计划通常由地方政府来拟定且须花费成本，但基于规模经济的因素，政府计划拟定之成本应较个别开发商拟定其成本的总和为少。表示在开发许可制下因进行规划而造成之社会成本较分区管制下政府领导进行规划的社会成本为大。

（二）开发许可制财产权划分社会总成本较分区管制为高

避免财产权流入到公共领域的方式之一是使得资源作有效分派，以便将财产权定义清楚。财产权划定本身可能花费大量资源或成本。契约的订定便是一种厘清财产权的方式，即使其拟订、选择、执行与监督本身亦花费成本。从某个角度而言，法规也是一种契约的形态，只不过它是一种政府对民众所立的契约。因此，分区管制可视为由政府主导应用警察权将土地使用财产权作一分派或划分。虽然分区管制无法将财产权划分清楚（其规定仍有许多模糊不清的范围，否则土地投机行为便不会发生），但至少它明确指出开发基地的主要特性。开发许可制则不然。开发基地的使用特性受周遭环境的影响，而周遭环境未来的发展趋势不可预见，因此增加财产权划分的成本。就整体而言，为使财产权的财富不至流入公共领域中，利用契约的规范似可达到此目的。分区管制可视为契约的一种，由政府来制定。基于与信息收集社会成本相同的理由，分区管制在财产权划分的社会成本上，应较开发许可制为低。

（三）开发许可制交易成本之社会总成本较分区管制为高

Coase（1960）认为厂商（firms）甚至于政府的存在，其主要的目的在透过行政的垂直及水平整合以降低市场的交易成本。其实法规与计划制定似亦有类似的功能。法规、计划与组织均是协调决策的工具。所不同的是法规透过权利的限制进而直接影响行动选择的范围，计划透过信息的提供作为行动的参考指引，而组织则透过行政协商企图规范行动的范围。或松或紧，三者皆为协调行动的工具，因此可将市场交易成本内部化，进而降低市场交易成本。分区管制既属法规的一种且有计划作为拟订的依据，在其规范的时空范围内，似应具降低交易成本的功能。开发许可制则不然。如前文所述，土地或建筑物买卖其交易成本十分庞大，因此在开发许可制下交易成本之社会成本应高于分区管制下的交易成本之社会成本。

五、结论

Coase（1960）对有害活动的补偿问题提出独创性的看法。他尤其将土地权利与土地本身分开加以分析，进而洞悉权利无法充分定义的事实对市场顺畅运作的冲击。对于土地控制方式及政策拟定提供正确的方向。其在“The problem of social cost”（Coase，1960）一文中以浅显的数据例子说明，一味要求造成有害活动主体向被害人补偿，并不见得是合理的做法。是否补偿的问题应从社会总生产效率的角度来评估。Coase 定理无疑地在经济学上造成莫大的影响，且其后相关文献的探讨也无以计数。

根据 Coase 的基本概念，本文初步提出不同传统的看法，认为分区管制较开发许可制似更能促进土地资源的有效利用。本文从社会成本的角度提出三个支持的理由：信息收集成本、财产权划分成本及交易成本。笔者认为这些理由的逻辑应具说服力，但更严谨的辩证是不可缺少的。简言之，笔者先以信息及财产权的经济分析来叙述性说明土地开发过程，并以社会成本的概念比较开发许可制与土地使用分区管制办法的利与弊。本文的宗旨在于辩明，与一般认知相反，土地使用分区管制制度由于其可降低土地市场交易成本、财产权划分较有效且信息成本较低，使得其在社会成本方面较开发许可制为低。一般认为开发许可制较尊重市场机能，使得土地资源的分派较分区管制为有效率。但根据Coase（1960）及Barzel（1999）的看法，由于土地开发其交易成本庞大且财产权划分不易，价格系统无法顺畅运作，故土地资源不可能有效分派。而以土地市场价格（更何况与市场价格有出入之公告地价）作为土地政策制定为依据与理论不合，易导致土地资源分派的危险后果。

参考文献

[1] Barzel Y. Economic Analysis of Property Rights[M]. Cambridge：Cambridge University Press，1999.

[2] Coase R. H.The Problem of Social Cost[J]. The Journal of Law and Economics，1960，3：1-44.

[3] Fischel W. A. The Economics of Zoning Laws：A Property Rights Approach o American Land Use Controls[M]. London：The Johns Hopkins University Press，1987.

[4] Hopkins L. D. Urban Development：The Logic of Making Plans[M]. New York：Island Press，2001.

[5] Lai L. W. C. Property Rights Justifications for Planning and a Theory of Zoning[J]. Progress in Planning，1997，48（3）：161-245.

[6] Lai S.K. Property Rights Acquisition and Land Development Behavior[J]. Planning Forum，2001，7：21-27.

[7] Schaeffer P. V.，Hopkins L. D. Behavior of Land Developers：Planning and the Economics of Information[J]. Environment and Planning A，1987，19：1221-1231.

第十二章　规划的逻辑——以萨维吉效用理论为基础的解释

【摘　要】 本文目的在以萨维吉氏的效用理论（utility theory）（Savage，1954）为基础，整合马歇克（Marschak，1974）的团体理论及霍普金斯（Hopkins，1980）对规划的定义（即：规划是一信息的收集与产生以降低不确定性的活动），建构一解释规划行为的规范性模型，说明规划者的规划行为以及计划应该是如何产生的。本文首先定义一个简化的规划环境，在这简化的规划环境中假设只有一个规划者及一个行动者，同时还包括三个世界："大世界"、"规划者世界"及"行动者世界"，其中规划者世界与行动者世界属于"小世界"。小世界是萨维吉氏所提出的，该观念提供解释规划行为一个有用的方法。在小世界中，规划者与行动者同时进行选择行为，并选取一个最佳的行动，以使期望效用达到最大。由于"小世界"的观念具有数学的意义，因此规划行为便可以用数学的方式表现，使得规划行为能以精确而具体的数学语言表示出来。

本文是一规范性（normative）理论的探讨，着重在规划行为应该如何产生，而规划行为实际如何产生则有待基本假设的放宽及实证研究来证明。理论发展至今，仅将初步的架构建立出来，在这个架构之下有更多的问题值得去探讨，如多个规划者与多个行动者的复杂情况、以计算机仿真方式探讨规划程序有效性等。

一、引言

有关规划的理论或方法，如蓝图式规划、程序式规划、理性综合规划、渐进调适、规范性以及机能式的规划等的讨论相当多（如辛晚教，1986）；这些理论都着重建立解决实质规划问题的方法，有关规划者规划行为本身的研究则相当缺乏。霍普金斯（Hopkins 及 Schaeffer，1985 ）曾以动态的架构来描述土地开发者的规划行为，而除此之外有关于这方面的研究并不多见。然而，不论在公部门或私部门，对规划者规划行为的探讨是相当重要的，因为此种讨论可以：①预测规划行为；②根据预测设计规限（prescribe）规划的活动及过程；③满足好奇心。所以，如何提供一个共同的语言以作为讨论规划理论或方法的基础，是很重要的课题（Hopkins 及 Schaeffer，1985 ）。规划与决策是人们为了解决问题而产生的结构化（structured）行为，相较于规划理论，决策理论发展至今已相当成熟（例如，Watson 及 Buede，1987）。基于此，本文尝试以决策理论中的效用理论为基础，发展出一套解释规划行为的规范性理论，探讨规划者的规划行为应该如何形成，以及计划是如何在规划者与行动者的相互影响下制订、实施以及修改的，并用数学的方式来表示，以作为往后有关规划行为之仿真、系统设计及实证研究的基础。效用理论的理论基础有不同的架构，如 Arrow（1979）、Von Neumann（1947）、Morgenstern（1954）及 Savage（1954）等。本文所根据的效用理论架构系以萨维吉氏（Savage）为主，因为萨氏的理论以规范性的观点隐含地描述决策者的认知过程与选择行为。同时，其所提出的小世界观念颇适合描述规划者与决策者间的互动关系。本文首先说明描述规划逻辑的基本观念，其次提出并解释规划逻辑的整合型架构，以说明计划的制订、实施及修改。

二、理论架构

（一）萨氏的小世界及应用

由于本文对规划行为的描述是根据 Savage（1954）所建立之效用理论中的定理为基础，而该理论对于决策者在不确定的情况下从事选择行为的规范性描述有详尽而严谨的逻辑推导，因此有必要说明该理论的一些基本观念，尤其是“小世界”（small world）的定义。假设 S 为一组描述（descriptions）所组成的集合，S 中的每个元素 s，为描述个人所面临情状（situation）中将会发生的未知数，对于每个行动来说，会产生一个相对的结果（consequence）。此外，假设这些元素是相互独立及互斥的，且只有其中一个能正确地描述所面临的情状。萨氏将这些元素称为“世界中的可能情况（possible state of the world）”。假设 C 为结果的集合，结果也是由描述所组成的集合。C 中的每个元素 c 则表示选择一个行动后，可能产生的个人结果。每个元素 C 是相互独立及互斥的，且其中只有一个会真正发生。对 S 中的每个元素 s，及 F_0（一组可能的行动）中的每个行动 f 来说，假设 $f(s)$ 表示当情况 s 产生时，行动 f 所产生的结果能正确地描述个人结果的 C 中的元素。根据上述的观念，在 F_0 中的每个行动，将会决定一个由 S 到 C 的映成（mapping）。萨维吉氏将此（S, C）的配对（pair）称为“小世界”（Shafer，1988）。

根据萨维吉氏的定义，“小世界”是决策者所面临的一个决策情状，这一决策情状是由一组“情况”及一组“行动”（结果为行动的函数，为配合模式的建构，本研究以行动替代结果为小世界中的元素之一，但其意义是相同的）所组成的决策环境。情况是在小世界中即将会发生的未知数，其出现具有不确定性。因此决策者所面对的是：在情况的出现具有不确定性的情形下，如何在这一组行动中作选择，以使其效用达到最大的问题。

在规划的领域中，本文将小世界定义为规划者及行动者所面临的规划情状。在规划情状中，同样包含一组描述规划世界的所有可能情况，及一组可供选择的行动。但这一组可供选择的行动是如何得到及能否得到，就如同萨维吉氏建构小世界的情形一样，萨氏并未加以说明，本文也将不予探讨。但这方面的研究有待后续的努力，使理论更臻完备。本文所着重的是规划者及行动者的小世界如何形成，以及规划者与行动者如何在其拥有的小世界中作决策的问题。

规划者与行动者各自拥有自己的小世界，也就是两者各会面临一个规划情状。我们将规划者的小世界称为规划者世界，将行动者的小世界称为行动者世界。至于两者为何会拥有不同的小世界，本研究认为是因为规划者与行动者对规划问题的认知不同所造成的。换言之，因为认知上的不同，因此构成小世界的元素（一组情况及行动）也不同，而形成不同的小世界。所以，规划者世界与行动者世界也可说是规划者与行动者对规划问题的认知而转换成心理状态的结果。

规划者为行动者制订计划，本研究将“计划”定义为一组相关且暂时的决策或行动所组成的集合（Hopkins，1980），因此规划者计划的制订也就等于在一组行动中选择其中最佳的一个，以期使效用达到最大。换言之，规划者在其拥有的小世界中作决策，与制订计划的意义是相同的。当有新的信息产生，或意外事件发生时，规划者或行动者的世界便会改变；而面临另一种规划情状时，规划者必须重新选择行动，也就是修改计划。规划的活动。诸如前面所说的制订计划或修改计划，便可根据这些概念及定义来解释。

（二）基本观念阐述

本文所描述的规范性规划行为所建立的架构，除了 Savage 的小世界外，尚包括其他重要的基本观念，分述如后。首先决定一个简化的规划环境，在这简化的规划环境中包括两个重要的角色（或决策者，为个人或团体），一个是规划者，另一个是行动者（但规划者与行动者有时是同一人）。本文假定规划者的角色是计划的制订者，而行动者的角色是计划的执行者或遵从者。本文将规划者与行动者视为一个两人团体，而根据团体理论（Theory of Teams），此两者具有共同的目标，亦即两者对世界中的情况具有相同的偏好顺序（Marschak，1974）。同时，本研究也假设两者会相互自由地传送信息给对方，如此计划便会在两者的互动与影响下制订、实施及修改。在简化的规划环境中，除了规划者与行动者两个角色外，还包括规划者世界、行动者世界及大世界等三个世界。大世界亦由一组情况及行动所构成，规划者世界与行动者世界是本研究所定义的两个小世界。所不同的是大世界的情况是所有基本情况的宇集合，小世界中的情况是大世界情况的子集合，因此，小世界是在大世界中定义而成的。

规划的过程可分为 n 个重复的程序或期间（n 非固定值，视规划者与行动者的资源定）（参见图 12-1），每个期间代表一个计划的修改。计划修改的原因可能有下列两项：①行动者对规划者所制订的计划不满意；②有新的信息产生或意外的事件发生。因此，每个期间的长短是不等的，只要有上述两个原因之一发生，规划者就必须修改其计划，直到计划的范围（horizon，计划所涵盖的时间区间）终止，或者可用的资源（如金钱、时间）耗尽时，整个重复的程序才会停止，亦即规划的过程才算完成。

在规划过程的第一个期间，规划者与行动者分别在大世界中作观察，而分别得到一组情况的集合，这一组情况是大世界中情况的子集合或部分集合。除了这一组情况之外，规划者与行动者面对某特定的规划问题，会想出一组所有可供选择的行动（或策略；LaValle，1992）。这一组行动及先前所得到的一组情况，便构成了规划者世界与行动者世界，为一个小世界。此时行动者便会将其所面临的规划情状，亦即将其小世界中的情状（包含一组情况及行动）告知规划者，因此规划者世界实际上是包含了行动者世界中的部分情状。在程序上来说，行动者世界是比规划者世界先形成的。规划者在其小世界形成之后，便在小世界中作决策，亦即选取一个最佳的行动以使规划者的效用达到最大，如此使得效用极大化的标

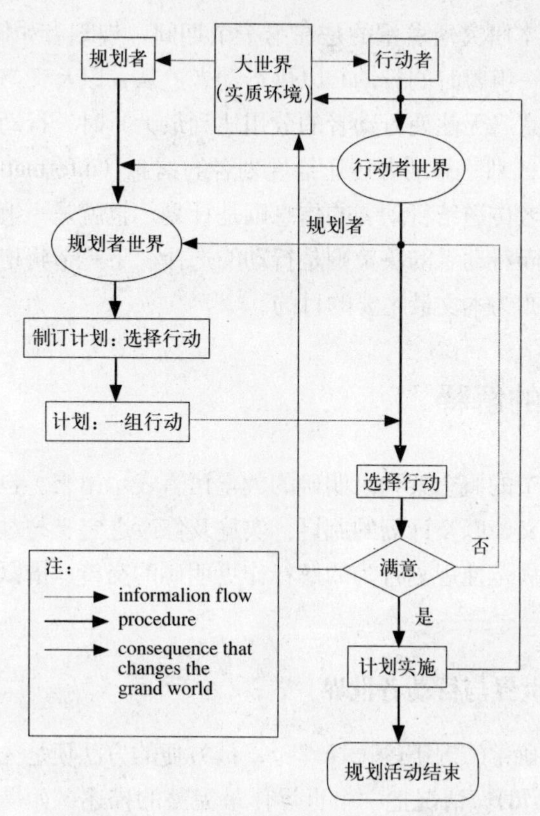

图 12-1　每个期间规划过程理论架构概念图

准便可用于选择行动的依据。不同规划期间所有使得规划者效用达到最大的行动之集合便是计划，因此规划者在决策制订后，也就等于计划制订完成。规划者便将这一组计划传送给行动者以供行动者选择，计划的传送就是信息的提供，行动者便根据这些信息（即计划，一组相关且暂时的行动）的内容来选择行动。行动者所选择的行动在实施后，会产生结果，此结果会造成规划者世界或行动者世界中现有结果的改变，而产生新的资讯。此新信息的产生可能会造成行动者世界的改变，当行动者的世界改变后，便会将其所面临之新的规划情状告知规划者，此时规划者的世界也会跟着改变，而必须重新选择行动，也就是修改计划，规划过程在此也同时进入第二个期间。当计划的范围终止，或可用的资源耗尽时，这一重复的程序才会停止。

由以上的说明可知，规划是不断产生信息，以及回馈的动态过程，而规划者与行动者在这一过程中，扮演了主要的角色。修改计划与制订计划的程序是相同的，造成计划修改的主要原因为规划者世界的改变，改变是来自于行动者所给的信息不同。因此，本研究所着重的是在第一个期间，规划者如何与行动者沟通，并进而制订计划（一组暂时的行动）以供行动者遵从，以及又当行动者对规划者所制订的计划不满意（无法使行动者的效用达到最大）时，行动者会如何传送信息给规划者以修改计划。行动者传送给规划者的信息（information）是其小世界中的状况，而规划者传送给行动者的信息则是计划，也就是一组行动。规划者的决策是制订计划，而行动者的决策则是行动的选择。下一节将把上述的概念以数学的形式来解释，亦为本文最主要的目的。

三、规划行为的解释

本节尝试将前节的概念架构以明确的数学语言表示出来。包括规划者与行动者世界及行动的定义，以及计划的制订、实施及修改之定义与过程。数学语言的应用系将本文对于规范性规划行为的解释作更明确的交待，借以提出实证研究的基本假设。

（一）规划者世界与行动者世界

要建构一个不确定情况下的选择理论，最方便的方法便是先了解世界中的情况（state of the world）。情况把一个世界作最完整的描述，如果一个世界中情况的出现具有确定性的话，那么决策者将会知道由每个行动所产生的结果，且通常以符号 S 表示世界中的情况（Arrow，1979）。如果情况的出现为不确定性，则一般处理的方式是以采用机率及随机变量的概念并计算期望值的方式，以比较行动的好坏。本文考虑不确定情况下的决策问题。

1. 大世界的情况

大世界是客观存在的实质环境，这个环境可用随机变量的观念来加以描述，大世界可表示成由 n 个随机变量所组成的一组随机向量。为方便讨论，假设 n 是有限的。如此，大世界中的这组随机向量便可写成 $S_v=(S_1, S_2, \cdots, S_n)$，其中我们假设：① S_i 彼此独立且互斥；② S_i 皆为间断的随机变量，其值为 0 或 1（亦可能为其他值，为简化起见，本研究假设该随机变量的值仅为 0 或 1）。根据这两个假设条件，在大世界中的任何现象或结果都可经由这 n 个随机变量，而转换成 0 或 1 的整数，如此大世界便可由 0、1 所组成的 $2n$ 组 n 维的向量来描述。例如：$S^1_{gw}=(1_{(1)}, 1_{(2)}, \cdots, 1_{(n)})$ 便是其中第一组的描述，下标括号中的数字表示第 i 个随机变量的值。我们将 S^1_{gw} 称为大世界中的一个情况（state），如此便有 $2n$ 个情况来描述大世界。假设 S_{gw} 为大世界情况的集合，则 $S_{gw}=\{S^1_{gw}, S^2_{gw}, \cdots, S^{2^n}_{gw}\}$，

在这些情况 S_{gw}^1 中存在一个机率分配函数 F_{gw}，并假设为已知。

2. 规划者与行动者世界的情况

规划者及行动者在大世界作完观察后，在认知上会分别形成规划者的世界及行动者的世界。例如，假设由于认知能力的限制等因素，规划者只考虑其中的 S_8、S_9、S_{14}、S_{15}、S_{20}、S_{21} 等六个随机变量，其他随机变量则暂时忽略，则规划者世界便有 26 组由 0、1 所组成的 6 维向量所描述，例如：$S_p^1=\{1, 0, 0, 0, 0, 0\}$即是描述规划者世界的其中一种情况，如此描述规划者世界的情况共有 26 个；另假设行动者因其认知能力等限制因素，只考虑其中 S_{21}、S_{22}、S_{27}、S_{28} 四个变量，因此描述行动者世界的情况共有 24 个。由此例的说明可知，规划者世界与行动者世界的情况，是大世界情况的部分集合，而且规划者世界与行动者世界中的情况并不一定是相同的。在上述的例子中，仅有 S_{21} 是相同的部分，以下便把这种观念作一般化的解释。

由于规划者与行动者对规划问题的认知不同，因此假设规划者在大世界中作完观察后仅考虑其中的 p 个变量，而忽略其他 $n-p$ 个变量；行动者只考虑其中 a 个变量，也忽略其他 $n-a$ 个变量；且 $p \leqslant n$，$a \leqslant n$，p 与 a 也不一定相等。如此规划者世界便由 $2p$ 个情况所描述，行动者世界便由 $2a$ 个情况所描述。假设 S_p、S_a 分别为规划者世界与行动者世界中情况的集合，则 $S_p=\{S_p^1, S_p^2, \cdots, S_p^{2^p}\}$ $S_a=\{S_a^1, S_a^2, \cdots, S_a^{2^a}\}$。其中，$S_p^i$、$S_a^i$分别是由 0、1 所构成的 p 维及 a 维向量，例如 $S_p^1=(1_{(1)}, 0_{(2)}, \cdots, 0_{(p)})$、$S_a^1=(1_{(1)}, 1_{(1)}, \cdots, 0_{(a)})$，即表示规划者世界与行动者世界中的第一个情况，下标括号中的数字表示第 i 个随机变量。S_p^i 具有下列两个性质：① S_p^i相互之间独立且互斥。换言之，S_p^1情况的发生并不会影响情况 S_p^2 出现的机率；此外，这些情况只有一个会真正出现。② S_p^i出现的机率为规划者所赋予的主观机率。而 S_a 中的元素 S_a^i 也同样具有上述两个性质，只是情况 S_a^i出现的机率也是行动者所赋予的，与情况 S_p^i 出现的机率并不相同。同时 $S_p \subseteq S_{gw}$，$S_a \subseteq S_{gw}$。

3. 规划者与行动者之行动

行动（或称为策略；Lavalle，1992）是将情况转换到结果的一个函数，“对世界中的每个情况来说，附带有一个结果”（Savage，1954）。根据这样的定义，假设若决策者知道世界中的情况，则他就会知道由每个行动所产生的结果（Radner, 1979）。此外，若两个行动对应世界中的每一个情况都会产生相同的结果，则视这两个行动是相同的（Savage，1954）。这个假设十分严格，其目的在于简化模式的建立；行动所产生的结果实际上亦可能为不确定的，这种情况有待后续研究加以探讨。

本研究将计划定义为“一组暂时且相关的行动所组成的集合”(Hopkins, 1980)。根据这样的定义，规划者在制订计划之前，会拟出每个不同时间下所有可能的行动，而规划者也将在这些行动中作选择。

假设 A_{t_i} 为各个不同时间区间下所有可能行动的集合，则定义规划者与行动者的“行动库”如下：

定义一

$A^p_{t_i} = \{ aij \}$、$A^a_{t_i} = \{ \bar{a}ij \}$，分别为规划者及行动者的行动库，表示在不同的时间区间下，所有可能行动的集合，其中 t_i 为不同的时间区间，i=1,2，⋯，m；$j = 1, 2, \cdots, k$ (i 为时间区间，假设有 m 个；j 为每个时间区间的所有可能行动，假设有 k 个)。

4. 规划者世界与行动者世界的形成

根据萨氏的定义：小世界是由一组情况及一组可供选择的行动所组成的，前面分别定义了规划者与行动者的情况及行动，为方便起见，我们先说明行动者的世界。假设将行动者的世界记作 SW_a，则行动者世界可表示如下：

$$SW_P = (S_a, A^a_{t_i}) = \{ (s^i_a, \ \bar{a}_{ij}) \} \tag{12-1}$$

在式（12-1）中，SW_a 为行动者世界，S^i_a 为描述行动者世界在时间区间 t_i 的情况的向量，$\bar{a}_{ij}$ 为行动者行动库在时间区间 t_i 的行动。行动者在其小世界形成后，会将其小世界中的状况告知规划者，包括一组情况及一组行动，因此，规划者世界其实包含了行动者世界的部分元素。将规划者世界记作 SW_p，则

$$SW_P = (S_p, A^p_{t_i}) + (\Delta S, \Delta A) \tag{12-2}$$

在式（12-2）中，SW_P 为规划者世界；S_P 为描述规划者世界的一组情况；ΔS 为行动者世界中的情况，而规划者所没有考虑到的，即 $\Delta S = S_a - S_p$；$A^p_{t_i}$ 为规划者的行动库；ΔA 为行动者行动库中的行动，但不包括在规划者行动库中的行动所组成的集合，即 $\Delta A = A^a_{t_i} - A^p_{t_i}$。今将 $S_p + \Delta S$ 记作 S'_p，将 $A^p_{t_i} + \Delta A$ 记作 $A^{p'}_{t_i}$，则式(12-2)可写成下列的形式：

$$SW_P = (S'_{p'} A^{p'}_{t_i}) = \{ (s^{i'}_{p'} \ a'_{ij}) \} \tag{12-3}$$

其中，$s^{i'}_p$ 及 a'_{ij} 分别表示规划者世界在时间区间 t_i 的情况向量及行动之集合。

（二）计划的制订、实施及修改

1. 期望效用定理

计划的制订与规划者在小世界中选择行动的意义是相同的，因此规划者在小世界形成后，将在小世界一组可供选择的行动中作选择，而主观期望效用是规划者在选择行动时，最重要的依据。效用（utility）是结果（consequence）的实数

值函数（Savage，1954），记作 U。在经济学中，效用指的是欲望获得的满足程度，效用的期望值（expectedvalue）便可用来衡量决策者对行动的偏好。决策者对行动偏好的假定，隐含了在结果上存在一个函数 U（称为效用函数），在世界中的情况上存在一个函数 Φ（称为主观机率函数），如此行动的期望效用函数 U 定义如下（Radner，1979）：

$$U(a)=\sum_{j=1}^{n} u\left[a(s_j)\right]\Phi(s_j) \tag{12-4}$$

式（12-4）代表行动的偏好顺序，其中 a 为行动，s_j 为情况，$a(s_j)$ 为由行动所产生的结果。亦即行动 a_1 偏好于行动 a_2，当且仅当 $U(a_2)\leqslant U(a_1)$。上式将效用函数 U 定义为正值的线性组合，因此可说是计数效用（cardinal utility）函数，也就是效用可以具体的数值来测量及计算。根据上面的说明，可得下列的期望效用定理，本文也将以此期望效用理论为基础，来说明规划者如何选择行动，亦即如何制订计划。

期望效用定理：

在规划者世界中的情况 s_p^i 上存在一个机率测度 Φ，以及在结果 c_{ij} 上存在一个实数值函数 u，使得行动 $a_2\leqslant a_1$，若且为若 $U(a_2)\leqslant U(a_1)$，其中 $U(a_i)=\sum_{j=1}^{n}\{u[a_i(s_j)]\}=\sum_{j=1}^{n}u[a_i(s_j)]\Phi(s_j)$。

2. 计划的制订

计划制订就等于是规划者在小世界中行动的选择，由式（12-3）可知，在规划者世界中，包括一个可供选择的行动库 $A_{t_i}^{p'}$，及一组描述规划者世界的情况 S'_P。在行动库中包括 m 个不同的时间区间，每个不同的时间区间又分别有 $k+\Delta A$ 个可供选择的行动，集 S'_P 合中共有 $2^{(p+\Delta s)}$ 个情况，其中 ΔA、Δs，分别为行动世界中的行动及情况，是规划者所没有考虑到的。每个行动对应世界中的一个情况会产生一个结果，即

$$a_i(s_j)=c_{ij} \tag{12-5}$$

如此在每个不同的时间区间下共会有 $k'\times 2^{p''}$ 个结果（$k'=k+\Delta A$，$p''=p+\Delta s$）并将规划者世界中结果的集合记作 C_p。假设在 S'_p 上存在一个机率分配 $p(s)$，在集合 C_p 上存在一个实数值的效用函数 $u(c)$，则在第一个时间下，k' 个行动的期望效用函数为

$$U(a_i)=E\{ua_i(s_j)\} \tag{12-6}$$

$$=\sum_{i=1}^{k'}\sum_{j=1}^{2p''}u\left[a_i(s_j)\right]p(s_j) \tag{12-7}$$

将式（12-5）代入，则式（12-7）可写成

$$U(a_i)=\sum_{i=1}^{k'}\sum_{j=1}^{2p''}u(c_{ij})\,p(s_j) \tag{12-8}$$

值得注意的是，式（12-8）中并未考虑效用在时间中的折扣因素（discount factor）。

根据期望效用定理，规划者会选择一个期望效用值最大的行动。换言之，假设行动 $a^*_{t_1}$ 的期望效用值 $U(a^*_{t_1})$ 为 k' 个行动中最大的，亦即

$$U(a^*_{t_1})=\max\{U(a_1),U(a_2),\cdots,U(a_{k'})\} \tag{12-9}$$

则规划者对行动 $a^*_{t_1}$ 的偏好会最大，因此在第一个时间区间，规划者将会选择行动 $a^*_{t_1}$。依此类推，规划者便会得到 m 个使得其期望效用最大的行动，这些使得规划者期望效用最大的行动之集合，就是计划。将这些行动的集合记为 P^*，则可将计划定义如下：

定义二

$P*=\{a^*_{t_1},a^*_{t_2},\cdots,a^*_{t_m}\}$为规划者所制订的计划，它是一组暂时但不相关（假设这些行动相互独立，即实行任一行动，不影响其他行动实行与否）的行动所组成的集合。

3. 计划的实施及修改

在计划制订完成之后，规划者的活动也同时结束。他便将计划的内容（一组暂时的行动）传送给行动者，行动者就以此计划为基础，来选择行动。行动者的决策亦是在其小世界中发生的，当行动者接受到规划者所传送的信息时，行动者世界中的行动库就改变了，如此行动者世界就变成

$$SW'_a=\{S_{a'}(A^a_{t_i}\cup P^*)\}=\{s^i_{a'}(\bar{a}_{ij}\cup a^*_{t_i})\} \tag{12-10}$$

在式（12-10）中，P^* 是规划者所传送的计划内容；$a^*_{t_i}$ 是每个不同时间 t_i 下使得规划者期望效用最大的行动。若行动者世界中的行动不包含规划者所制订的计划，则行动者世界中，每个时间下可供选择的行动就有 k+1 个（行动者行动库中，每个时间原有的 k 个行动再加上规划者所传送给他的一个行动，因此共有 k+1 个行动)；集合 S_a 中共有 2^a 个描述行动者世界的情况；而小世界的结果便有个 $(k+1)\times 2^a$，并将其记作 C_a。在情况 S_a 上存在一个机率分配 P_a；在结果上亦存在一个效用函数 $u(c)$。行动者的选择行为也将以期望效用定理为决策法则。如此行动者也会得到 m 个使其期望效用最大的行动。

假使行动者所选取的行动与规划者所制订计划中的行动相同，则这个行动便会付诸实施。但如果行动者对规划者所制订的计划不满意，亦即如果行动者所选取的行动与规划者所选取的行动不同时，行动者便会告知规划者。规划者便会重新去认识行动者小世界中的状况，而改变其小世界，并重新选择行动，这就是计

划的修改。计划的修改就等于是规划者世界改变了，如此式（12-3）就变成

$$SW'_p = \{ S''_{p'} A^{p''}_{t_i} \} = \{ (s^{i''}_{p'} a''_{ij}) \} \tag{12-11}$$

式（12-11）中，SW'_p 为改变后的小世界；S''_p 为规划者对规划问题的新的认知，其中亦包含了行动者的新的认知；$A^{p''}_{t_i}$ 为规划者对新的规划问题所拟出的新的行动库。这个重复的程序一直到可用的资源（如时间、金钱等）耗尽，或计划的范围终止才会结束，规划活动也才算结束。

四、结论

至目前为止，有关讨论规划者规划行为的文献相当缺乏。然而，对于规划行为的探讨却是相当重要的，诚如本文在前言中所言，它不仅可以预测规划者的规划行为，也可根据此种预测来设计规划的活动及过程。本研究最重要的概念为：在规划的过程中，规划行为以及计划是在规划者与行动者的相互影响下产生的。本研究以萨维吉氏“小世界”的观念、霍普金斯对规划及计划的定义（即规划是信息的收集与产生的活动；计划是一组暂时且相关的行动所组成的集合），以及马歇克的团体决策理论为基础，来将这种概念以数学模型来描述，试图发展一套解释规划行为的规范性理论，以期解释现实生活中可观察到的规划行为，作为往后实证研究的基础。

规范性的模式常被批评为与真实世界的差距太大（如 Dawes，1988）。本研究简化规划环境下规划行为的探讨，也因此无法完全解释真实世界中的规划行为，因为真实的规划世界是复杂的，它包含了多个规划者与多个行动者，其过程之复杂程度绝非本文所建立之简单模式所能详尽描述。然而，本研究所建立的架构，却能帮助我们更了解规划者的规划行为以及提供一个后续研究的基础。因此，本研究发展至今，虽然仍只是一个初步的概念性阶段，但可以此架构为基础，发展出更详尽、更周延的数学模型。届时，不仅可提出有关实证研究的假说，也可以此模式为基础，探讨一些规划的基本课题，如规划行为的理性与合理的规划程序等。

参考文献

[1] Arrow K.J.Exposition of the Theory of Choice under Uncertainty[M]//C.B.McGuire，R. Radner Minneapolis，eds. Decision and Organization. University of Minnesota Press，1979：19-28.

[2] Dawes R.M. Rational Chiocc in an Uncertain World[M]. New York：Harcourt Brace Jovanovich，1988.

[3] Hopkins L.D. The Decision to Plan：Peanning Activity as Public Goods[M]//Urban Infrastructure，Location，and Housing. W.R.Lierop，P. Nijkamp，Sijthoff Noordhoff，eds. Alphen aan den Rijn，1980：273-296.

[4] Hopkins L.D.，P.Schaeffer The Logic of Planning Behavior，Planning Papers，No.85-3[Z]. Department of Urban and Regional Planning，University of Illinois at Urbana Champaign，1985.

[5] LaValle I.H.Small World and Sure Things：Consequentialism by the Back Door [M]// Utility Theories：Measurement and Applications. W.Edwards，eds. Dordrecht：Kluwer Academic Publisher，1992：109-136.

[6] Marschak J.Towards an Economic theory of Organization and Information[Z]//J. Mahschak，D. Reidel Economic Information，Decision，and Prediction：Selected Essays Volume II.Boston，1974.

[7] Radner R.Normative Theory of Individual Decision：An Introduction[M]//C.B.McGuire，R.Radner Minneapolis，eds. Decision and Organization. Minneapolis：University of Minnesota Press，1979：1-5.

[8] Savage L.The Foundations of Statistics[M]. New York：Dover，1954：1-104.

[9] Shafer G.Savage Revised[M]// Decision Making. Bell D.E.，H.Raiffa，A. Tversky，eds. New York：Cambridge University Press，1988：193-234.

[10] Watson S.R.，D.M. Buede：Decision Synthesis[M]. New York：Cambridge University Press，1987.

[11] von Neumann J.，O. Morgensterii. Theory of Games and Economic Behavior[M]. Princeton：Princeton University Press，1974.